中国石油和化学工业优秀教材

化学综合设计实验

霍冀川　主编

化学工业出版社

·北京·

本书是为化学、应用化学、精细化工、材料、环境等专业编写的化学实验教材。

全书分为五章：第一章化学实验基本知识，简要介绍实验室安全知识、意外事故处理及三废处理、绿色化学的基本知识和化学实验的误差及数据处理方法；第二章化学信息资源，提供了国内外一些常用的化学信息资源及化学文献的查阅方法；第三章试验设计与数据分析方法，对最常用的正交试验设计及在化学实验中的应用进行了介绍；第四章综合实验，包括四大模块，共52个实验；第五章设计研究实验，包括三大模块，共43个实验。

本书的实验内容涉及化学、材料、生命、环境、能源、医药、农学等多个领域，可作为高等学校化学及相关类专业学生实验教材，也可作为广大从事化学、化工、材料、生命、环境等方面研究、开发、生产人员的参考书。

图书在版编目（CIP）数据

化学综合设计实验/霍冀川主编．—北京：化学工业出版社，2007.10（2018.9重印）
中国石油和化学工业优秀教材
ISBN 978-7-122-01274-6

Ⅰ．化… Ⅱ．霍… Ⅲ．化学实验-高等学校-教材
Ⅳ．06-3

中国版本图书馆 CIP 数据核字（2007）第 152928 号

责任编辑：刘俊之　　　　　　　　　　文字编辑：颜克俭
责任校对：宋　玮　　　　　　　　　　装帧设计：潘　峰

出版发行：化学工业出版社（北京市东城区青年湖南街 13 号　邮政编码 100011）
印　　刷：三河市延风印装有限公司
装　　订：三河市宇新装订厂
787mm×1092mm　1/16　印张 12½　字数 307 千字　2018 年 9 月北京第 1 版第 5 次印刷

购书咨询：010-64518888（传真：010-64519686）　售后服务：010-64518899
网　　址：http://www.cip.com.cn
凡购买本书，如有缺损质量问题，本社销售中心负责调换。

定　价：32.00 元

《化学综合设计实验》编写人员

主　　编	霍冀川
副主编	邓跃全　何　平　戴亚堂　张　欢　张亚萍　钟国清
编写人员	李　娴　杨　瑞　林晓艳　段晓惠　熊小莉　雷永林
	廖辉伟　胡文远　杜利成　李鸿波　蒋琪英　叶　旭
	吴瑞荣　刘朋军　康　明　石荣铭　付真金

前　言

化学综合设计实验由化学综合实验和化学设计研究实验两部分组成。

化学综合实验是在学生完成基础化学实验，掌握化学实验基本原理和基本操作的基础上，在化学一级学科层面上安排的，与学科前沿紧密结合，带有一定科研成分，能够体现科研与教学相互联系，同时使实验内容表现为跨专业综合技能、跨学科综合知识及综合运用的实验课程。综合实验将比较多的实验基本理论和基本技能融会贯通在一个实验中，旨在提高学生综合运用基础知识和基本技能解决较复杂问题的能力。

化学设计研究实验，是指学生根据实验课题要求，通过查阅相关文献，自行设计实验方案和步骤，并独立完成的一种具有一定创新性的实验。设计研究实验可以培养学生查阅文献资料获得信息的能力、解决实际问题的能力、独立进行科学研究的能力和创新能力。

本教材具有如下特点。

1. 实验内容涉及化学、材料、生命、环境、能源、医药、农学等学科领域，知识面广，综合程度高。

2. 教材中很多实验来源于教师的科研积累和成果，紧跟研究前沿，把握研究热点，具有一定的先进性和创新性，充分体现科研促进教学。

3. 部分实验内容贴近日常生活，增加了教材的趣味性，有利于提高学生的学习兴趣和自主性。

4. 综合实验和设计研究实验部分模块化编排有利于分层次教学。

参加本教材编写工作的有霍冀川（教材整体设计，第一章绿色化学简介，实验 1、14、17、18、23、25、33、35、36、38、44、45、55、57、59、60、61、65、66、67、68、69、70、71、72、73、74、76、77、82、83、84、85、86、87、88），张欢（第一章），何平（第二章，实验 47、48、93、94、95），戴亚堂（第三章），邓跃全（实验 24、28、29、30、31、32、36、37、39、41、58、75、78、91、92），李娴（实验 17、18、23、33、35、38、45），杨瑞（实验 24、29、30、39、41、78），林晓艳（实验 19、20、21、22、43），钟国清（实验 11、26、63、64），段晓惠（实验 50、51、52、89），张亚萍（实验 10、56、62、90），熊小莉（实验 34、79、80、81），雷永林（实验 2、27、42、46），廖辉伟（实验 6、7、8），胡文远（实验 4、34、40），杜利成（实验 5、15），李鸿波（实验 12、13），蒋琪英（实验 16、54），康明（实验 53），石荣铭（实验 3），付真金（实验 9），叶旭（实验 49），吴瑞荣（实验 51），刘朋军（实验 91）。全书由霍冀川、钟国清、张欢、张亚萍统稿。

西南科技大学对本教材的编写给予了经费支持，同时还得到了化学工业出版社的鼎力相助。在教材编写过程中，西南科技大学的王兴明教授、杨定明副教授、张廷红讲师、张礼华助教等给予了热情的帮助，在此一并表示衷心的感谢！

由于编者水平有限，本教材中不当之处在所难免，恳请读者不吝指正。

编　者

2007 年 10 月

目　　录

第一章　化学实验基本知识

一、化学实验室守则

① 课前认真阅读教材及相关参考资料，理解实验的教学目的和要求，拟定实验计划，按教师要求作好课前各项准备，否则不能进入实验室做实验。

② 进行实验时，应认真操作、细致观察，注意理论联系实际，用已学的知识判断、理解、分析和解决实验中所观察到的现象和遇到的问题，注意提高分析问题和解决问题的实际能力。

③ 要认真遵守各项实验操作规程，养成良好的实验室工作习惯。

④ 依据实验要求，如实而有条理地记录实验现象和所得数据。

⑤ 实验后要分析讨论实验结果好坏的原因，及时总结经验教训。不断提高实验工作能力。要认真书写实验报告，实验报告要字迹工整、图表清晰，按时交老师批阅。实验及报告不符合要求者，必须重作。

⑥ 注意执行各项安全规定。节约水电、药品和器材，爱护仪器和实验室设备。

⑦ 遵守实验室各项规章制度。有良好的实验室工作道德，爱护集体、关心他人。

二、化学实验室安全规则

1. 危险品分类

根据危险品的性质，常用的一些化学药品可大致分为易爆、易燃和有毒等三大类。

(1) 易爆化学药品　H_2、C_2H_2、CS_2 和乙醚及汽油的蒸气与空气或 O_2 混合，皆可因火花导致爆炸。

单独可爆炸的有：硝酸铵、雷酸铵、三硝基甲苯、硝化纤维、苦味酸等。

混合发生爆炸的有：C_2H_5OH 加浓 HNO_3、$KMnO_4$ 加甘油、$KMnO_4$ 加硫、HNO_3 加镁和 HI、NH_4NO_3 加锌粉和水滴、硝基盐加 $SnCl_2$、过氧化氢加铝和水、硫加氧化汞、钠或钾与水等。

氧化剂与有机物接触，极易引起爆炸，故在使用 HNO_3、$HClO_4$、H_2O_2 等时必须注意。

(2) 易燃化学药品　可燃气体有：NH_3、$CH_3CH_2NH_2$、Cl_2、CH_3CH_2Cl、C_2H_2、H_2、H_2S、CH_4、CH_3Cl、O_2、SO_2 和煤气等。

易燃液体有：丙酮、乙醚、汽油、环氧丙烷、环氧乙烷、甲醇、乙醇、吡啶、甲苯、二甲苯、正丙烷、异丙醇、二氯乙烯、丙酸乙酯、煤油、松节油等。

易燃固体可分为：无机类如红磷、硫磺、P_2S_3、镁粉和铝粉等；有机物类及硝化纤维等；自燃物质有白磷等。

遇水燃烧的物品有钾、钠、CaC_2 等。

(3) 有毒化学药品　有毒气体：Br_2 蒸气、Cl_2、F_2、HBr、HCl、HF、SO_2、H_2S、$COCl_2$、NH_3、NO_2、PH_3、HCN、CO、O_3、BF_3 等，具有窒息性或刺激性。

强酸、强碱均会刺激皮肤，有腐蚀作用，会造成化学烧伤。

高毒性固体有：无机氰化物，As_2O_3 等砷化物，$HgCl_2$ 等可溶性汞化物，铊盐，Se 及其化合物和 V_2O_5 等。

有毒的有机物有：苯、甲醇、CS_2 等有机溶剂，芳香硝基化合物，苯酚、硫酸二甲酯、苯胺及其衍生物等。

已知的危险致癌物质有：联苯胺及其衍生物，N-四甲基-N-亚硝基苯胺、N-亚硝基二甲胺、N-甲基-N-亚硝基脲、N-亚硝基氢化吡啶等 N-亚硝基化合物，双（氯甲基）醚、氯甲基甲醚、碘甲烷、β-羟基丙酸丙酯等烷基化试剂，稠环芳烃，硫代乙酰胺硫脲等含硫有机化合物，石棉粉尘等。

具有长期积累效应的毒物有：苯、铅化合物，特别是有机铅化合物，汞、二价汞盐和液态有机汞化合物等。

2. 易燃易爆和腐蚀性药品的使用规则

① 对于性质不明的化学试剂严禁任意混合，以免发生意外事故。

② 产生有毒和有刺激性气体的实验，应在有通风设备的地方进行。

③ 可燃性试剂均不能用明火加热，必须用水浴、砂浴、油浴或电热套等。钾、钠和白磷等暴露在空气中易燃烧，所以钾、钠应保存在煤油中，白磷则可保存在水中，取用时用镊子。

④ 使用浓酸、浓碱、溴、洗液等具有强腐蚀性试剂时，切勿溅在皮肤和衣服上，以免灼伤。废酸应倒入废液缸，但不能往废液缸中倒碱液，以免酸碱中和放出大量的热而发生危险。浓氨水具有强烈的刺激性，一旦吸入较多氨气，可能导致头晕或昏倒，而氨水溅入眼中，严重时可能造成失明。所以，在热天取用浓氨水时，最好先用冷水浸泡氨水瓶，使其降温后再开盖取用。

⑤ 对某些强氧化剂（如 $KClO_3$、KNO_3、$KMnO_4$ 等）或其混合物，不能研磨，否则将引起爆炸。银氨溶液不能留存，因其久置后会变成 Ag_3N 而容易发生爆炸。

3. 有毒、有害药品的使用原则

① 有毒药品（如铅盐、砷的化合物、汞的化合物、氰化物和 $K_2Cr_2O_7$ 等）不得进入口内或接触伤口，也不能随便倒入下水道。

② 金属汞易挥发，并通过呼吸道进入人体内，会逐渐积累而造成慢性中毒，所以取用时要特别小心，不得把汞洒落在桌面或地上。一旦洒落必须尽可能收集起来，并用硫磺粉盖在洒落汞的地方，使其转化为不挥发的 HgS，然后清除掉。

③ 制备和使用具有刺激性、恶臭和有害的气体（如 H_2S、Cl_2、$COCl_2$、CO、SO_2、Br_2 等）及加热蒸发浓 HCl、浓 HNO_3、浓 H_2SO_4 等溶液时，应在通风橱内进行。

④ 对一些有机溶剂，如苯、甲醇、硫酸二甲酯等，使用时应特别注意，因这些有机溶剂均为脂溶性液体，不仅对皮肤及黏膜有刺激性作用，而且对神经系统也有损害。生物碱大多具有强烈毒性，皮肤亦可吸收，少量即可导致中毒甚至死亡。因此，均需穿上工作服、戴手套和口罩使用这些试剂。

⑤ 必须了解哪些化学药品具有致癌作用，取用时应特别注意，以免侵入体内。

三、化学实验室意外事故处理

1. 意外事故的预防

（1）防火 在操作易燃溶剂时，应远离火源，切勿将易燃溶剂放在敞口容器内用明火加热或放在密闭容器中加热，切勿将其倒入废液缸，更不能用敞口容器放易燃液体。倾倒时应远离火源，最好在通风橱内进行。在用易燃物质进行实验时，应远离酒精等易燃物质。蒸馏易燃物质时，装置不能漏气，接受器支管应与橡皮管相连，使余气通往水槽或室外。回流或蒸馏液体时应放沸石，不要用火焰直接加热烧瓶，而应根据液体沸点高低使用石棉网、油浴、砂浴或水浴，冷凝水要保持畅通。油浴加热时，应绝对避免水溅入热油中。酒精灯用毕应盖上盖子，避免使用灯颈已破损的酒精灯，切忌斜持一只酒精灯到另一只酒精灯上点火。

（2）爆炸的预防　蒸馏装置必须安装正确。常压操作切勿使用密闭体系，减压操作用圆底烧瓶或吸滤瓶作接受器，不可用锥形瓶，否则可能发生爆炸。使用易燃易爆气体如氢气、乙炔等要保证通风，严禁明火，并应阻止一切火星的产生。有机溶剂如乙醚和汽油等的蒸气与空气相混合时极危险，可能由热的表面或火花而引起爆炸，应特别注意。使用乙醚时应检查有无过氧化物存在，如有则立即用 $FeSO_4$ 除去后再使用。对于易爆炸的固体，或遇氧化剂会发生猛烈爆炸或燃烧的化合物，或可能生成有危险的化合物的实验，都应事先了解其性质、特点及注意事项，操作时应特别小心。开启有挥发性液体的试剂瓶应先充分冷却，开启时瓶口必须指向无人处，以免由于液体喷溅而导致伤害，当瓶塞不易开启时，必须注意瓶内物质的性质，切不可贸然用火加热或乱敲瓶塞。

（3）中毒的预防　对有毒药品应小心操作，妥善保管，不能乱放；有些有毒物质会渗入皮肤，使用这些有毒物质时必须戴上手套，穿上工作服，操作后应立即洗手，切勿让有毒药品沾及五官和伤口；反应过程中有有毒有害或有腐蚀性的气体产生时，应在通风橱内进行，实验中不要把头伸入通风橱内，使用后的器皿及时清洗。

（4）触电的预防　实验中使用电器时，应防止人体与电器导电部分直接接触，不能用湿的手或手握湿的物体接触电插头，装置和设备的金属外壳等应连接地线，实验后应切断电源，再将电器连接总电源的插头拔下。

2. 意外事故的处理

① 起火。起火时，要立即一面灭火，一面防止火势蔓延（如切断电源、移去易燃药品等）。灭火时要针对起因选用合适的方法：一般的小火可用湿布、石棉布或沙子覆盖燃烧物；火势大用灭火器；电器失火切勿用水泼救，以免触电；若衣服着火，切勿惊慌乱跑，应赶紧脱下衣服，或用石棉布覆盖着火处，或就地卧倒打滚，或迅速用大量水扑灭。

② 割伤。伤处不能用手抚摸，也不能用水洗涤。应先取出伤口的玻璃碎片或固体物，用 3% H_2O_2 洗后涂上碘酒，再用绷带扎上。大伤口则应先按紧主血管以防大量出血，急送医务室。

③ 烫伤。不要用水冲洗烫伤处，可涂抹甘油、万花油，或用蘸有酒精的棉花包扎伤处；烫伤较严重时，立即用蘸有饱和苦味酸或饱和 $KMnO_4$ 溶液的棉花或纱布贴上，再送医务室处理。

④ 酸或碱灼伤。酸灼伤时，应立即用水冲洗，再用 3% $NaHCO_3$ 溶液或肥皂水处理；碱灼伤时，水洗后用 1% HAc 溶液或饱和硼酸溶液洗。

⑤ 酸或碱溅入眼内。酸溅入眼内时，立即用大量自来水冲洗眼睛，再用 3% $NaHCO_3$ 溶液洗眼。碱液溅入时，先用自来水冲洗，再用 10% 硼酸溶液洗眼。最后均用蒸馏水将余酸或余碱洗尽。

⑥ 皮肤被溴或苯酚灼伤时应用大量有机溶剂如酒精或汽油洗去，最后在受伤处涂抹甘油。

⑦ 吸入刺激性或有毒的气体如 Cl_2 或 HCl 时可吸入少量乙醇和乙醚的混合蒸气使之解

毒；吸入 H_2S 或 CO 气体而感到不适时，应立即到室外呼吸新鲜空气。应注意，Cl_2 或 Br_2 中毒时不可进行人工呼吸，CO 中毒时不可使用兴奋剂。

⑧ 毒物进入口内时应在一杯温水中加入 5～10mL 5％的 $CuSO_4$ 溶液，内服后，把手伸入咽喉部，促使呕吐，吐出毒物，然后送医务室。

⑨ 触电时首先切断电源，必要时进行人工呼吸。

四、化学实验室三废处理

① 无机实验室中经常有大量的废酸液。废液缸（桶）中废液可先用耐酸塑料网纱或玻璃纤维过滤，浊液加碱中和，调至 pH 为 6～8 后就可排出，少量滤渣可埋于地下。

② 对于回收的较多废铬酸洗液，可以用高锰酸钾氧化法使其再生，还可使用；少量的废洗液可加入废碱液或石灰使其生成 $Cr(OH)_3$ 沉淀，将沉淀埋于地下即可。

③ 氰化物是剧毒物质，含氰废液必须认真处理。少量的含氰废液可先加 NaOH 调至 pH＝10 以上，再加入几克 $KMnO_4$ 使 CN^- 氧化分解；量大的含氰废液可用碱性氯化法处理，先用碱调至 pH＝10 以上，再加入次氯酸钠、使 CN^- 氧化成氰酸盐，并进一步分解为 CO_2 和 N_2。

④ 含汞盐废液应先调至 pH 为 8～10 后加适当过量的 Na_2S，使其生成 HgS 沉淀，并加 $FeSO_4$ 与过量 S^{2-} 生成 FeS 沉淀，从而吸附 HgS 共沉淀下来，静置后分离，再离心，过滤；清液含汞量可降到 0.02mg/L 以下排放；少量残渣可埋于地下，大量残渣可用焙烧法回收汞，但注意一定要在通风橱内进行。

⑤ 含重金属离子的废液，最有效和最经济的方法是加碱或加 Na_2S 把重金属离子变成难溶性的氢氧化物或硫化物而沉积下来，再过滤分离，少量残渣可埋于地下。

五、绿色化学简介

绿色是地球生命的象征，绿色是持续发展的标志。

绿色化学又称环境无害化学、环境友好化学、清洁化学、原子经济化学等。绿色化学是用化学技术和方法减少或消灭那些对人类健康、社会安全、生态环境有害的原料、催化剂、溶剂和试剂的生产和应用，同时也要在生产过程中不产生有毒有害的副产物、废物和产品，力求使化学反应具有"原子经济性"，实现废物的"零排放"，其目标是把传统化学和化工生产的技术路线从"先污染，后治理"变为"从源头上根除污染"。它是当今国际化学化工研究的前沿，已成为 21 世纪化学工业的主要发展方向之一。

1. 绿色化学和绿色化学工程技术原则

要达到无害环境的绿色化学目标，在制造与应用化工产品时，要有效地利用原材料，最好是再生资源，减少废弃物量，并且不用有毒与有害的试剂与溶剂。为了达到此目标，Anastas 和 Warner 提出了著名的十二条绿色化学原则，作为开发环境无害产品与工艺的指导，这些原则涉及合成与工艺的各个方面。

绿色化学的十二条原则如下所述。

① 预防环境污染。在可能情况下，应尽可能把污染消除在源头，即不让其产生，而不是让其产生以后再去处理。

② 最有效地设计化学反应和过程，最大限度地提高原子经济性。设计的合成方法应当使工艺过程中所有的物质都用到最终的产品中去。

③ 尽可能不使用、不产生对人类健康和环境有毒有害的物质。

④ 设计较安全的化合物。尽可能有效地设计功效卓著而又无毒无害的化学品。

⑤ 尽量不使用溶剂等辅助物质，如必须使用时，采用无毒无害的溶剂代替挥发性有毒有机物作溶剂。

⑥ 有节能效益的设计。即在考虑环境和经济效益的同时，尽可能使能耗最低。

⑦ 尽量采用再生资源作原料，特别是用生物质代替化石原料。

⑧ 尽量减少副产品。

⑨ 选用高选择性的催化剂。

⑩ 设计可降解产物。化学产物应当设计成为在使用之后能降解成为无毒害的降解产物，而不残存于环境之中。

⑪ 开发实时分析技术，实现在线监测。

⑫ 对参加化学过程的物质进行选择，采用本身安全、能防止发生意外（如火灾、爆炸等）的化学品。

绿色化学十二条原则主要体现了要充分关注环境的友好和安全、能源的节约、生产的安全性等问题，它们对绿色化学而言是非常重要的。在实施化学生产的过程中，应该充分考虑这些原则。

为了实现绿色工艺技术，这些原则中提出了一个重要的标准就是在初始时就预防污染。这包括节约材料（原料、试剂和溶剂）和能源（减少副产品生成和提高转化率，减少反应步骤），使用改进后的催化剂或催化工艺代替非催化体系和设计更安全的化学品和化学反应等。这是界定什么是绿色化学的理论基础。

这些原则十分全面，大多数的化学家、工程师从中得到教益并用以指导工作，由于化学家们所不熟悉的技术、经济以及其他原因，在执行中也是有一些失误的。《Environ. Sci. & Tech.》杂志的编辑 Glage 认为化学转化的绿色程度，只有在放大、应用与实践中才能评估。这就要求在技术、经济与工业所导致的一些竞争的因素之间作出权衡。为了补充 Anastas 和 Wanner 的不足，结合 Glage 的意见，利物浦大学化学系催化创新中心的 Neil Winterton 提出了"绿色化学十二条附加原则"以帮助化学家们评估每个工艺过程的相对"绿色"性。

绿色化学十二条附加原则如下所述。

① 鉴别与量化副产物。

② 报道转化率、选择性与生产率。

③ 建立整个工艺的物料衡算。

④ 测定催化剂、溶剂在空气与废水中的损失。

⑤ 研究基础的热化学。

⑥ 估算传热与传质的极限。

⑦ 请化学工程师或工艺工程师咨询。

⑧ 考虑全过程中选化学品与工艺的效益。

⑨ 促进开发并应用可持续性量度。

⑩ 量化和减用辅料与其他投入。

⑪ 了解何种操作是安全的，并与减废要求保持一致。

⑫ 监控、报道并减少实验室废物的排放。

这些附加原则不仅补充了"绿色化学十二条原则"，而且已经开始讨论依据化学反应过程如何鉴别和估算一项新化工工艺技术的"绿色化"程度。

除了对化学反应过程绿色化研究以外，必须认识到化学工程技术在绿色化学中的作用。因而有人提出了化学反应的"绿色化学工程技术十二条原则"，用于指导和控制化学工程设计活动。这些原则注重于如何用化学工程科学技术实现一个最佳的绿色化学反应工艺。

"绿色化学工程技术十二条原则"的内容如下所述。

① 设计者要尽可能地努力保证所有输入和输出的物质和能量是无毒无害的。

② 预防废物的产生要好于废物产生以后的处理和清除。

③ 分离和纯化操作要尽可能地减少能量和物质的消耗。

④ 设计的产品、工艺及所有系统要使质量、能源、空间和时间的效率最大化。

⑤ 设计的产品、工艺及所有系统应该是"输出"的牵引，而不是靠输入物质和能量的"推动"。

⑥ 当设计选择再生、重新利用和其他有益的处理时，要对内在的复杂性给予充分的研究和考察。

⑦ 设计的目的产品虽不是不朽的，但要有耐久性。

⑧ 包含不必要能量和不必要能力的设计方案是有欠缺的方案。

⑨ 减少多组分产品中材料的多样性，提高分体制和尽量保存原料的价值。

⑩ 产品、工艺及所有系统的设计应该综合考虑可用原料和能源的相互联系。

⑪ 产品、工艺及所有系统的设计应该综合考虑它们的服务功能结束后的性能和去向。

⑫ 输入的材料和能量应是可更新的而不是耗竭性的。

针对化学工程科学在实现化学工业绿色化中的实际作用，又提出了"绿色化学工程技术九条附加原则"，如下所述。

① 设计工程和产品要采用系统分析方法，要把环境影响评价工具视为工程的重要组成部分。

② 当涉及保护人类健康和社会福利时要考虑如何保存和改进生态系统。

③ 在所有的工程活动中要有"生命周期"的思想。

④ 确保所有输入和输出的材料和能源本质上都尽可能的安全和环境友好。

⑤ 尽量减少自然资源的消耗。

⑥ 尽量避免产生废物。

⑦ 所开发和应用实施的工程解决方案要符合当地的要求，要得到当地的地理和文化的认同。

⑧ 创造超过已有的或占有绝对优势的工程实施方案，对工艺的改进革新和发明都要符合"可持续发展"的原则。

⑨ 要使社会团体和资本占有者积极参与工程解决方案的设计与开发。

绿色化学工程技术就是要把当前工艺技术的原则和实践转变到促进可持续发展的原则和实践中来。绿色化学工程技术将具体体现技术和经济可行产品、工艺和系统的开发与实施，提高人类的福利，保护人类健康，并将提高生物圈的保护作为化学工程技术解决方案的标准。为保证彻底实施绿色化学工程技术解决方案，化工工程师需要使用如上所述的"绿色化学工程技术九条附加原则"。

绿色化学和绿色化学工程技术原则，可作为开发和评估一条合成路线、一个生产过程、一个化学工程工艺设计、一个实验方案、一个化合物是不是环境友好的重要标准。

2. 化学反应的原子经济性

原子经济性是绿色化学的核心内容。在传统的化学中，评价化学反应中原料转化成产物的程度均用"产率"表示，就是基于某种原料转化成产物来衡量的。如果一种原料在反应过程中完全地转化成产物，就是说"产率"是 100%，但这种评价方法忽略了副产物的产生或其伴随反应的发生。有时，即使"产率"为 100%，也有大量的废物产生，甚至会出现废物比目标产物多的现象，所以"产率"不能反映出废物产生的信息。

1991 年美国 Standford 大学的著名有机化学家 Trost 首先提出原子经济性这一概念。原子经济性就是指反应物中的原子有多少能嵌入期望的产物中，有多少变成废弃的副产物，其计算公式如下：

$$原子经济性 = \frac{预期产物的相对分子质量}{反应物质的相对原子质量之和} \times 100\%$$

这是一个在原子水平上评估原料转化程度的新思想，一个化学反应的原子经济性越高，原料中的物质进入产物的量就越多。理想的原子经济性反应是原料物质中的原子 100% 地转为产物，不产生其他副产物，即没有废物，实现了零排放。由此看来，也可以把原子经济性看作原子利用效率。用原子经济性来估算不同工艺条件下的原子利用程度可以提供两个非常重要的信息：其一，是否最大程度地利用了原料；其二，是否最大程度地减少了废物的排放。一个有效的化学工艺所包括的化学反应，不仅要有高的选择性，而且必须具有较好的原子经济性。原料物质中的原子不需要任何附加物质（有时可有催化剂）即可百分之百地转化成预期产物。分子的重排反应、烯烃的加成反应、烯烃的双聚和低聚反应、苯与烯烃的烷基化反应等均为 100% 的原子经济性反应。开发新型高原子经济性反应和化学工艺是绿色化学研究中的一个非常重要的方面。

六、化学实验的误差及数据处理

1. 有效数字

分析工作中实际能测量到的数字称为有效数字。任何测量数据，其数字位数必须与所用测量仪器及方法的精确度相当，不应任意增加或减少。在有效数字中只有一位不定值，例如一滴定管的读数为 32.47，百分位上的 7 是不准确的或可疑的，称为可疑数字，因为刻度只刻到十分位，百分位上的数字为估计值。而其前边各位所代表的数量，均为准确知道的，称为可靠数字。关于数字 0，它可以是有效数字，也可以不是有效数字。"0"在数字之前起定位作用，不属于有效数字；在数字之间或之后属于有效数字。不是测量所得的自然数视为无限多位的有效数字。

如：0.001435 为四位有效数字，10.05、1.2010 分别为四位和五位有效数字。幂指数不论数字大小，均不属于有效数字，如 6.02×10^{23} 为三位有效数字。对数值（pH、pOH、pM、pK_a、pK_b、$\lg K_f$ 等）有效数字的位数取决于小数部分的位数，如 pH=4.75 为两位有效数字，pK_a=12.068 为三位有效数字。

在计算过程中有效数字的适当保留也很重要。下列规则是一些常用的基本法则。

① 记录测量数值时，只保留一位可疑数字。

② 当有效数字位数确定后，其余数字应一律舍弃。舍弃办法：采取"四舍六入五留双"的规则，即当尾数≤4 时舍弃，尾数≥6 时进位，当尾数=5 时，如果前一位为奇数，则进位，如前一位为偶数，则舍弃。例如，27.0249 取四位有效数字时，结果为 27.02，取五位

有效数字时，结果为 27.025。又例如 7.1035 和 7.1025 取四位有效数字时，则分别为 7.104 与 7.102。

③ 几个数据相加或相减时，它们的和或差的有效数字的保留，应该以小数点后位数最少（即绝对误差最大）的数字为准。例如，

$$0.0121+25.64+1.05782=0.01+25.64+1.06=26.71$$

④ 在乘除法中，有效数字的保留，应该以有效数字位数最少（即相对误差最大）的为准。例如，

$$0.0121\times25.64\times1.05782=0.0121\times25.6\times1.06=0.328$$

⑤ 在对数计算中，所取对数的位数应与真数的有效数字位数相等。

⑥ 在所有计算式中的常数如 $\sqrt{2}$、$1/2$、π 等非测量所得的数据可以视为有无限多位有效数字。其他如相对原子质量等基本数量，如需要的有效数字位数少于公布的数值，可以根据需要保留。

⑦ 误差和偏差一般只取一位有效数字，最多取两位有效数字。

2. 准确度和精密度

（1）准确度与误差　测定值与真实值之间的接近程度称为准确度，可用误差表示，误差越小，准确度越高。误差又分为绝对误差和相对误差。

① 绝对误差　实验测得的数值 x 与真实值 T 之间的差值称为绝对误差 E。即：

$$E=x-T \tag{1-1}$$

② 相对误差　相对误差是指绝对误差占真实值的百分比。即：

$$E_r=\frac{E}{T}\times100\% \tag{1-2}$$

对多次测定结果则采用平均绝对误差和平均相对误差，平均绝对误差即为测定结果平均值与真实值之差，平均绝对误差占真实值之百分比即为平均相对误差。

$$\overline{E}=\overline{x}-T \tag{1-3}$$

$$\overline{E_r}=\frac{\overline{E}}{T}\times100\% \tag{1-4}$$

（2）精密度与偏差　对同一样品多次平行测定结果之间的符合程度称为精密度，用偏差表示。偏差越小，说明测定结果精密度越高。偏差有多种表示方法。

① 绝对偏差和相对偏差　由于真实值往往不知道，因而只能用多次分析结果的平均值代表分析结果（即以平均值为"标准"），这样计算出来的误差称为偏差。偏差也分为绝对偏差及相对偏差。

绝对偏差是指某一次测量值与平均值的差异。即：

$$d_i=x_i-\overline{x} \tag{1-5}$$

相对偏差是指某一次测量的绝对偏差占平均值的百分比。即：

$$d_r=\frac{d_i}{\overline{x}}\times100\% \tag{1-6}$$

② 平均偏差　为表示多次测量的总体偏离程度，可以用平均偏差（$\overline{d}$），它是指各次偏差的绝对值的平均值。

$$\overline{d}=\frac{|d_1|+|d_2|+|d_3|+\cdots+|d_n|}{n}=\frac{\sum\limits_{i=1}^{n}|d_i|}{n} \tag{1-7}$$

平均偏差没有正负号。平均偏差占平均值的百分数叫相对平均偏差（$\overline{d}_r$）。即：

$$\overline{d}_r = \frac{\overline{d}}{\overline{x}} \times 100\%　\tag{1-8}$$

③ 标准偏差和相对标准偏差　在分析工作中，标准偏差是表示精密度较好的方法。当测定次数有限时（$n<20$），标准偏差常用式(1-9)表示：

$$S = \sqrt{\frac{\sum\limits_{i=1}^{n}(x_i - \overline{x})^2}{n-1}} = \sqrt{\frac{\sum\limits_{i=1}^{n}d_i^2}{n-1}}　\tag{1-9}$$

用标准偏差表示精密度比平均偏差好，能更清楚地说明数据的分散程度。

相对标准偏差也称为变异系数，是标准偏差占平均值的百分比。

$$S_r = \frac{S}{\overline{x}} \times 100\%　\tag{1-10}$$

（3）提高分析结果准确度的方法　准确度与精密度有着密切的关系。准确度表示测量的准确性，精密度表示测量的重现性。在评价分析结果时，只有精密度和准确度都好的方法才可取。在同一条件下，对样品多次平行测定中，精密度高只表明偶然误差小，不能排除系统误差存在的可能性，即精密度高，准确度不一定高。只有在消除或减免系统误差的前提下，才能以精密度的高低来衡量准确度的高低。如精密度差，实验的重现性低，则该实验方法是不可信的，也就谈不上准确度高。

为了获得准确的分析结果，必须减少分析过程中的误差。

① 选择适当的分析方法　不同的分析方法有不同的准确度和灵敏度。对常量成分（含量在1%以上）的测定，可用灵敏度不太高但准确度高（相对误差小于0.2%）的重量分析法或滴定分析法；对微量成分（含量在0.01%～1%之间）或痕量组分（含量在0.01%以下）的测定，则应选用灵敏度较高的仪器分析法。如常用的分光光度法检测下限可达$10^{-4}\%$～$10^{-5}\%$，但分光光度法分析结果的相对误差一般在2%～5%，准确度不高。因此，必须根据所要分析的样品情况及对分析结果的要求，选择适当的分析方法。

② 减少测量误差　为了提高分析结果的准确度，必须尽量减小各测量步骤的误差。如滴定管的读数有±0.01mL误差，一次滴定必须读两次数据，可能造成的最大误差是±0.02mL。为使滴定的相对误差小于0.1%，消耗滴定液的体积必须在20mL以上。又如用分析天平称量，称量误差为±0.0001g，每称量一个样品必须进行两次称量，可能造成的最大误差是±0.0002g，为使称量的相对误差小于0.1%，每一个样品必须称取0.2g以上。

③ 减少偶然误差　在消除或减小系统误差的前提下，通过增加平行测定的次数，可以减小偶然误差。一般要求平行测定3～5次，取算术平均值，便可以得到较准确的分析结果。

④ 消除系统误差　检验和消除系统误差对提高准确度非常重要，主要方法有以下一些。

a. 对照试验　对照试验是检查系统误差的有效方法。对照试验分标准样品对照试验和标准方法对照试验等。

标准样品对照试验是用已知准确含量的标准样品（或纯物质配成的合成试样）与待测样品按同样的方法进行平行测定，找出校正系数以消除系统误差。

标准方法对照试验是用可靠的分析方法与被检验的分析方法，对同一试样进行分析对照。若测定结果相同，则说明被检验的方法可靠，无系统误差。

许多分析部门为了解分析人员之间是否存在系统误差和其他方面的问题，常将一部分样品安排在不同分析人员之间，用同一种方法进行分析，以资对照，这种方法称为内检。有时将部分样品送交其他单位进行对照分析，这种方法称为外检。

b. 空白试验　在不加样品的情况下，按照与样品相同的分析方法和步骤进行分析，得到的结果称为空白值。从样品分析结果中减掉空白值，这样可以消除或减小由蒸馏水及实验器皿带入的杂质引起的误差，得到更接近于真实值的分析结果。

c. 校准仪器　对仪器进行校准可以消除系统误差。例如，砝码、移液管、滴定管和容量瓶等，在精确的分析中，必须进行校正，并在计算结果时采用校正值。但在日常分析中，有些仪器出厂时已经校正或者经国家计量机构定期校准，在一定期间内如保管妥善，通常可以不再进行校准。

d. 回收试验　用所选定的分析方法对已知组分的标准样进行分析，或对人工配制的已知组分的试样进行分析，或在已分析的试样中加入一定量被测组分再进行分析，从分析结果观察已知量的检出状况，这种方法称为回收试验。若回收率符合一定要求，说明系统误差合格、分析方法可用。

(4) 置信度与置信区间　在实际工作中，通常把测定数据的平均值作为分析结果报告，但测得的少量数据得到的平均值总是带有一定的不确定性，它不能明确说明测定结果的可靠性。偶然误差的分布规律告诉我们，对于有限次测定，测定值总是围绕平均值 $\bar{x}$ 而集中的，$\bar{x}$ 是总体平均值 μ（可以看作真值）的最佳估计值。真实值所在的范围称为置信区间；真实值落在置信区间的概率称为置信度，常用 P 表示。置信度就是人们对所做判断有把握的程度，置信度越高，置信区间范围就越宽，相应判断失误的机会就越小。但置信度过高，则会因置信区间过宽而实用价值不大。在分析化学中作统计时，通常取 95％的置信度，有时也用 90％或 99％等置信度。

真值 μ 与平均值 $\bar{x}$ 之间的关系（平均值的置信区间）为：

$$\mu = \bar{x} \pm \frac{ts}{\sqrt{n}} \tag{1-11}$$

式中，s 为标准偏差；n 为测定次数；t 为在选定的某一置信度下的概率系数，可根据测定次数从表 1-1 中查得。

表 1-1　不同测定次数及不同置信度的 t 值

测定次数	置　信　度				
n	50％	90％	95％	99％	99.5％
2	1.000	6.314	12.706	63.657	127.32
3	0.816	2.920	4.303	9.925	14.089
4	0.765	2.353	3.182	5.841	7.453
5	0.741	2.132	2.776	4.604	5.598
6	0.727	2.015	2.571	4.032	4.773
7	0.718	1.943	2.447	3.707	4.317
8	0.711	1.895	2.365	3.500	4.029
9	0.706	1.860	2.306	3.355	3.832
10	0.703	1.833	2.262	3.250	3.690
11	0.700	1.812	2.228	3.169	3.581
21	0.687	1.725	2.086	2.845	3.153
∞	0.674	1.645	1.960	2.576	2.807

例 1.1　测定 SiO_2 的质量分数，得到如下数据：28.62，28.59，28.51，28.48，28.52，28.63。求置信度为 95％时平均值的置信区间。

解：$\overline{x}=\dfrac{28.62+28.59+28.51+28.48+28.52+28.63}{6}=28.56$

$$s=\sqrt{\dfrac{(0.06)^2+(0.03)^2+(0.05)^2+(0.08)^2+(0.04)^2+(0.07)^2}{6-1}}=0.06$$

查表得，置信度为 95%，$n=6$ 时，$t=2.571$，有：

$$\mu=\overline{x}\pm\dfrac{ts}{\sqrt{n}}=28.56\pm\dfrac{2.571\times0.06}{\sqrt{6}}=28.56\pm0.07$$

（5）可疑值的取舍　在一组数据中，若某一数值与其他值相差较大，这个数值称为可疑值或离群值。若将其舍去，可提高分析结果的精密度，但舍去不当，又会影响结果的准确度。研究可疑数据取舍问题，实际上是区分随机误差和过失误差的问题，对此可以借助于统计检验方法来判别。

统计检验的方法有多种，在此只介绍其中的 Q 检验法，该方法是将测定数据按大小顺序排列，并求出该可疑值与其邻近值之差，然后除以极差（最大值与最小值之差），所得舍弃商称为 Q 值。

$$Q=\dfrac{x_n-x_{n-1}}{x_n-x_1} \tag{1-12}$$

通过比较计算所得的 Q 值与所要求的置信度条件下的 Q 表值（见表 1-2）的大小，确定离群值的取舍。判断规则为：若 Q 大于或等于 Q 表值，舍去离群值，否则应该保留。

表 1-2　舍弃商 Q 值

测定次数 n	3	4	5	6	7	8	9	10
$Q_{0.90}$	0.94	0.76	0.64	0.56	0.51	0.47	0.44	0.41
$Q_{0.95}$	0.98	0.85	0.73	0.64	0.59	0.54	0.51	0.48
$Q_{0.99}$	0.99	0.93	0.82	0.74	0.68	0.63	0.60	0.57

例 1.2　某一溶液浓度（mol/L）经 4 次测定，其结果为：0.1014、0.1012、0.1025、0.1016。其中 0.1025 的误差较大，问是否应该舍去（$P=90\%$）？

解：根据 Q 值检验法：$x_n=0.1025$，$x_{n-1}=0.1016$，$x_1=0.1012$

$$Q=\dfrac{0.1025-0.1016}{0.1025-0.1012}=0.70<0.76$$

因此，应该保留。

在一般工作中对确实有差错的数值可以直接舍弃。对没有根据说明某些过高或过低的数据有什么差错时，必须按一定标准来决定取舍。除上述方法外，也可按"可疑值与平均值之差大于算术平均偏差的 4 倍则可舍弃"的原则处理。

3. 作图技术简介

实验得出的数据经归纳、处理，才能合理表达，得出满意的结果，结果处理一般有列表法、作图法和数学方程法和计算机数据处理等方法。

（1）列表法　把实验数据按自变量与因变量一一对应列表，把相应计算结果填入表格中，本法简单清楚。列表时要求如下：

① 表格必须写清名称；

② 自变量与因变量应一一对应列表；

③ 表格中记录数据应符合有效数字规则；

④ 表格亦可表达实验方法、现象与反应方程式。

（2）作图　是化学研究中结果分析和结果表达的一种重要方法。正确的作图可以使我们从大量的实验数据中提取出丰富的信息和简洁、生动地表达实验结果。作图法的要求如下所述。

① 以变量为横轴，因变量作纵轴。

② 选择坐标轴比例时要求使实验测得的有效数字与相应的坐标轴分度精度的有效数字位数相一致，以免作图处理后得到的各量的有效数字发生变化。坐标轴标值要易读，必须注明坐标轴所代表的量的名称、单位和数值，注明图的编号和名称，在图的名称下面要注明主要测量条件。根据作图方便，不一定所有图均要把坐标原点取为"0"。

③ 将实验数据以坐标点的形式画在坐标图上，根据坐标点的分布情况，把它们连接成直线或曲线，不必要求它全部通过坐标点，但要求坐标点均匀地分布在曲线的两边。最优化作图的原则是使每一个坐标点到达曲线距离的平方和最小。

（3）数学方程和计算机数据处理　按一定的数学方程式，编制计算程序，由计算机完成数据处理和制作图表。

4. 分析结果的数据处理与报告

在分析工作中常用平均值表示测定结果，但有限次测量数据的平均值是有误差的。在给出平均值的同时，并报告实验的相对平均偏差或标准偏差，就会合理和严谨得多。

（1）双份平行测定结果的报告　对于双份平行测定结果，如果不超过允许公差，则以平均值报告结果。双份平行测定结果的精密度按下式计算：

$$相对平均偏差 = \frac{|x_1 - x_2|}{2\bar{x}} \times 100\%$$

标定标准溶液浓度，如果只进行两份测定，一般要求其标定相对平均偏差小于 0.15%，才能以双份平均值作为其浓度标定结果，否则必须进行多份标定。

（2）多次平行测定结果的报告　在非例行分析中，对分析结果的报告要求较严，应按统计学观点综合反映出准确度、精密度等指标，可用平均值 $\bar{x}$、标准偏差 s 和平均值的置信区间报告分析结果。

例如，分析某试样中铁的质量分数，7 次测定结果如下：39.10%，39.25%，39.19%，39.17%，39.28%，39.22%，39.38%。数据的统计处理过程如下所述。

① 用 Q 值检验法检查有无可疑值。从实验数据看，39.10% 和 39.38% 有可能是可疑值，做 Q 值检验：

$$Q_1 = \frac{39.10 - 39.17}{39.10 - 39.38} = 0.25 < Q_{0.90} = 0.51$$

$$Q_2 = \frac{39.38 - 39.28}{39.38 - 39.10} = 0.36 < Q_{0.90} = 0.51$$

所以 39.10% 和 39.38% 都应该保留。

② 根据所有保留值，求出平均值 $\bar{x}$：

$$\bar{x} = \frac{39.10 + 39.25 + 39.19 + 39.17 + 39.28 + 39.22 + 39.38}{7} = 39.23（\%）$$

③ 求出平均偏差 $\bar{d}$：

$$\bar{d} = \frac{|-0.13| + |0.02| + |-0.04| + |-0.06| + |0.05| + |-0.01| + |0.15|}{7} = 0.07（\%）$$

④ 求出标准偏差 s：

$$s = \sqrt{\frac{(0.13)^2 + (0.02)^2 + (0.04)^2 + (0.06)^2 + (0.05)^2 + (0.01)^2 + (0.15)^2}{7-1}} = 0.09（\%）$$

⑤ 求出置信度为 90% 时平均值的置信区间：

$$\mu = \overline{x} \pm \frac{ts}{\sqrt{n}} = 39.23 \pm \frac{1.943 \times 0.09}{\sqrt{7}} = 39.23 \pm 0.07 \ （\%）$$

习　题　一

1. 什么叫有效数字？它的运算规则在实际工作中有何作用？

2. 下列各测定数据或计算结果分别有几位有效数字（只判断不计算）。

pH=6.07 ＿＿＿＿＿＿，　　　2.8×10^5 ＿＿＿＿＿＿，　　　42.61% ＿＿＿＿＿＿，

0.00510 ＿＿＿＿＿＿，　　　$\dfrac{0.1000 \times (18.54 - 13.24)}{0.8328} \times 100\%$ ＿＿＿＿＿＿。

3. 修约下列数字为 3 位有效数字。

21.5666900 ＿＿＿＿＿＿，　　　7.85000 ＿＿＿＿＿＿，　　　1.6651 ＿＿＿＿＿＿，　　　17.14500 ＿＿＿＿＿＿。

4. 准确度和精密度有何区别和联系？

5. 如何衡量精密度、准确度的高低？

6. 提高分析结果准确度可采取哪些方法？所采取的方法中哪些可消除系统误差？哪些可以减少偶然误差？

7. 如果要求分析结果达到 0.2% 的准确度，用感量万分之一的分析天平差减法称取样品，至少应称取多少克？

8. 滴定管每次读数误差为 ±0.01mL，若滴定时消耗 4.00mL 溶液，体积测量的相对误差为多少？若消耗 40.00mL 溶液，相对误差又是多少？这说明什么问题？

9. 测得 Cu 的质量分数为 21.64%、21.66%、21.58%，若已知其准确质量分数为 21.42%，计算测定结果的绝对误差和相对误差。

10. 用重铬酸钾法测得 $FeSO_4 \cdot 7H_2O$ 中铁的质量分数为：20.03%、20.04%、20.05% 和 20.06%，计算分析结果的平均值、平均偏差、相对平均偏差。

11. 测定某一热交换器中水垢的 P_2O_5 和 SiO_2 的含量如下：

$w(P_2O_5)$：8.44%、8.32%、8.45%、8.52%、8.69%、8.38%；

$w(SiO_2)$：1.50%、1.51%、1.68%、1.20%、1.63%、1.72%。

(1) 根据 Q 检验法对可疑数据决定取舍，然后计算测定结果的平均值、平均偏差、标准偏差、相对标准偏差；

(2) 计算置信度分别为 90% 及 99% 时的平均值的置信区间。

参　考　文　献

[1] 南京大学．无机及分析化学实验 [M]．北京：高等教育出版社，1998．
[2] 刘宪华，鲁逸人主编．环境生物化学实验教程 [M]．北京：科学出版社，2006．
[3] 侯仕聪主编．基础有机化学实验 [M]．北京：中国农业大学出版社，2006．
[4] 单永奎主编．绿色化学的评估准则 [M]．北京：中国石化出版社，2006．
[5] 钟国清，朱云云主编．无机及分析化学 [M]．北京：科学出版社，2006．
[6] 浙江大学．无机及分析化学 [M]．北京：高等教育出版社，2003．
[7] 南京大学．无机及分析化学（第三版）[M]．北京：高等教育出版社，1998．

第二章　化学信息资源

一、概述

当今的时代是一个信息时代。信息对于经济和社会的发展、科技文化的进步都起着重要的作用。在这个信息时代中，谁掌握了最新信息，谁就掌握了主动性。信息是日常生活中常见的现象。知识、情报和文献首先应当属于信息的范畴。

化学文献是用文字、图形、符号、声像等表达的化学知识，是人类从事化学化工生产活动和科学实验的客观记录。化学文献具有如下几个特点：①数量大，各种研究成果的大量涌现使得文献数量迅速增加；②形式多，化学文献形成了印刷、声像、电子出版物、Internet在线出版物等多种形式并存的局面；③文种多，仅美国《化学文摘》每年收摘的文献语种就有 60 种左右。

1. 化学文献种类

化学文献的类型有多种，包括零次文献（一次文献的素材）、一次文献（创造性）、二次文献（浓缩性）、三次文献（综合性）等。

零次文献指未经人工正式物化，未公开于社会的原始文献。例如未正式发表的书信、手稿、讨论稿、设计草图、生产记录、实验记录等。零次文献分散在科技人员手中，使用和传播范围小，保密性强，收集、验证、管理都比较困难。由于其原始性、新颖性，因而具有较大的使用价值。

一次文献（原始文献）指以科研成果、新产品设计为依据写成的原始论文，有的是零次文献的总结。期刊论文、科技报告、会议资料、专利说明书、学位论文、技术标准等都属于一次文献。一次文献能在科研、生产和设计中起参考和借鉴作用。一次文献是最基本的信息源之一，是文献检索的最终查找对象。

二次文献指按一定规则对一次文献进行分类整理、浓缩加工后形成的系统的文献。能够全面、系统地反映某学科领域的一次文献线索，亦即检索工具，例如目录、索引和文摘。美国《化学文摘》和美国科学文献所 ISI（Institute of Science Information）出版的 SCI 是化学化工方面文献的最重要检索工具。

三次文献指在二次文献的引导下，对选择的一次文献内容进行分析、综合和评述，例如学科动态综述、评论、年度总结、领域的进展等等。有些是在大量原始文献基础上筛选出来而编写的著作、教材、丛书、手册、年鉴和参考工具书。

从一次文献到二次文献、三次文献，是一个由分散到集中、由无组织到系统化的过程。对于文献检索来说，查找一次文献是主要目的。二次文献是检索一次文献的手段和工具。三次文献可以让我们对某个课题有一个广泛的、综合的了解。应该说，就数据等资料而言，一次文献应更可靠，因为二次文献、三次文献在转引过程中难免有错。

2. 化学文献的出版形式

文献的出版形式包括图书（教材、专著、工具书），连续出版物（报纸、期刊、丛书、在线杂志等）以及特种文献（科技报告、专利文献、学位论文、会议资料、政府出版物、技术标准、产品目录、技术档案等）等。

3. 文献查阅与化学工作者科学研究间的关系

人们在从事科学研究和技术研究中，首先要了解目前的状况、前人都做过哪些工作、取得了什么成绩、存在着哪些问题，然后才是制定课题方案、着手实施。而要了解这些情况，主要是要查阅有关资料，这就是文献检索。凡是以文摘、目录、原始文献为检索对象的都叫文献检索。在文献中查找关于某一主题、某一作者、某一产品、某一材料的有关资料，以及某篇论文的出处、某一出版物的收藏处等也属于文献检索。

掌握文献检索方法，对于所有化学工作者是必不可少的。只有对前人和同行的科研成果和经验充分吸收、借鉴才能进行事半功倍的创造性工作。因此，文献调研是科学研究过程中的最为关键的部分之一。据统计，传统的研究中大约三分之一的工作时间是在查阅资料。目前主要通过两个途径进行文献检索：一种是采用传统的手工方式；另一种是通过计算机和网络检索文献。近年来后者发展非常迅速，通过通讯卫星与国外主机相联或者通过中国教育科研网与国内的相关信息站点相联，就可以高效率地进行文献检索。

可以将查阅文献与化学工作者的关系概括为以下几点。①调查研究，立足创新。通过对有关文献的全面调查研究，摸清国内外是否有人做过或者正在做同样的工作，取得了一些什么成果，尚存在什么问题，以避免重复劳动，同时也是为了借鉴、改进和部署自己的工作。只有这样才能做到心中有数，才能有所发现、有所创新、有所进步。②拓宽知识面，改善知识结构。新的科学技术使人类社会生产的产业结构正处在急剧的变化之中，边缘科学大量出现，高新技术不断发展。因此，人们的知识需要更新、拓宽。③启迪创造性思维。文献资料作为过去经验的总结，又是以后工作的向导，在人们的科学研究中起着千里眼的作用。④提高自学和独立工作的能力。现代人才的培养已经不单纯是简单的知识传授，还必须同时包括自学能力、思维能力、研究能力、表达能力以及组织管理能力等智能方面的培养。

4. 怎样查阅化学文献

化学文献浩如烟海，要迅速准确地检索出所需文献，必须讲究文献的查阅检索方法，尤其是要学会网络数据库的使用。

（1）检索前的思考　检索前需要弄清楚一些问题，包括查阅文献的目的，查什么，准备做什么用，是否已经掌握了一定的资料，查找文献的时间范围有什么考虑，查找文献的地域范围有什么要求，准备查找哪些类别的文献，是专利、期刊论文还是包罗无遗？此外，采用什么检索工具？是否准备机检或网上检索？准备用追溯法还是直接法或其他方法进行检索？

（2）检索中的决断　着手采用某一种检索工具时，需要了解该检索工具有几种检索途径，主题索引的结构特点，文摘的著录格式以及文摘中的缩写词和符号。检索过程中对情报的筛选要做到心中有数，并仔细记录和保存检索结果。需要指出的是，当查不到合适的文献时也需将有间接参考价值的文献记录下来。

（3）检索后的分析和利用　选出重要文献仔细研读，通过对比、分析、推论和综合，判断这些文献的新颖性和使用价值。必要时对获得的文献进行归纳或写出综述、评论。

（4）养成调阅文献的习惯　科研工作者应结合业务工作实际，随时留意化学信息和动态，熟悉化学情报源及检索的基本知识，并具备快速阅读的能力。

5. 化学学科的一些重要国内外期刊

因篇幅有限，下面仅列举出少部分有代表性的国内外化学相关的刊物。

有代表性的国外刊物有《Science》、《Nature》、《Chem Rev》、《Chem Soc Rev》、《Accounts Chem Res》、《Angew Chem Int Edit》、《J Am Chem Soc》、《Chem Mater》、《Chem-Eur J》、《Chem Commun》、《Anal Chem》、《J Catal》、《Biomaterials》、《Org Lett》、《Biochem J》、《J Phys Chem A》、《J Phys Chem B》、《J Phys Chem C》、《Macromolecules》、《Inorg Chem》、《Langmuir》、《J Electrochem Soc》、《Electrochem Commun》、《J Org Chem》、《Chem Phys Chem》、《Green Chem》、《Polymer》、《Nano Lett》、《Adv Mater》、《Adv Funct Mater》、《Nanotechnology》等。

有代表性的国内刊物有《化学学报》、《高等学校化学学报》、《中国化学》、《科学通报》、《中国科学B辑》、《高等学校化学研究》、《有机化学》、《中国化学快报》、《分析化学》、《光谱学与光谱分析》、《电化学》、《应用化学》、《化学进展》、《化学通报》、《物理化学学报》、《金属学报》、《高分子学报》、《催化学报》、《无机化学学报》、《化学物理学报》、《高分子科学》、《结构化学》、《无机材料学报》、《环境化学》等。

二、国内化学信息资源

目前，随着Internet技术的发展和普及，Internet在信息获取和信息传递方面所具有的作用也不断为人们所认识。互联网信息资源丰富多彩，其资源按费用可分为付费和免费两大类，按形式分有电子期刊、电子图书、图书馆馆藏目录以及其他电子文档等。本节和下一节分别介绍与化学相关的国内和国外主要的互联网信息资源。

1. 中国知识资源总库

网址：http：//www.cnki.net/（中国知网）

中国知识资源总库（Chinese National Knowledge Infrastructure，CNKI）是具有完备知识体系和规范知识管理功能的、由海量知识信息资源构成的学习系统和知识挖掘系统。由清华大学主办、中国学术期刊（光盘版）电子杂志社出版、清华同方知网（北京）技术有限公司发行。中国知识资源总库是一个大型动态知识库、知识服务平台和数字化学习平台。目前，中国知识资源总库拥有国内8200多种期刊、700多种报纸、600多家博士培养单位优秀博士/硕士学位论文、数百家出版社已出版图书、全国各学会/协会重要会议论文、百科全书、中小学多媒体教学软件、专利、年鉴、标准、科技成果、政府文件、互联网信息汇总以及国内外上千个各类加盟数据库等知识资源。中国知识资源总库中数据库的种类不断增加，数据库中的内容每日更新，每日新增数据上万条。

中国知识资源总库的重点数据库包括CNKI系列源数据库、CNKI系列专业知识仓库以及CNKI系列知识元数据库等。CNKI系列源数据库由各种源信息组成，如期刊、博士/硕士论文、会议论文、图书、报纸、专利、标准、年鉴、图片、图像、音像制品、数据等。该库按知识分类体系和媒体分类体系建立。

作为目前世界上最大的连续动态更新的中国期刊全文数据库（CJFD），它收录了国内8200多种综合期刊与专业特色期刊的全文，以学术、技术、政策指导、高等科普及教育类为主，同时收录部分基础教育、大众科普、大众文化和文艺作品类刊物，内容覆盖自然科学、工程技术、农业、哲学、医学、人文社会科学等各个领域，全文文献总量2200多万篇。该库产品分为十大专辑：理工A、理工B、理工C、农业、医药卫生、文史哲、政治军事与法律、教育与社会科学综合、电子技术与信息科学、经济与管理。十大专辑下分为168个专题和近3600个子栏目。该库文献收录年限为1994年至今，部分刊物回溯至创刊。产品有WEB版（网上包库）、镜像站版、光盘版、流量计费等多种形式。CNKI中心网站及数据库交换服务中心每日更新 5000～7000 篇文献，各镜像站点通过互联网或卫星传送数据可实现每日更新，专辑光盘每月更新，专题光盘年度更新，年新增文献 100 多万篇。

中国期刊全文数据库一共提供了三个检索功能入口，分别是初级检索、高级检索和专业检索，在这三个检索结果的基础上还可更进一步地进行二次检索。

2. 超星数字图书馆

网址：http://book.sslibrary.com/

超星数字图书馆是国内最早开展数字图书馆相关技术研究和应用的商业公司，现已发展成为全球最大的中文数字图书馆，并列为国家 863 计划示范工程。目前很多学校都可以通过两个站点访问超星数字图书馆，其中一个是本地镜像站点，另一个为北京远程站点。

超星数字图书馆收集了国内各公共图书馆和大学图书馆以超星 PDG 技术制作的数字图书，以工具类、文献类、资料类、学术类图书为主，其中包括文学、经济、计算机等五十余大类，数十万册电子图书，300 多万篇论文，全文总量 4 亿余页，数据总量 30000GB，大量免费电子图书，并以每天上千册的速度不断增加与更新。超星数字图书馆为目前世界最大的中文在线数字图书馆。

超星数字图书馆 35 万册图书须使用超星图书阅览器阅读，建议下载安装简体中文 OCR 增强版，便于以后将图书转换为文本。安装程序下载完毕，双击文件可进入超星图书阅览器自动安装向导，引导您完成阅览器的安装。如果您是一位超星新用户，请在超星图书阅览器的"注册"菜单中，选择"在线注册"，进行新用户注册。

3. 重庆维普资讯

网址：http://www.cqvip.com/

重庆维普资讯公司隶属于中国科技信息所西南信息中心，是我国最早进行数据库加工出版的单位之一，其所出版的"中文科技期刊数据库（文摘版）"历史悠久且颇受用户欢迎。自 1999 年起，维普资讯公司开始进行期刊论文全文的加工制作和服务。

维普数据库包括四部分：中文科技期刊全文数据库，外文科技期刊题录数据库，中文科技期刊引文数据库，中国科技经济新闻数据库。

维普中文科技期刊全文数据库收录了 9000 余种期刊，学科覆盖理、工、农、医、教育、经济、图书情报等多个领域。维普电子期刊全文采用其特有的格式制作及传播，用户使用时须首先下载并安装其期刊全文阅读器——维普全文阅读器才可对期刊全文进行浏览和阅读，点击每篇论文的篇名链接即可获取全文，也可进行打印及下载。

中文科技期刊引文数据库是重庆维普公司开发的国内最大的综合性文献数据库，收录 1989～2003 年出版的 12000 余种中文期刊题录、文摘和全文。学科范围覆盖理、工、农、医以及社会科学各专业。累积文献量 800 万篇。分 28 个专辑出版，数据年报道量 120 万条。科技信息网装载了中文期刊 1994 年以来的数据。

外文科技期刊题录数据库是重庆维普公司联合国内数十家图书馆，以其订购和收藏的外文期刊为依托建立的综合性文摘数据库。收录 1995 年以来出版的重要外文期刊 8000 种以上，文献语种以英文为主，学科包括理、工、农、医和部分社科专业，数据年报道量 100 万篇。通过维普公司遍布全国的合作单位，可便利地获取原文。

4. 万方数据库

该数据库是国内数据量最大的学位论文全文数据库，论文来源于国家法定的论文收藏单位——中国科技信息研究所，收录我国近 500 家学位授予单位的硕士、博士论文全文，已达

56 万多册。在 211 院校及全国高校重点学科领域具有独到的优势。学位论文内容涵盖了自然科学、理、工、农、医、社会科学、人文科学等学科领域，年增论文约 10 万～15 万册。万方数据库同时还提供学位论文回溯数据，收录自 1977 年以来的学位论文全文备查。

5. 化学相关信息其他网站

（1）化学信息网 ChIN

网址：http://chin.csdl.ac.cn/

作为重要的 Internet 化学化工资源导航，ChIN 网页是在联合国教科文组织 UNESCO 和国家基金委的支持下，由中国科学院化工冶金研究所计算机化学开放实验室建立的国际化学信息网 ChIN 主页。ChIN 网页除了对 ChIN 的系列学术会议等进行介绍外，重点对 Internet 上重要的化学资源进行系统的索引和组织，使 ChIN 网页成为 Internet 化学资源的窗口，帮助国内外的人士认识和利用网上的化学资源。

ChIN 具有以下一些特点。①化学资源的精选。主要体现在：主要工具及基本信息，化学数据库和化学软件是 ChIN 的重点收集主题，此外还有化学机构、会议、专利、图书等；反映最新应用，网上化学电子期刊、电子会议、化学品及其生产厂商目录、化学科技新闻、重要文章精选等；反映国内进展，国内化学资源、相关院系和研究机构等；跟踪国际同行的进展；其他相关资源，如搜索引擎、化学教育资源、化学工业信息等。②建立化学资源信息库。为重要的资源建立摘要信息或信息简介，反映资源基本特征、资源原址链接、相关信息链接，并尽可能给出该资源新的进展情况。例如关于化学数据库的简介页一般给出数据库中包括哪些数据、数据库的规模、数据库的重要更新信息、数据库是否免费、数据库网址、相关链接等。③ChIN 的知识积累机制。ChIN 论坛是化学学者的个人经验的积累，非常值得借鉴参考。其建立了相关知识的积累目录。

（2）化学在线

网址：http://www.chemonline.net/

化学在线网站由华南师范大学化学系建立。化学在线主页包括网站搜索、化学之门、化学村、化学软件、化教论坛、文献检索、化学会议、化学专著、个人博客等九个方面的内容，资源非常丰富。其中，化学之门子网页将 Internet 化学化工资源按学科和资源性质分类。化学软件子网页收集整理很多化学专业软件，按学科和应用领域分类，主要是免费软件。化学村子网页是一个化学虚拟社区，是化学化工工作者的理想乐园，在这里你可以交友、讨论所有化学化工相关问题、寻求合作以及得到最新信息等。

（3）中国科学研究信息门户网站

网址：http://www.sciei.com/

中国科学研究信息门户网站又称科研中国，主体部分包含内容最为丰富全面，由科研新闻、科研文章、科研资讯、科研会议、科研图片、科研下载、科研博客、科研论坛、科研搜索和科研网址十大部分组成，各部分均有不同针对性。

科研新闻（http://www.sciei.com/news）包括科学发现、科研进展、科技实事、教育科研、工程信息、新闻采集、国际新闻、趣味百科、新闻头条等内容。科研文章（http://www.sciei.com/article）包括科研综述、百家争鸣、博采众长、软件技术、专家访谈、科研写作等内容。科研资讯（http://www.sciei.com/info）包括科学基金、专家信息、招聘求职、科研报告等内容。科研会议（http://www.sciei.com/conference）包括国际会议、国内会议、软件年会、教育会议等内容。科研下载（http://www.sciei.com/soft）包括理学、工学、农学、医学、社科、软件、综合等内容。科研图片（http://www. sciei. com/photo）包括自然现象、科学实验：试验结果，试验仪器、科研进展、精英人物、科技仿真、综合图片等内容。科研论坛（http://www. sciei. com/bbs）包括理学、工学、软件、综合等内容。科研搜索（http://www. sciei. com/seek）汇集了国内外著名的科研学术数据库搜索引擎，综合了日常使用的网络搜索引擎、软件搜索、翻译搜索等。科研网址（http://www. sciei. com/link）包括了各个学科的学术网址。

（4）卓创资讯

网址：http://chem99.com/，http://www. ccecn. com

山东卓创资讯有限公司是一家专注于提供产业资讯的大型垂直门户网站运营商。目前专注于石油、化工、塑料、橡胶、煤化工、聚氨酯、陶瓷、有色金属等产品的市场资讯与电子商务服务，涉及几百个小类、上万种产品。服务形式为以网上信息浏览和手机短信为主，以VIP定制、市场调研、研究报告、会议会展、软件开发、网络广告等为辅的全方位、多层次的服务体系。

三、国外化学信息资源

1. 美国化学文摘

（1）概述　美国《化学文摘》（Chemical Abstracts，简称 CA），创刊于 1907 年，由美国化学文摘服务社（CAS of ACS，Chemical Abstracts Service of American Chemical Society）编辑出版。CA 是涉及学科领域最广、收集文献类型最全、提供检索途径最多、部卷也最为庞大的著名的世界性检索工具。CA 自称是"打开世界化学化工文献的钥匙"，在每一期 CA 的封面上都印有"KEY TO THE WORLD'S CHEMICAL LITERATURE"。

CA 报道了世界上 150 多个国家、56 种文字出版的 20000 多种科技期刊、科技报告、会议论文、学位论文、资料汇编、技术报告、新书及视听资料，还报道 30 个国家和 2 个国际组织的专利文献，每年报道的文献量约 75 万条，占世界化学化工文献总量的 98% 左右。CA 报道的内容几乎涉及了化学家感兴趣的所有领域，其中除包括无机化学、有机化学、分析化学、物理化学、高分子化学外，还包括冶金学、地球化学、药物学、毒物学、环境化学、生物学以及物理学等很多学科领域。CA 报道的内容主要包括理论化学和应用化学各方面的科研成果，是查找化学化工文献的重要检索工具。从 20 世纪 60 年代起，CA 的编辑工作就开始从传统方法逐步向自动化过渡。1975 年 83 卷起，CA 的全部文摘和索引采用计算机编排，报道时差从 11 个月缩短到 3 个月，美国国内的期刊及多数英文书刊在 CA 中当月就能被报道。

CA 文摘的编排特点如下：1907～1960 年为半月刊，1～54 卷，1 卷/年，每卷 24 期；1961 年为双周刊，55 卷，1 卷/年，每卷 26 期；1962～1966 年为双周刊，56～65 卷，2 卷/年，每卷 13 期；1967 年至今为周刊，2 卷/年，每卷 26 期。

（2）结构与编排

① 期结构　CA 每期的结构由以下三部分组成。A 分类目次（Contents）。位于每期的第一页。CA 的正文内容按分类编排，共分为 5 大类 80 小类，分别由相邻的单双期交替出版，单期出版前两个大类的 1～34 小类，双期出版后三个大类的 35～80 小类。这 80 个小类以"Sections"的形式反映在目次表上。只有把单、双期结合在一起，才构成一套完整的类目。从 1997 年 126 卷开始，CA 对分类目次做了较大的调整，即无论单双期均刊载 80 个类

目的全部内容。B 文摘正文。即 CA 的主要内容。各类目下的文摘按文献类型分为四个部分，每部分之间以虚线"…"隔开。四部分的编排次序依次为：期刊论文（综述位于最前面）、会议录和资料汇编、技术报告、学位论文等类型的文献；新书及视听资料；专利文献；互见参考。C 期索引。位于正文之后，每期都附有关键词索引、专利号索引和作者索引等三种索引。

② 卷索引　CA 每半年出版一卷，全年出两卷。CA 卷索引包括普通主题索引、化学物质索引、索引指南、作者索引、专利索引、分子式索引、环系索引等。

③ 累积索引　累积索引的索引种类与卷索引相同，1907～1956 年每 10 年累积一次，1957 年至今每 5 年累积一次。第 15 次累积索引涉及年份为 2002～2006 年，卷数为 136～145 卷。

④ 辅助索引　除上述索引以外，为了指导读者更好地利用 CA，编辑部还出版了一系列辅助索引：索引指南、杂原子索引（1967 年 66 卷～1971 年 74 卷）、环系索引、登记号索引（手册）、资料来源索引。

（3）CA 各索引之间的关系　CA 的索引体系按照与文摘的相互关系，可分为两大类。

① 文摘索引　即索引直接提供文摘号，并可根据此文摘号直接查到文摘。包括期索引、卷索引、累积索引等。

② 间接索引　属于指导性索引或辅助索引，不提供文摘号，仅为查阅文摘索引提供帮助。包括杂原子索引、环系索引、索引指南、登记号索引（手册）、资料来源索引等。

（4）CA 补充刊物　除以上所介绍的 CA 系列出版物外，CA 还出版两种比较重要的补充刊物。

①《化学文摘选辑》（CA Selects）　1976 年根据英国皇家化学会化学信息服务社（United Kingdom Chemical Information Service，简称 CIS）的倡导，由美国化学文摘社（CAS）和 CIS 合作编辑了《化学文摘选辑》。《化学文摘选辑》是 CA 的专题文献辑，这些选辑每两周出版一期，与同期的 CA 相对应。

② CA 综述索引（CA Review Index）　1975 年由 CIS 根据与 CAS 签订的协议出版了 CA 的综述索引（CA Review Index），是对 CA 收录的所有综述文献的索引，每年出版 2 期。

（5）CA 光盘数据库检索　目前国内检索 CA 电子版主要有 3 种途径：CA 光盘版、Dialog 国际联机和 STN 国际联机。

CA 光盘每月更新。国内有清华大学图书馆、北京大学图书馆等单位购买了 CA 光盘。各单位一般都将光盘数据库连到校园网上供多用户共享。

Dialog 系统是世界上最大的国际联机情报检索系统，也是我国情报界使用最多的系统。目前已有 600 多个文档，其中的 399 号文档为 1967 年至今的 CA Search，但仅提供题目（Title），没有文摘，并且价钱昂贵。

STN（Scientific and Technical Information）系统创建于 1983 年，是由美国化学文摘社（CAS）、德国卡尔斯鲁厄专业情报中心（FIZ-Karlsruhe）以及日本科技情报中心（JICST）3 家合作开发的国际性情报检索系统，拥有 200 多个数据库。STN 是第一个实现图形检索的系统，具备化学物质及结构式的检索功能。其化学文摘数据库也是 1967 年至今的，并且含有文摘，但是目前国内的购买单位较少。

① 基本检索方式　CA 光盘版提供 4 种检索方式，分别为索引浏览（Index Browse）、词条检索（Word Search）、化学物质等级（Substance Hierarchy）和分子式等级（Formula

Hierarchy）。4 个对应快捷按钮 Browse、Search、Subst、Form 列在检索屏幕的左上角。索引浏览和词条检索方式均有 15 种字段供选择，分别为 Word（自由词，包括在文献题目、文摘、关键词、普通主题中出现的所有可检索词汇）、CAS RN（CAS 登记号）、Author（作者或发明者）、Gen. Subj.（普通主题）、Patent No.（专利号）、Formula（分子式）、Compound（化合物）、CAN（CA 文摘号）、Organization（组织机构、团体作者或专利局）、Journal（期刊）、Language（文献语种）、Year（文献出版年）、Doc. Type（文献类型）、CA Section（CA 分类）、Update（文献更新时间或印刷版 CA 的卷、期号）。

此外，也可以在检索结果全记录的显示屏幕上直接检索感兴趣的词。如果只有一个词，双击该词条，则自动在 Word 字段中重新检索，显示检索结果。如果多于一个词，可用鼠标选定，点击 SrchSet（Search Selection）按钮或在 Search 下拉菜单中选择 Search for Selection 选项，系统将对所选词重新检索。显示结果的全记录下方列出相关 CAS 登记号，点击快捷键 NextLink 则移到下一个 CAS 登记号。点击登记号或点击 GotoLink 按钮则显示其物质记录，包括该化学物质索引标题和分子式。如欲查找包含相同 CAS 登记号的相同文献，只需在物质记录显示窗口点击左上角第二排的 Search 按钮，其效果等同于使用 Browse 方式选择 Formula 字段，然后输入 CAS 登记号检索。

②检索技巧 使用 Browse 词典确定检索词。Search 方式提供的用户逻辑组配自由度大，是光盘检索最常用的检索方法。但是 CA 各字段的用词格式严格，如与索引词典不一致，则不能识别或检索无结果。这个问题在使用 Word 字段时尚不突出，但使用单位或作者字段时必须注意，尽量使用词典，即打开 Browse 词典选词。还需注意的是，单位字段的检索不是按照单词或词组检索，而是按照固定词条检索。例如作者发表文章时如将单位写为"Department of Chemistry, Southwest University of Science and Technology（西南科技大学化学系）"，则 CA 将其整个作为一个地址词条，将此篇文献列在 Organization 字段的该词条下，如用检索词"Southwest University of Science and Technology"则检索不到此篇文献。作者姓名的写法是固定的，标准写法为姓在前，名在后，中间用逗号和空格。例如，何平写成"He, Ping"，霍冀川写成"Huo, Jichuan"。诸如"He, P."、"Huo, J."、"Huo, J. C."等缩写形式也被使用。CA 字段的容错功能很差，必须严格使用其编制的词典。可以在词典中点击鼠标选中该词后，同时按下〈Ctrl〉和 C 键复制，然后切换到 Search 界面，同时按下〈Ctrl〉和 V 键粘贴。

Browse 和 Search 方式的 Compound、Formula 字段与 Subst、Form 方式的区别。索引浏览（Index Browse）和词条检索（Word Search）方式均有 15 种检索字段，其中包括 Compound（化合物）和 Formula（分子式）字段。这两个字段与化学物质等级（Substance Hierarchy）方式和分子式等级（Formula Hierarchy）方式用词上有相似之处，但在检索方面存在差异。以检索氧化镁为例说明，其 CA 化学物质索引标题为 Magnesium Oxide，分子式为 MgO。使用 Browse 和 Search 方式的 Formula 字段或 Form 方式，只能用分子式名称，即 MgO；使用 Browse 和 Search 方式的 Compound 字段或者 Subst 方式，只能用化学物质索引名称，即 Magnesium Oxide；使用 Browse 和 Search 方式的 Formula 或 Compound 字段，词典将其在全记录中出现的各种形式全部列出，Formula 字段直接列出各种分子式，Compound 字段在相同的化学物质索引标题后的括号中标明分子式。而 Subst 方式和 Form 方式均按照化学物质结构分类原则细分为很多子层，可以界定到精确的范围。Browse 和 Search 方式的 Formula 或 Compound 字段，界面简明直观，而 Subst 方式和 Form 方式更适合于化学相关专业人员。

(6) CA 索引的查阅原则　CA 的索引种类很多，检索体系很完善，是其他检索工具所不及的。现就如何利用 CA 的各种索引以及各索引之间的相互关系作一概括总结。

① 若查阅最新动向的文献，在当前期所涉及的卷索引尚未出版以前，应先查关键词索引，它可集中提供某一专题的多方面的资料。

② 若要回溯查找，应使用卷索引和累积索引。但累积索引有删节，遗漏较多，不及卷索引齐全。

③ 已知文献作者，应使用不同版本的著者索引，这样更简便、直接。

④ 查阅有关专利的文献，应使用不同版本的专利索引。

⑤ 已知分子式而不知其化合物名称，可用分子式索引。但分子式索引著录较简便，不利于筛选。因此通过分子式索引掌握了化学物质名称后，仍需要利用化学物质索引查阅文摘。

⑥ 只知道化学物质的登记号，可先通过登记号索引或手册查找其化学物质名称或分子式，然后再利用化学物质索引或分子式索引查阅文摘。

⑦ 当查找新课题或用已知物质名称在 CS 或 GS 中遇到困难时，应及时查阅索引指南。

⑧ 当所查的文摘不能满足要求时，可根据原文出处的缩写名称，查阅资料来源索引系列，以便进一步获得原文文献。

2. 四大检索

世界著名的四大检索工具，即 SCI、EI、ISTP、ISR，是世界四大重要检索系统，其收录论文的状况是评价国家、单位和科研人员的成绩、水平以及进行奖励的重要依据之一。我国被四大系统收录的论文数量逐年增长。因其收录文献广泛、检索途径多、查找方便、创刊历史悠久而备受科研人员及科研管理部门的青睐。

(1) SCI

① 概述　SCI (Science Citation Index，科学引文索引) 创刊于 1963 年，是美国科学情报研究所 (Institute for Scientific Information，ISI，http://www.isinet.com/) 出版的一部世界著名的文献检索工具。SCI 收录全世界出版的数、理、化、农、林、医、生命科学、天文、地理、环境、材料、工程技术等自然科学各学科的核心期刊约 3500 余种，扩展版收录期刊 5600 余种。ISI 通过它严格的选刊标准和评估程序挑选刊源，而且每年略有增减，从而做到其收录的文献能全面覆盖全世界最重要、最有影响力的研究成果。

ISI 所谓最有影响力的研究成果，指的是报道这些成果的文献大量地被其他文献引用。为此，作为一部检索工具，SCI 一反其他检索工具通过主题或分类途径检索文献的常规做法，而设置了独特的"引文索引"(Citation Index)，即通过先期的文献被当前文献的引用，来说明文献之间的相关性及先前文献对当前文献的影响力。

SCI 主要发行三个版本：书本式、光盘版及 Internet Web 版，Web of Science 即是 SCI 的 Web 版。1997 年，ISI 推出了其网络版的数据库 Web of Science，充分利用了互联网网罗天下的强大威力，一经推出即获得了用户的普遍好评。Web of Science 不仅仅是 SCI 的网络版，与 SCI 的光盘版相比，Web of Science 的信息资料更加详实，其中的 Science Citation Index Expanded 收录全球 5600 多种权威性科学与技术期刊，比 SCI 光盘增加 2100 种。Web of Science 充分地利用了网络的便利性，功能更加强大，彻底改变了传统的文献检索方式，运用通用的 Internet 浏览器界面，全新的 Internet 超文本格式，所有的信息都是相互关联的，只需轻按鼠标，即可获取想要的信息资料。Web of Science 更新更加及时，数据库每周更新，确保及时反映研究动态。

Web of Science 现由五个独立的数据库构成，它们既可以分库检索，也可以多库联检。需要跨库检索时，选择"CrossSearch"便可以在同一平台同时检索五个数据库。a. Science Citation Index Expanded（科学引文索引，SCI）：每周更新，收录 5600 多种权威性科学与技术期刊，回溯至 1973 年。b. Social Science Citation Index（社会科学引文索引，SSCI）：每周更新，收录 1700 种社会科学期刊，回溯至 1973 年。c. Arts & Humanities Citation Index（艺术与人文科学引文索引，A&HCI）：每周更新，收录全球 1140 种艺术与人文科学期刊，回溯至 1975 年。d. Index Chemicus（化学索引，IC）：收录 104 种期刊，收集新发现的化学物质事实性的数据，回溯到 1993 年。e. Current Chemical Reactions（最新化学反应资料库，CCR）：收录 116 种期刊，收集新报道的化学反应的事实型数据，回溯到 1840 年。

② 数据库检索指南　进入主页后，Web of Science 主要提供 General Search（普通检索）、Cited Reference Search（引用检索）、Structure Search（结构检索）和 Advanced Search（高级检索）四种检索方式。

普通检索是通过主题（TOPIC）、著者（AUTHOR）、来源期刊名（SOURCE）、著者单位（ADDRESS）等信息展开检索，并得到需要了解的信息。系统默认多个检索途径之间为逻辑"与"关系。

引用检索以被引著者、被引文献和被引文献发表年代作为检索点进行检索，是 ISI Web of Science 所特有的检索途径，目的要解决传统主题检索方式固有的缺陷（主题词选取不易，主题字段标引不易/滞后/理解不同，少数的主题词无法反映全文的内容）。引用检索将一篇文献（无论是论文、会议录文献、著作、专利、技术报告等）作为检索对象，直接检索引用该文献的文献，不受时间、主题词、学科、文献类型的限制，特别适用于检索一篇文献或一个课题的发展，并了解和掌握研究思路。

结构检索用于对化学反应和化合物进行检索。

高级检索是一种使用字段标识符在普通检索字段检索文献的方法。在检索表达式中可以使用逻辑运算符、括号等。在高级检索界面的右侧列出字段标识符，在检索表达式的输入框中有著者、团体著者和来源出版物的列表，同时还可以文献的语种和文献类型进行限定。同时在该检索界面的主页下面有检索历史，可以对检索历史进行逻辑运算。检索系统对高级检索中检索表达式的书写有一定的要求，所以一般能熟练运用逻辑运算符和字段标识符的读者使用该检索方法比较合适。

例如，作为一名刚刚接触新课题的研究人员，如何快速了解某一课题的由来、最新进展、未来主要发展方向？方法可以是利用主题检索方式进行文献检索，在检索中将文献类型设置为 Review，通过查找某个研究领域的综述性文献，从宏观上把握这个课题方向。又如，如何了解并跟踪某个研究课题在国内外的动态？方法是利用普通主题检索，检索出该研究领域相关的研究论文，利用 Web of Science 的分析功能，找出在这个研究领域里最核心的研究人员是谁，主要有哪些研究机构在从事相关的研究，该研究主要涉及的学科范围，该研究发表研究论文的年代，该研究主要成果的报道期刊等。

Web of Science 提供的功能独特 Citation Index 可以解决许多问题：这篇论文有没有被别人引用过？这篇论文的主要内容是什么？有没有关于这一课题的综述？这一理论有没有得

到进一步的证实？这项研究的最新进展和延伸？这个方法有没有得到改进？这个老化合物有没有新的合成方法？这种药物有没有临床试验？这个概念是如何提出来的？对于某个问题后来有没有勘误和修正说明？还有谁在从事这方面的研究？创始于这个研究机构的某项研究工作有没有研究论文发表？这个理论或概念有没有应用到新的领域中去？这个研究人员写过哪些论文并发表在该领域的权威性刊物里？这个研究机构或大学最近发表了哪些文章？

③ 期刊引用报告　ISI 每年还出版 JCR（《期刊引用报告》，全称 Journal Citation Reports）。JCR 对包括 SCI 收录的 3500 种期刊在内的 5800 种期刊之间的引用和被引用数据进行统计、运算，并针对每种期刊定义了影响因子（Impact Factor）等指数加以报道。

一种期刊的影响因子，指该刊前二年发表的文献在当年的平均被引用次数。一种刊物的影响因子越高，其刊载的文献被引用率越高，说明这些文献报道的研究成果影响力大，反映该刊物的学术水平高。论文作者可根据期刊的影响因子排名决定投稿方向。SCI 收录的中文期刊有 70 种左右。

一种期刊的及时指数（Immediacy Index）是指该刊当年发表的文献在当年被引用的次数与当年的文献总数之比。此指标表示期刊论文所述的研究课题在当前的热门程度。期刊的及时指数越大，说明该刊当年被引的频次越高，也相对地说明该刊的核心度和影响力较强，其所发表的论文品质较高、较为热门。

一种期刊的被引用半衰期（Cited Half Life）是指该刊各年发表的文献在当年被引用次数逐年累计达到被引用总数的 50% 所用的年数。半衰期一般只统计 10 年的数据。半衰期是一个介于 1 与 10 之间的数字。被引用半衰期反映期刊论文研究题目的延续时间，即期刊论文时效性的长短，或知识更新的快慢。这一指标揭示了期刊中文献被引用的引用半衰期（Citing half-life），有助于帮助图书馆确定期刊采购和存档的策略。

一种期刊的引用半衰期（Citing Half Life）是从当前年份开始，该刊引文数目达到向前累计的该刊引文总数的 50% 的年份数。了解被引半衰期和引用半衰期，可以帮助馆员调整期刊的馆藏策略。

④ SCI 论文的阅读和参考　学会阅读 SCI 数据库检索出来的论文。a. 先看综述性的论文，后看研究论文；b. 多数文章看摘要，少数文章看全文；c. 集中时间阅读文献；d. 建立资料库并做好记录和标记；e. 准备引用的文章要亲自并且仔细阅读和分析；f. 注意论文的参考价值。

学会利用 SCI 本学科著名学者的研究成果获得信息。著名学者及研究机构是学科的领航人，他们的成果代表着学科的前沿、发展方向。著名学者的文献是人们所关注的，引用率高。因此通过 SCI 数据库的"被引用文献"（Cited Reference Search），可以了解本学科/课题的专家及研究机构。

（2）EI

网址：http://www.engineeringvillage2.org

① 概述　EI（Engineering Index，工程索引）创刊于 1884 年，是美国工程信息公司出版的著名工程技术类综合性检索工具。EI 选用世界上的工程技术类期刊，收录文献几乎涉及工程技术各个领域。例如：动力、电工、电子、自动控制、矿冶、金属工艺、机械制造、土建、水利等。它具有综合性强、资料来源广、地理覆盖面广、报道量大、报道质量高、权威性强等特点。

② EI 发展的几个阶段　1884 年创办至今，为月刊、年刊的印刷版。20 世纪 70 年代，

出现电子版数据库（Compendex）并通过 Dialog 等大型联机系统提供检索服务；80 年代，出现光盘版数据库（CD-ROM，Compendex）；90 年代，提供网络版数据库（EI Compendex Web），推出了工程信息村（Engineering Information Village）。2000 年 8 月，EI 推出 Engineering Information Village-2 新版本，对文摘录入格式进行了改进，并且首次将文后参考文献列入 Compendex 数据库。

③ EI 来源期刊的三个档次　EI 来源期刊包括全选期刊、选收期刊、扩充期刊。全选期刊即核心期刊，收入 EI Compendex 数据库。收录重点为下列工程学科的期刊：化学工程、土木工程、电子/电气工程、机械工程、冶金、矿业、石油工程、计算机工程和软件等核心领域。目前，核心期刊约有 1000 种，每期所有论文均被录入。选收期刊的领域包括：农业工程、工业工程、纺织工程、应用化学、应用数学、应用力学、大气科学、造纸化学和技术、高等学校工程类学报等。EI Compendex 只选择与其主题范围有关的文章。目前，选收期刊约 1600 种。我国期刊大多数为选收期刊。扩充期刊主要收录题录，形成 EI Page One 数据库，共收录约 2800 种期刊。

④ EI Compendex 与 EI Page One　EI Compendex 为 Computerized Engineering Index 的缩写，即计算机化工程索引。该数据库的文字出版物即为《工程索引》。它收录论文的题录、摘要、标引主题词和分类号等，并进行深加工。EI Page One 一般为题录，不录入文摘，不标引主题词和分类号。有的 Page One 也带有摘要，但未标引主题词和分类号。

注意：带有文摘及 EI 号并不表示正式进入 EI Compendex 数据库。有没有主题词和分类号是判断论文是否被 Compendex 数据库正式收录的唯一标志。

（3）ISTP　ISTP（Index to Scientific & Technical Proceedings，科技会议录索引）创刊于 1978 年，由美国科学情报学会编辑出版。会议录收录生命科学、物理与化学科学、农业、生物和环境科学、工程技术和应用科学等学科，其中工程技术与应用科学类文献约占 35%。ISTP 收录论文的多少与科技人员参加的重要国际学术会议多少或提交、发表论文的多少有关。

我国科技人员在国外举办的国际会议上发表的论文占被收录论文总数的 60% 以上。

（4）ISR　ISR（Index to Scientific Reviews，科学评论索引）创刊于 1974 年，由美国科学情报研究所编辑出版，收录世界上 40 多个国家与地区 2700 余种科技期刊及 300 余种专著丛刊中有价值的评述（综述）论文。ISR 收录的文献覆盖了自然科学、医学、工程技术、农业和行为科学等 100 多个学科。

3. 美国化学学会

网址：http://pubs.acs.org/about.html

（1）概述　ACS（American Chemical Society，美国化学学会）成立于 1876 年，是世界上最大的科技协会，其会员数超过 16.3 万。ACS 一直致力于为全球化学研究机构、企业及个人提供高品质的文献资讯及服务，已成为享誉全球的科技出版机构，被 ISI 的 Journal Citation Report（JCR）评为化学领域中被引用次数最多的化学期刊。

ACS 现出版 36 种期刊，内容涵盖以下领域：生化研究方法、药物化学、有机化学；普通化学、环境科学、材料学、植物学；毒物学、食品科学、物理化学、环境工程学；工程化学、应用化学、分子生物化学、分析化学；无机与原子能化学、资料系统计算机科学、学科应用；科学训练、燃料与能源、药理与制药学；微生物应用生物科技、聚合物、农业学。

（2）ACS Web 版的主要特色　除具有一般的检索、浏览等功能外，还可在第一时间内查阅到被作者授权发布、尚未正式出版的最新文章（Articles ASAP），且回溯年代长。用户也可定制 E-mail 通知服务，以了解最新的文章收录情况。此外，还具有增强图形功能，含 3D 彩色分子结构图、动画、图表等，全文具有 HTML 和 PDF 格式可供选择。

（3）检索方式　主要包括浏览方式以及期刊检索方式。在浏览方式中，可以通过刊名浏览或者分类浏览的方式进行检索。在期刊检索中，可以通过具体期刊或数字化对象识别符检索，也可通过关键词进行检索。

值得再提的是，在 ACS web 版中，用户可定制 E-mail 通知服务，以了解最新的文章收录情况。主要体现在以下两方面：①最新文献通知（ASAP Alerts）。通过 E-mail 及时通知某篇文章已发表，可提供文章的题目、作者、刊名、论文全文的网址；②最新目次通知（Table of Contents Alerts）。通过 E-mail 及时通知最新一期的目次，包括文章的题目、作者、刊名、论文全文的网址。

4. Elsevier Science

网址：http://www.sciencedirect.com/

Elsevier Science 是世界上公认的高品位学术出版公司，也是全球最大的出版商，已有 100 多年的历史。SDOS（Science Direct On Site）收录荷兰 Elsevier Science 出版的 95 年以来的 1200 多种各学科学术期刊文章全文，涉及学科内容有：生命科学、农业与生物、化学及化学工业、医学、计算机、地球科学、工程能源与技术、环境科学、材料科学、数学、物理、天文、社会科学等，其中许多为核心期刊。目前，有两种站点形式可供文献查阅，即 SDOS（国内镜像）和 SDOL（国外镜像）。

SDOL 具有以下一些方面的优点：①SDOL 与 SDOS 收录的期刊基本一致，但 SDOL 是 24 h 时时更新，因此期刊更新的速度比 SDOS 更快；②SDOL 用户可以提前看到 Article in Press（在编文章），即已经通过编辑审稿但尚未发表的文章，而使用 SDOS 的用户就无法看到；③SDOL 用户通过免费注册后，即可拥有强大的个性化服务，包括建立个人图书馆、电子邮件提示；④从检索结果看，SDOL 中的全文除了 PDF 格式外，还包括 HTML 格式，用户可以根据需要进行选择；⑤现有的二次文献库中能进行馆藏全文链接的，一般仅链接至 SDOL 服务器的全文，所以使用 SDOL 的用户可以得到一步到位的全文阅读。而 SDOS 用户是无法直接从所检索的二次文献库一步到位链接到 Elsevier 全文。

5. 英国皇家化学会

网址：http://www.rsc.org/

英国皇家化学学会（Royal Society of Chemistry，简称 RSC）是欧洲最大的化学组织，是一个国际权威的学术机构，是化学信息的一个主要传播机构和出版商。一年组织几百个化学会议。该协会成立于 1841 年，由约 4.5 万名化学研究人员、教师、工业家组成的专业学术团体，出版的期刊及数据库一向是化学领域的核心期刊和权威性的数据库。RSC 期刊大部分被 SCI 收录，并且是被引用次数最多的化学期刊。

一些主要的期刊包括《The Analyst》、《Chemical Communications》、《Chemical Society Reviews》、《Chemical Technology》、《Chemistry World》、《Dalton Transactions》、《Faraday Discussions》、《Green Chemistry》、《Journal of Analytical Atomic Spectrometry》、《Journal of Materials Chemistry》、《New Journal of Chemistry》、《Organic & Biomolecular Chemistry》、《Physical Chemistry Chemical Physics》等。

此外，RSC 还出版 4 种文摘数据库，包括《Analytical Abstracts》、《Catalysts & Catalysed Reactions》、《Methods in Organic Synthesis》、《Natural Product Updates》。

6. 德国施普林格

网址：http://www.springer.com

德国施普林格（Springer-Verlag）是世界上著名的科技出版集团，通过 Springer LINK 系统提供学术期刊及电子图书的在线服务。按学科分为以下 11 个"在线图书馆"，即生命科学、医学、数学、化学、计算机科学、经济、法律、工程学、环境科学、地球科学、物理学与天文学。

Springer LINK 所提供的全文电子期刊共包含近 500 种全文学术期刊，其中近 400 种为英文期刊，还有 20 种世界知名科技丛书共 2000 多卷，约 30 多万篇文献，大部分期刊过刊回溯到 1996 年，是科研人员的重要信息源。

7. Wiley Interscience

网址：http://www3.interscience.wiley.com

John Wiley & Sons, Inc. 公司成立于 1807 年，是一家全球性电子产品权威出版商，出版自然科学、工程技术、医学、商业类的图书与期刊。分布在美国、英国、德国、加拿大、亚洲和澳大利亚。

主题分类包括医学、工程技术、数学、物理、天文、材料科学、化学与化工等。文献类型有参考工具书、期刊论文、手册、图书等。

四、国内外专利

目前，世界上已有 160 多个国家和地区实行了专利制度。专利文献是专利制度的产物，是科技攻关、开发新产品和引进技术的重要情报源。据世界知识产权组织（World Intellectual Property Organization-WIPO）报道：世界上每年的发明成果 90%～95% 在专利文献中可以查到，在应用技术研究中，经常查阅专利文献可以缩短研究时间 60%，节省研究费用 40%，因此，学会检索和利用专利文献是非常重要的。

专利通常包括三个涵义：专利权、获得专利权的发明创造以及专利文献。

根据专利的保护对象及特性可将其分为：发明专利、实用新型专利、外观设计专利。发明专利包括产品发明和方法发明。我国新专利法规定发明专利的保护期为 20 年。实用新型专利是指对产品的形状、构造或其结合所提出的适于实用的新技术方案，与发明专利相比，其范围较窄、创造性较低，俗称"小发明"。保护期为 10 年。外观设计专利是指对产品的形状、图案、色彩或其结合作出的富有美感并适于工业上应用的新设计。外观设计必须与产品相关，并以产品作为它的载体，它只涉及产品外表而不涉及技术思想，保护期为 10 年。

1. 德温特专利文献检索

网址：http://www.derwent.com

Derwent 是英国一家专门用英文报道和检索世界各主要国家专利情报的出版公司 Derwent Publication Ltd。1951 年成立，创刊时为《英国专利文摘》（《British Patent Abstracts》），随后出版美国、苏联、法国等 12 种分国专利文摘。1970 年开始出版《中心专利索引》（《Central Patent Index》），即现在的《Chemical Patent Index》。1974 年创刊《世界专利索引》并以 WPI 索引周报（WPI Gazette）、WPI 文摘周报（WPI Alerting Abstracts Bulletin）及各类分册的形式出版。

德温特一系列出版物有题录周报和文摘周报类两大类。题录周报涉及综合类、机械类、化学类、电气类四个分册。与题录周报化学类分册相配套，化学专刊索引文摘周报有 13 个分册。

2. 中国专利文献

我国 1985 年 4 月 1 日起实行专利法，实施的首日就受理国内外专利申请案 3455 件。1993 年 1 月 1 日起实施专利法修正案，对专利法作出了重要修改。中国的专利编号与国外某些国家的专利编号有所不同，对同一件专利，自申请到授权，均采用一个编号，专利的编号采用 8 位数字。前两位数字表申请年代，第 3 位数字用来区分 3 种不同专利。"1"表示发明专利，"2"表示实用新型专利，"3"表示外观设计专利。后 5 位数字表示当年的各种专利的流水号。流水号后标的英文字母表示各种专利说明书的类别。中国专利文献检索工具有专利公报、专利索引、专利文献通报（已停刊）等。

3. 美国专利文献

美国是世界上拥有专利数量最多的国家。外国人在美国申请的专利约占美国专利总数的28％。因此美国专利在一定程度上反映了世界技术发展的水平和趋势。

美国专利文献有美国专利和商标局出版发行的专利说明书、专利公报、检索用的分类手册和索引等。此外还有非该局出版的若干种美国专利检索工具等。

习 题 二

1. 请查找所在学校一些化学相关老师近十年来发表文章被《工程索引》收录的情况，并请区别被 Compendex 收录还是被 Page one 收录。

2. 请根据你的课题方向或感兴趣的研究方向，在 EI 数据库中进行试检，熟练运用平台上各种检索方法，并注意使用逻辑算符、截词符等。

3. 用自己的研究课题练习 SCI 检索。

4. 掌握所在学校图书馆化学相关数据库的使用。

5. 查找国内外人员在量子点研究方面的进展情况。

6. 查找锂离子电池负极材料研究的国内外进展情况。

参 考 文 献

[1] 余向春. 化学文献即查阅方法 [M]. 北京：科学出版社，2003.
[2] 袁中直等. 化学化工信息资源检索和利用 [M]. 南京：江苏科学技术出版社，2001.

第三章　试验设计与数据分析方法

对于化工、化学、制药、生物、材料等学科专业，经常要通过实验与观测来找寻研究对象的变化规律，通过对规律的研究来达到各种目的，如提高产量、提高性能、降低各类消耗等。通过科学的试验设计，能够用较少的试验次数达到预期的试验目的，大大节省人力和物力的消耗；随之进行合理的分析和处理伴随试验过程所产生的大量数据，才能获得研究对象的变化规律，达到科研和生产的目的。本章在《分析化学》的基本实验数据处理的基础上，重点介绍最常用的正交试验设计法和正交实验数据的两种基本分析方法：极差分析法、方差分析法。

一、正交试验设计

在科学研究和工业生产实践中往往需要考虑众多影响因素，需要研究多个因子对试验指标值的效应。通常因素的水平数常多于 2 个，尽管多因素完全方案可以综合研究各因子的简单效应、主效应及因子间的交互效应，但是，当试验因子数增多或因子的水平数增加时，往往会使试验方案的规模过大而难以全面实施，当各因素的水平数相同，均为 m 时，因素数 k 与试验次数 n 的关系为 $n = m^k$，例如对于 3 因素 4 水平的试验如果进行每个因素的每个水平均进行水平组合进行全面试验至少要做 $4^3 = 64$ 次试验，如果是 5 因素 4 水平的试验，进行全面试验至少为 $4^5 = 1024$ 次试验，随着因素数的增加，试验次数增加的更快，同时带来大量的待分析试验数据。

实践证明，正交试验设计（简称正交设计）就是在保证因素水平搭配均衡的前提下，利用已经制成的一系列正交表从完全方案中选出若干个处理组合以构成部分实施方案，从而减小试验规模，并保持效应综合可比之特点。在实际操作中，通过利用正交表科学安排设计试验，在不影响全面了解对象中诸多因素对其性能指标影响的条件下，大大减少试验次数，同时也减少了统计分析的工作量，达到了提高试验效率的目的。

1. 正交表类型和特点

（1）正交表的格式　在正交试验设计中，常把正交表写成表格的形式，并在水平数左旁写上行号（试验号，即处理号），在其右上方写上列号（因素号）。为使用方便，便于记忆，正交表的名称一般简记为：

$$L_n(m_1 \times m_2 \times \cdots \times m_k)$$

其中 L 为正交表代号，n 代表正交表的行数或试验处理组合数，即利用该正交表安排试验时，应实施的试验处理组合数；$m_1 \times m_2 \times \cdots \times m_k$ 表示正交表共有 k 列（最多可安排的因素数），每列的水平数分别为 m_1，m_2，$\cdots$，m_k。任何一个名为 $L_n(m_1 \times m_2 \times \cdots \times m_k)$ 的正交表都有一个对应的表格，用于安排试验方案和分析试验结果。

（2）正交表的类型　正交表是一种特殊的表格，它是正交设计中安排实验和分析测试结果的基本工具，可分为两种表格，分别是等水平正交表、混合水平正交表。

① 等水平正交表　在 $L_n(m_1 \times m_2 \times \cdots \times m_k)$ 中，若 $m_1 = m_2 = \cdots = m_k$，则称为等水平正交表，简记作 $L_n(m^k)$，其中 L 为正交表代号，n 为正交表横行数（需要做的试验次数），m 为水平数，k 为因素数正交表纵列数（能安排的最多因素数）。常用的等水平正交表如下：

二水平正交表：$L_4(2^3)$，$L_8(2^7)$，$L_{16}(2^{15})$，…

三水平正交表：$L_9(3^4)$，$L_{27}(3^{13})$，$L_{81}(3^{41})$，…

四水平正交表，$L_{16}(4^5)$，$L_{64}(4^{21})$，…

五水平正交表：$L_{25}(5^6)$，$L_{125}(5^{31})$，…

表 3-1 是一个常用的等水平正交表。

表 3-1　正交表 $L_9(3^4)$

试验号	列　号			
	1	2	3	4
1	1	1	1	1
2	1	2	2	2
3	1	3	3	3
4	2	1	2	3
5	2	2	3	1
6	2	3	1	2
7	3	1	3	2
8	3	2	1	3
9	3	3	2	1

表 3-1 中 $L_9(3^4)$ 表示 4 因素 3 水平试验，按照正交表设计试验次数为 9 次，如果进行**全面试验至少要做 81 次**，可见正交设计大大减少了试验次数。

② 混合水平正交表

在 $L_n(m_1 \times m_2 \times \cdots \times m_k)$ 中，若 m_1，m_2，…，m_k 不完全相等，则称为混合水平正交表。其中最常用的是 $L_n(m_1^{k_1} m_2^{k_2})$ 型混合水平正交表。其中 $m_1^{k_1}$ 表示，水平数为 m_1 的有 k_1 列；$m_2^{k_2}$ 表示，水平数为 m_2 的有 k_2 列。用这类正交表安排试验时，水平数为 m_1 的因素最多可安排 k_1 个，水平数为 m_2 的因素最多可安排 k_2 个。

科学实践中，由于实验条件所限，某因素不能多取水平；有时需要重点考察的因素可多取水平，而其他因素水平数可适当减少。混合正交表正是用来设计该类试验的，即各因素的水平数不完全相同的正交表。表 3-2 是一张混合水平正交表，此表最多可安排 4 水平因素 1 个和 2 水平因素 4 个。常用的混合水平正交表有：$L_8(4^1 \times 2^4)$，$L_{16}(4 \times 2^{12})$，$L_{16}(4 \times 2^9)$，$L_{16}(4^4 \times 2^3)$。

表 3-2　正交表 $L_8(4^1 \times 2^4)$

试验号	列　号				
	1	2	3	4	5
1	1	1	1	1	1
2	1	2	2	2	2
3	2	1	1	2	2
4	2	2	2	1	1
5	3	1	2	1	2
6	3	2	1	2	1
7	4	1	2	2	1
8	4	2	1	1	2

2. 正交表的基本性质

由正交表的定义可以得出，它具有下列性质。

（1）正交性　正交表的正交性主要表现在：①任一列中各元素（即水平）出现次数相等；②任何两列的同行元素构成的元素对为一个"完全对"，且每种元素对出现次数相同。

由正交表的正交性可以看出：①正交表各列的地位平等，表中各列之间可以相互置换，称为列置换；②正交表的各行之间也可相互置换，称为行置换；③正交表的同一列的水平间也可以相互置换，称为水平置换。上述三种置换称为正交表的三种初等变换。经过初等变换得到的正交表称为原正交表的等价表。实际应用时，可根据不同试验的要求，把一个正交表变换成与之等价的其他变换形式。

（2）代表性

① 由于正交表的任一列的不同水平都会出现，试验中包含了所有因素的所有水平；同时，由于正交表的任何两列的所有水平都出现，且相互配合，使得对任意两个因素的所有水平信息及任 2 个因素间的组合信息无一遗漏。因此，尽管用正交表安排的是部分试验方案，但却能了解到全面试验的情况，在这个意义上说，正交试验可以代表全面试验。

② 由于正交表的正交性，正交试验的试验点（处理组合）必然均衡地分布在全面试验之中，因而具有很强的代表性。所以，由部分试验寻找的最优条件与全面试验所寻找的最优条件，应该有一致的趋势。

（3）综合可比性　由于正交表的正交性，使得任意因素的不同水平具有相同的试验条件，这就保证了在每列因素的各个水平的效应中，最大限度地排除了其他因素的干扰，从而可以综合比较该因素不同水平对试验指标值的影响，把这种特性称为综合可比性。

不可否认正交试验作为部分实施试验，相对于全面实施试验来说，具有减少处理组合数，缩小试验规模，提高试验效率的优点。但是，正交设计也有其不足的一面，如果设计不当，会出现某些因素效应与其他因素的交互效应相混杂的问题。解决该问题的办法是在正交设计中通过巧妙的表头设计，可以达到避免重要因素的效应与重要的交互效应相互混杂的目的。

3. 正交试验设计的基本步骤

正交试验设计总的来说包括两部分：一是实验设计；二是数据处理。基本步骤可简单归纳如下。

（1）明确实验目的，确定评价指标　任何一个试验都是为了解决某一个问题，或是为了得到某些结论而进行的，所以任何一个正交试验都应该有一个明确的目的，这是正交试验设计的基础。如产品的产量、纯度等试验指标是通常用来表示实验结果特性的值，常常用它来衡量或考核试验效果。

（2）确定因素和水平　影响试验指标的因素很多，试验因素的选择首先要根据专业知识与以往的研究经验，尽可能全面考虑到影响试验指标的诸因素。然后根据试验要求和尽量少选因素的原则，选出主要因素，略去次要因素，以减少要考察的因素。如果对问题了解不够，可以适当多取一些因素。确定因素的水平时，尽可能使因素的水平数相等，以方便试验数据处理。最后列出因素水平表。

在实际工作中，应根据专业知识和有关资料，尽可能把水平设置在最佳区域或接近最佳区域。如果经验或资料不足，不能保证把因素水平定在最佳区域附近，就需要把水平尽量拉开，尽可能使最佳区域包含在拉开的区间内。然后通过 1～2 套试验，逐步缩小水平范围，以便寻找出最佳区域。

（3）选择适当的正交表　根据因素数和水平数来选择合适的正交表。一般要求，因素数不大于正交表列数，因素水平数与正交表对应的水平数一致，在满足上述条件的前提下，选择较小的表。例如，对于 4 因素 3 水平的试验，满足要求的表有 $L_9(3^4)$，$L_{27}(3^{13})$ 等，一

般可选择 $L_9(3^4)$，但是如果要求精度高，并且试验条件允许，可以选择较大的表。表头设计就是将试验因素安排到所选正交表相应的列中。

（4）明确试验方案进行试验，对试验结果进行统计分析　根据正交表和表头设计确定每套试验的方案，然后进行试验，得到以试验指标形式表示的试验结果。对正交试验结果的分析，通常采用两种方法：一种是极差分析法（或称直观分析法）；另一种是方差分析法。通过试验结果分析可以得到因素主次顺序、优方案等有用信息。

（5）进行验证试验，作进一步分析　优方案是通过统计分析得出的，还需要进行试验验证，以保证优方案与实际一致，否则还需要进行新的正交试验。

二、正交实验数据分析方法

1. 正交实验设计结果的极差分析法

（1）单指标正交实验设计结果的极差分析法　极差分析法又称直观分析法，它具有计算简便、直观形象、简单易懂等优点，是正交试验结果常用的分析方法，极差分析法简称 R 法。根据实验指标的个数，可把正交试验设计分为单指标试验设计与多指标试验设计，下面通过例子说明如何用正交表进行单指标正交设计，以及如何对试验结果进行极差（直观）分析。

例 3.1　以合成某有机化合物的产率为试验指标。该有机化合物的合成主要影响因素为反应温度、时间及催化剂，现对其合成工艺进行优化，以提高产率。根据前期条件试验，确定的因素与水平见表 3-3 所列，假定因素间无交互作用。

表 3-3　例 3.1 的因素水平表

水　平	(A)温度/℃	(B)反应时间/h	(C)催化剂种类
1	100	3	甲
2	80	1	乙
3	60	5	丙

注意：为了避免人为因素导致的系统误差，因素的各水平哪一个定为 1 水平、2 水平、3 水平，最好不要简单地完全按因素水平数值由小到大或由大到小的顺序排列，应按"随机化"的方法处理，例如用抽签的方法，将 3h 定为 B_1，1h 定为 B_2，5h 定为 B_3。

解：本题中试验的目的是提高产品的产率，试验的指标为单指标产率，因素和水平是已知的，所以可以从正交表的选取开始进行试验设计和极差分析。

① 选正交表。本例是一个 3 水平的试验，因此要选用 $L_n(3^m)$ 型正交表，本例共有 3 个因素，且不考虑因素间的交互作用，所以要选一张 $m \geqslant 3$ 的表，而 $L_9(3^4)$ 是满足条件 $m \geqslant 3$ 最小的 $L_n(3^m)$ 型正交表，故选用正交表 $L_9(3^4)$ 来安排试验。

② 表头设计。本例不考虑因素间的交互作用，只需将各因素分别安排在正交表 $L_9(3^4)$ 上方与列号对应的位置上，一般 1 个因素占有一列，不同因素占有不同的列（可以随机排列），就得到所谓的表头设计（见表 3-4）。

表 3-4　例 3.1 的表头设计

因　素	A	空　列	B	C
列　号	1	2	3	4

不放置因素或交互作用的列称为空白列（简称空列），空白列在正交设计的方差分析中也称为误差列，一般最好留至少一个空白列。

③ 明确试验方案。完成了表头设计之后，只要把正交表中各列上的数字 1，2，3 分别看成是该列所填因素在各个试验中的水平数，这样正交表的每一行就对应着一个试验方案，即各因素的水平组合，见表 3-5 所列。注意，空白列对试验方案没有影响。

表 3-5　例 3.1 的试验方案

试验号	A	空　列	B	C	试验方案
1	1	1	1	1	$A_1B_1C_1$
2	1	2	2	2	$A_1B_2C_2$
3	1	3	3	3	$A_1B_3C_3$
4	2	1	2	3	$A_2B_2C_3$
5	2	2	3	1	$A_2B_3C_1$
6	2	3	1	2	$A_2B_1C_2$
7	3	1	3	2	$A_3B_3C_2$
8	3	2	1	3	$A_3B_1C_3$
9	3	3	2	1	$A_3B_2C_1$

例如，对于 5 号试验，试验方案为 $A_2B_3C_1$，它表示反应条件为：温度 80℃、时间 5h、催化剂甲。

④ 按规定的方案做试验，得出试验结果。按正交表的各试验号中规定的水平组合进行试验，本例总共要做 9 个试验，将试验结果（指标）填写在表的最后一列中，见表 3-6。

在实施实验中注意以下事项：第一，严格按照规定的方案完成每一号试验，即使其中有某号试验事先根据专业知识可以肯定其试验结果不理想，但仍然需要认真完成该号试验；第二，试验进行的次序没有必要完全按照正交表上试验号码的顺序，可按抽签方法随机决定试验进行的顺序，事实上，把试验顺序打"乱"，有利于消除实验误差干扰，以及外界条件所引起的系统误差等不利影响；第三，试验条件的控制力求做到十分严格，尤其是在水平的数值差别不大时。例如在本例中，因素 A 的 A_1 为 100℃，A_2 为 80℃，B_3 为 60℃，温度差别不大，如果控制不好就将使这个试验失去正交试验设计的特点，使后续的结果分析丧失了必要的前提条件，而得不到正确的结论。

表 3-6　例 3.1 试验方案及实验结果分析

试验号	A	空列	B	C	产率
1	1	1	1	1	0.50
2	1	2	2	2	0.75
3	1	3	3	3	0.54
4	2	1	2	3	0.91
5	2	2	3	1	0.88
6	2	3	1	2	0.85
7	3	1	3	2	0.68
8	3	2	1	3	0.60
9	3	3	2	1	0.64
K_1	1.79	2.09	1.95	2.02	
K_2	2.64	2.23	2.30	2.28	
K_3	1.92	2.03	2.10	2.05	
k_1	0.597	0.697	0.650	0.673	
k_2	0.880	0.743	0.767	0.760	
k_3	0.640	0.677	0.700	0.683	
极差 R	0.85	0.20	0.35	0.26	
因素主次	ABC				
优方案	$A_2B_2C_2$				

⑤ 计算级差，确定因素的主次顺序。首先解释表3-6中引入的三个符号。

K_i：表示任一列上水平号为 i（本例中 $i=1$，2 或 3）时所对应的试验结果之和。例如，在表3.6中，在C因素所在的第4列上，第1，5，9号试验中C取 C_1 水平，所以 K_1 为第1，5，9号试验结果之和，即 $K_1=0.50+0.88+0.64=2.02$；第3，5，7号试验中B取 B_3 水平，所以 K_3 为第3，5，7号试验之和，即 $K_3=0.54+0.88+0.68=2.10$；同理可以计算出其他列中的 K_i，结果见表3-6所列。

$k_i=K_i/s$，其中 s 为任一列上各水平出现的次数，所以 k_i 表示任一列上因素取水平 i 时所得试验结果的算术平均值。例如，在本例中 $s=3$，在B因素所在的第3列中，$k_1=1.95/3=0.650$，$k_2=2.30/3=0.767$，$k_3=2.10/3=0.700$。同理可以计算出其他列中的 k_i，结果如表3-6所列。

R：称为极差，在任一列上 $R=\{K_1,K_2,K_3\}_{\max}-\{K_1,K_2,K_3\}_{\min}$，或 $R=\{k_1,k_2,k_3\}_{\max}-\{k_1,k_2,k_3\}_{\min}$。例如，在第3列上，最大的 K_i 为 K_2（$=2.30$），最小的 K_i 为 K_1（$=1.95$），所以 $R=2.30-1.95=0.35$，或 $R=0.767-0.650=0.117$。

通常各列的极差是不相等的，这说明各因素的水平改变对试验结果的影响是不相同的，极差越大，表示该列因素的数值在试验范围内的变化，会导致试验指标在数值上有更大的变化，所以极差最大的那一列，就是因素的水平对试验结果影响最大的因素，即最主要的因素。在本例中，由于 $R_A>R_B>R_C$，所以各因素从主到次的顺序为：A（温度），B（反应时间），C（催化剂种类）。

当极差计算显示空白列的极差比其他所有因素的极差还要大，说明因素之间可能存在不可忽略的交互作用，或者漏掉了对试验结果有重要影响的其他因素。所以，在进行结果分析时，尤其是对所做的试验没有足够的认知时，最好将空白列的极差一并计算出来，从中也可以得到一些有用信息。

⑥ 通过极差确定优方案。优方案是指在所做的试验范围内，各因素较优的水平组合。在选择确定时，各因素优水平的确定与试验指标有关，若指标越大越好，则应选取使指标大的水平，即各列 K_i（或 k_i）中最大的那个值对应水平；反之，若指标越小越好，则应选取使指标小的那个水平。

在本例中，试验指标是产率，指标越大越好，所以应挑选每个因素的 K_1，K_2，K_3（或 k_1，k_2，k_3）中最大的值对应的那个水平，由于：A因素列，$K_2>K_3>K_1$；B因素列，$K_2>K_3>K_1$；C因素列，$K_2>K_3>K_1$。所以优方案为 $A_2B_2C_2$，即反应温度80℃，反应时间1h，催化剂为乙。

在实际确定优方案时，还应区分因素的主次，对于主要因素，一定要按有利于指标的要求选取最高的水平，而对于不重要的因素，由于其水平改变对试验结果的影响较小，则可以根据有利于降低消耗、提高效率等目的来考虑别的水平。例如，本例的C因素的重要性排在末尾，因此，假设丙种催化剂比乙种催化剂更廉价、易得，则可以将优方案中得 C_2 换为 C_3，于是优方案就变为 $A_2B_2C_3$，这正好是正交表中的第4号试验，它是已做过的9个试验中产率最高的试验方案，也是比较好的方案。

本例中，通过极差分析得到的优方案 $A_2B_2C_2$，并不包含在正交表中已做的9个试验方案中，这正体现了正交试验设计的优越性。

⑦ 进行验证试验，作进一步的分析。上述优方案是通过理论分析得到，但它实际上是不是真正的优方案还需要作进一步的验证。首先，将优方案 $A_2B_2C_2$ 与正交表中最好的第4

号试验 $A_2B_2C_3$ 作对比试验，若方案 $A_2B_2C_2$ 比第 4 号试验结果更好，通常就可以认为 $A_2B_2C_2$ 是真正的优方案，否则第 4 号试验 $A_2B_2C_3$ 就是所需的优方案。若出现后一种情况，一般来说可能是没有考虑交互作用或者试验误差较大所引起的，需要作进一步的研究，可能还有提高试验指标的潜力。

上述优方案是在给定的因素和水平的条件下得到的，若不限定给定水平，有可能得到更好的试验方案，所以当所选的因素和水平不恰当时，该优方案也有可能达不到试验的目的，不是真正意义上的优方案，这时就应该对所选的因素和水平进行适当的调整，以找到新的更优方案。我们可以将因素水平作为横坐标，以它的实验指标的平均值 k_i 为纵坐标，画出因素与指标的关系图——趋势图。

在画趋势图时要注意，对于数量因素（如本例中的温度和时间），横坐标上的点不能按水平号顺序排列，而应按水平的实际大小顺序排列，并将各坐标点连成折线图，这样就能从图中很容易地看出指标随因素数值增大时的变化趋势；如果是属性因素（如本例中的催化剂种类），由于不是连续变化的数值，则可不考虑横坐标顺序，也不用将坐标点连成折线。

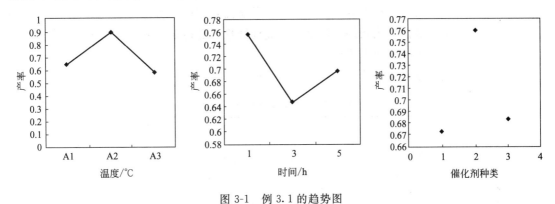

图 3-1　例 3.1 的趋势图

从图 3-1 也可以看出，反应温度 A_2 为 80℃，时间 B_2 为 2 h，选用乙种催化剂（C_2）时产率最高，即优方案为 $A_2B_2C_2$。从趋势图还可以看出：酯化时间并不是越长越好，当酯化时间少于 3 h 时，产品的乳化能力有随反应时间减少而提高的趋势，所以适当的减少时间也许会找到更优的方案。因此根据趋势图可以对一些重要因素的水平作适当调整，选取更优的水平，再安排一批新的试验。新的正交试验可以只考虑一些主要因素，次要因素则可固定在某个较好的水平上，另外还应考虑漏掉的交互作用或重要因素，所以新一轮正交试验的因素数和水平将会更合理，也会得到更优的试验方案。

极差分析属于直观分析，其缺点是无法对因素效应作显著性检验。

（2）多指标正交试验设计及其结果的极差分析　在实际生产和科学试验中，多指标的试验设计及结果分析是很常见的方法，因为整个试验结果的评判往往多于一个指标，并且不同指标的重要程度常常是不一致的，各因素对不同指标的影响程度也不完全相同，所以多指标试验的结果分析相对复杂一些。下面介绍两种解决多指标正交试验的分析方法：综合平衡法和综合评分法。

① 综合平衡法（指标单个分析综合处理法）　多指标试验结果直观分析时，对每一个试验结果单个进行直观分析，得到每个指标的影响因素的主次顺序和最佳水平组合，然后根据相关的专业知识、试验的目的和试图解决的实际问题综合分析，得出较优方案，这种方法称为综合平衡法（也称为指标单个分析综合处理法）。

例 3.2 现代药理学研究表明，红景天具有抗心律失常、调节免疫功能、镇静、抗疲劳、抗缺氧、抗衰老、抗癌等作用。其化学成分中，红景天苷及其苷元酪醇是红景天主要有效成分，也是评价红景天及其提取物的最重要指标。红景天有效成分的提取主要以醇提法和水提法为主，而以醇提法尤佳。分别考察浸膏得率、红景天苷和酪醇含量，三个指标都是越大越好，根据前期预研试验，决定选取 3 个相对重要的因素：乙醇浓度、加醇量（倍数）和提取时间进行正交试验，它们各有 3 个水平，具体如表 3-7，不考虑因素间相互作用，试分析找出较好的提取工艺。

表 3-7　例 3.2 因素水平表

水　平	因　素		
	(A)乙醇含量/%	(B)加醇量/倍	(C)提取时间/h
1	90	7	1
2	70	6	2
3	80	8	3

解：这是一个 3 因素 3 水平的试验，由于不考虑交互作用，所以可利用 $L_9(3^4)$ 正交试验筛选醇提取红景天最佳工艺条件，较全面的优选红景天醇提取工艺条件，为新药研究和充分利用红景天药材资源提供参考依据。

表头设计、试验方案及试验结果见表 3-8 所列。

表 3-8　例 3.2 试验方案及试验结果

试验号	A	B	空列	C	浸膏得率/%	红景天苷含量/%	苷元酪醇含量/%
1	1	1	1	1	6.2	5.1	2.1
2	1	2	2	2	7.4	6.3	2.5
3	1	3	3	3	7.8	7.2	2.6
4	2	1	2	3	8.0	6.9	2.4
5	2	2	3	1	7.0	6.4	2.5
6	2	3	1	2	8.2	6.9	2.5
7	3	1	3	2	7.4	7.3	2.8
8	3	2	1	3	8.2	8.0	3.1
9	3	3	2	1	6.6	7.0	2.2

与单指标试验的分析方法相同，先对各指标分别进行直观分析，得出因素的主次和优方案（结果见表 3-9 所列）。由表 3-9 可以看出，对于不同的指标而言，不同因素的影响程度是不一样的，所以将 3 个因素对 3 个指标影响的重要性的主次顺序统一起来是行不通的。

不同指标所对应的优方案也是不同的，但是通过综合平衡法可以得到综合的优方案。具体平衡过程如下所述。

因素 A：对于后两个指标都是取 A_3 好，而且对于红景天苷含量，A 因素是最主要的因素，在确定优水平是应重点考虑；对于浸膏得率则是取 A_2 好，而且从极差可以看出，A 为较次要的因素。所以根据多数倾向和 A 因素对不同指标的重要程度，先取 A_3。

因素 B：对于浸膏得率，取 B_2 或 B_3 基本相同，对于红景天苷含量取 B_3 好，对于苷元酪醇含量则是取 B_2；另外，对于这三个指标而言，B 因素都是处于末位的次要因素，所以 B 取哪一个水平对 3 个指标的影响都比较小，这时可以本着降低消耗的原则，选取 B_2，以减少溶剂耗量。

因素 C：对 3 个指标来说，都是以 C_3 为最佳水平，所以取 C_3。

表3-9　例3.2试验结果分析

指　标		A	B	空列	C
浸膏得率/%	K_1	21.4	21.6	22.6	19.8
	K_2	23.2	22.6	22.0	23.0
	K_3	22.2	22.6	22.2	24.0
	k_1	7.13	7.20	7.53	6.60
	k_2	7.73	7.53	7.33	7.67
	k_3	7.40	7.53	7.40	8.00
	极差 R	1.8	1.0	0.6	4.2
	因素主次	CAB			
	优方案	$C_3A_2B_3$ 或 $C_3A_2B_3$			
红景天苷含量/%	K_1	18.6	19.3	20.0	18.5
	K_2	20.2	20.7	20.2	20.5
	K_3	22.3	21.1	20.9	22.1
	k_1	6.20	6.43	6.67	6.17
	k_2	6.73	6.90	6.73	6.83
	k_3	7.43	7.03	6.97	7.37
	极差 R	3.7	1.8	0.7	3.6
	因素主次	CAB			
	优方案	$A_3C_3B_3$			
苷元酪醇含量/%	K_1	7.2	7.3	7.7	6.8
	K_2	7.4	8.1	7.1	7.8
	K_3	8.1	7.3	7.9	8.1
	k_1	2.40	2.43	2.57	2.27
	k_2	2.47	2.70	2.37	2.60
	k_3	2.70	2.43	2.63	2.70
	极差 R	0.9	0.8	0.8	1.3
	因素主次	CAB			
	优方案	$C_3A_3B_3$			

综合上述的分析，优方案为 $A_3B_2C_3$，即乙醇含量80%、加醇量6（倍数）和提取时间3h。

在使用综合平衡数据分析是依据以下四条原则：第一，当某个因素对某个指标是主要因素，但对另外的指标则可能是次要因素，在确定该因素的优水平时，就应选取作为主要因素时的优水平；第二，若某因素对各指标的影响程度相差不大，可按"少数服从多数"的原则，选取出现次数较多的优水平；第三，当因素各水平相差不大时，依据降低消耗，提高效率原则选取合适水平；第四，若各试验指标的重要程度不同，则在确定因素优水平时应首先满足相对重要的指标。在具体运用这几条原则时，将以上几条原则要综合分析考虑才可得出结论。

可见，综合平衡法要对每一个指标单独进行分析，分析工作量较大。实际工作中，多指标的综合平衡有时是比较困难的，仅仅依据数学的分析往往得不到正确的结果，还必须结合专业知识和经验才能得出符合实际的优方案。

② 综合评分法　所谓综合评分，就是对多指标一一进行测试后，按照具体情况根据各个指标的重要程度确定评分标准，对这些指标进行综合评分，将多指标综合转化为单指标，从而得到多指标试验的结论。利用单指标试验结果的直观分析法作进一步的分析，确定较好的试验方案，下面介绍几种评分方法。

排队综合评分法：先对每号试验的每个指标按一定的评分标准评出分数，若各指标的重要性是一样的，可以将同一号试验中各指标的分数的总和作为该号试验的总分数。排队综合评分法是应用比较广的一种方法，它不仅用于多指标试验，也可用于某些定性的单指标试验。如机器产品的外观、颜色，轻工产品的色、香、味等特性，只能通过手摸、眼看、鼻嗅、耳听、口尝来评定等。这些定性指标的定量化，往往也可利用该法处理。

公式综合评分法：对每号试验结果的各个指标统一权衡，综合评价，直接给出每一号试验结果的综合分数。

加权综合评分法：先对每号试验的每个指标按一定的评分标准评出分数，若各指标的重要性不相同，此时要先确定各指标相对重要性的权数，然后求加权和作为该号试验总分数。

对于另外两种评分方法，最关键的是如何对每个指标评出合理的分数。如果指标是定性的，则可以依靠经验和专业知识直接给出一个分数，这样非数量化的指标就转换为数量化指标，使结果分析变得更容易；对于定指标，有时指标本身就可以作为分数，如回收率、纯度等；但不是所有的指标值本身都能作为分数，这时就可以使用"隶属度"来表示分数，隶属度的计算方法见例3.3。

例3.3 玉米淀粉改性制备高取代度的三乙酸淀粉酯的试验中，需要考察两个指示，即取代度和酯化率，这两个指标都是越大越好，试验的因素和水平如表3-10所示，不考虑因素之间的交互作用，试验目的是为了找到使取代度和酯化率都高的试验方案。

表3-10 例3.3因素水平表

水　　平	(A)反应时间/h	(B)吡啶用量/g	(C)乙酸酐用量/g
1	3	150	100
2	4	90	70
3	5	120	130

解： 这是一个3因素3水平的试验，由于不考虑交互作用，所以可选用正交表 $L_9(3^4)$ 来安排实验。表头设计、试验方案及试验结果见表3-11所列。

本例中有两个指标：取代度和酯化率，这里将两个指标都转换成它们的隶属度，用隶属度来表示分数。隶属度的计算方法如下：

$$指标隶属度 = \frac{指标值 - 指标最小值}{指标最小值 - 指标最小值}$$ (3-1)

表3-11 例3.3试验方案及试验结果

试验号	A	B	空列	C	取代数	酯化率/%	取代度隶属度	酯化率隶属度	综合分
1	1	1	1	1	2.96	65.70	1.00	1	1.00
2	1	2	2	2	2.18	40.36	0	0	0
3	1	3	3	3	2.45	54.31	0.35	0.55	0.47
4	2	1	2	3	2.70	41.09	0.67	0.03	0.29
5	2	3	1	1	2.49	56.29	0.40	0.63	0.54
6	2	1	2	2	2.41	43.23	0.29	0.11	0.18
7	3	3	2	2	2.71	41.43	0.68	0.04	0.30
8	3	1	3	3	2.42	56.29	0.31	0.63	0.50
9	3	2	1	1	2.83	60.14	0.83	0.78	0.80
k_1	1.47	1.59	1.68	2.34					
k_2	1.01	1.04	1.09	0.48					
k_3	1.60	1.45	1.31	1.26					
极差 R	0.59	0.55	0.59	1.86					
因素主次	CAB								
优方案	$C_1A_3B_1$								

可见，指标最大值的隶属度为 1，而指标最小值的隶属度为 0，所以 0≤指标隶属度≤1。如果各指标的重要性一样，就可以直接将各指标的隶属度相加作为综合分数，否则求出加权和作为综合分数。

本例中的两个指标的重要性不一样，根据实际要求，取代度和酯化率的权重分别取 0.4 和 0.6，于是每号试验的综合分数=取代度隶属×0.4+酯化率隶属度×0.6，满分为 1.00。评分结果和以综合分数作为总指标进行的直观分析见表 3-11 所列。可以看出，这里分析出来的优方案 $C_1 A_3 B_1$，不包括在已经做过的 9 个试验中，所以应该按照这个方案做一次验证试验，看是否比正交表中 1 号试验的结果更好，从而确定真正最好的试验方案。

可见，综合评分法是将多指标的问题，通过适当的评分方法，转换成了单指标的问题，使结果的分析计算变得简单方便。但是，结果分析的可靠性，主要取决于评分的合理性，如果评分标准、评分方法不适合，指标的权数不恰当，所得到的结论就不能反映全面情况，所以如何确定合理的评分标准和各指标的权数，是综合评分的关键，它的解决有赖于研究者的专业知识、经验和实际试验本身的要求，单纯从数学上是无法解决的。

在实际应用中，如果遇到多指标的问题，究竟是采用综合平衡法，还是综合评分法，要视具体情况而定，有时可以将两者结合起来，以便比较和参考。

（3）有交互作用的正交试验设计及其结果的直观分析　在许多试验中不仅要考虑各个因素对试验指标起作用，还要考虑因素间的交互作用对试验结果的影响。

① 交互作用的判别　下面说明如何判别因素间的交互作用。

设有两个因素 A 和 B，它们各取两个水平 A_1，A_2 和 B_1，B_2，A，B 共有 4 种水平组合，在每种组合下各做一次试验，试验结果见表 3-12。

当 $B=B_1$ 时，A 由 A_1 变到 A_2 使试验指标增加 10，当 $B=B_2$ 时，A 由 A_1 变到 A_2 使试验指标减少 15，可见因素 A 由 A_1 变到 A_2 时，试验指标变化趋相反，与 B 取哪一个水平有关；类似地，当因素 B 与 B_1 变到 B_2 时，试验指标变化趋也相反，与 A 取哪一个水平有关，这时，可以认为 A 与 B 之间有交互作用。如果将表 3-12 中的数据描述在图 3-2 中，可以看到两条直线是明显相交的，这是交互作用很强的一种表现。

表 3-13 和图 3-3 给出了一个无交互作用的例子，由表中可以看出，A 或 B 对试验指标的影响与另一个因素取哪一个水平无关；在图 3-3 中两直线是互相平行的，但是由于试验误

表 3-12　判别交互作用试验数据表（1）

因素	A_1	A_2
B_1	10	20
B_2	30	15

表 3-13　判别交互作用试验数据表（2）

因素	A_1	A_2
B_1	10	20
B_2	20	30

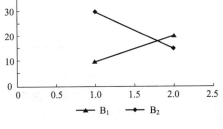

图 3-2　有交互作用

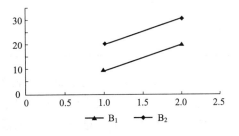

图 3-3　无交互作用

差的存在，如果两直线近似相互平行，也可以认为两因素间无交互作用，或交互作用可以忽略。

② 有交互作用的正交试验设计及其结果的直观分析

例3.4 用石墨炉原子吸收分光光度法测定食品中的铅，为提高测定灵敏度，希望吸光度大。为提高吸光度，对 A（灰化温度/℃）、B（原子化温度/℃）和 C（灯电流/mA）3 个因素进行了考察，并考虑交互作用 A×B、A×C，各因素及水平见表3-14。试进行正交试验，找出最优水平组合。

表 3-14　例 3.4 因素水平表

水　平	A	B	C
1	300	1800	8
2	700	2400	10

解：a. 选表

这是一个 3 因素 2 水平的试验，但还有两个交互作用，在选正交表时应将交互作用看成因素，所以本例应按照 5 因素 2 水平的情况来选正交表，于是可以选择满足这一条件的最小正交表 $L_8(2^7)$ 来安排正交试验。

b. 表头设计

由于交互作用被看作是影响因素，所以在正交表中应该占有相应的列，称为交互作用列。但是交互作用列是不能随意安排的，一般可以通过两种方法来安排。

第一种方法是查所选正交表对应的交互作用表（见本部分附表），表 3-15 就是正交表 $L_8(2^7)$ 对应的交互作用表。表 3-15 中写了两种列号，一种列号是带括号的，它们表示因素所在的列号；另一种列号是不带括号的，它们表示交互作用的列号。根据表 3-15 就可以查出正交表 $L_8(2^7)$ 中任何两列的交互作用列。例如，要查第 2 列和第 4 列的交互作用列，先在表对角线上找到列号（2）和（4），然后从（2）向右横看，从（4）向上竖看，交叉的数字为 6，即为它们的交互作用列，所以如果将 A，B 分别放在正交表 $L_8(2^7)$ 的第 2 列和第 4 列，则 A×B 应该放在第 6 列。类似地，从该表中还可查同其他两列间的交互作用列。

表 3-15　$L_8(2^7)$ 二列间的交互作用

列号	列　　号						
（　）	1	2	3	4	5	6	7
（1）	（1）	3	2	5	4	7	6
（2）		（2）	1	6	7	4	5
（3）			（3）	7	6	5	4
（4）				（4）	1	2	3
（5）					（5）	3	2
（6）						（6）	1
（7）							（7）

第二种方法是直接查对应正交表的表头设计表，表 3-16 就是正交表 $L_8(2^7)$ 的表头设计表，它实质上是根据交互作用表整理出来的，使用起来更方便，一些常用交互表及正交表见本部分附表。在本例中，总共有 3 个因素，根据表 3-16 可知，可以将 A，B，C 依次安排在 1，2，4 列，而交互作用 A×B，A×C 分别安排在第 3 列和第 5 列上。

表 3-16 $L_8(2^7)$ 表头设计

因素数	列 号						
	1	2	3	4	5	6	7
3	A	B	A×B	C	A×C	B×C	
4	A	B	A×B C×D	C	A×C B×D	B×C A×D	D
4	A C×D	B	A×B	C B×D	A×C	D B×C	A×D
5	A D×E	B C×D	A×B C×E	C B×D	A×C B×E	D A×E B×C	E A×D

c. 明确试验方案、进行试验、得到试验结果

表头设计完之后，根据 A，B，C 三个因素所在的列，就可以确定本例中的 8 个试验方案。注意，交互作用虽也有相应的列，但它们与空白列一样，对确定试验方案不起任何作用。

按正交表规定的试验方案进行试验，测定试验结果，试验方案与试验结果 y_i（$i=1$，$2\cdots,8$）见表 3-17。

表 3-17 例 3.4 试验方案与试验结果分析

试验号	A 1	B 2	A×B 3	C 4	A×C 5	空列 6	空列 7	吸光度 y_i
1	1	1	1	1	1	1	1	0.484
2	1	1	1	2	2	2	2	0.448
3	1	2	2	1	1	2	2	0.532
4	1	2	2	2	2	1	1	0.516
5	2	1	2	1	2	1	2	0.472
6	2	1	2	2	1	2	1	0.480
7	2	2	1	1	2	2	1	0.554
8	2	2	1	2	1	1	2	0.552
K_1	1.980	1.884	2.038	2.042	2.048	2.024	2.034	
K_2	2.058	2.154	2.000	1.996	1.990	2.014	2.004	
极差 R	0.078	0.270	0.038	0.046	0.058	0.010	0.030	
因素主次				B A A×C C A×B				

d. 计算极差、确定因素主次

极差计算结果和因素主次见表 3-17。注意，虽然交互作用对试验方案没有影响，但应将它们看作因素，所以在排因素主次顺序时，应该包括交互作用。

e. 优方案的确定

如果不考虑因素间的交互作用，根据指标越大越好，可以得到优方案为 $A_2B_2C_1$。但是根据上一步排出的因素主次，可知交互作用 A×C 比因素 C 对试验指标的影响更大，所以要确定 C 的水平，应该按因素 A、C 各水平搭配好坏确定。两因素的搭配表见表 3-18。

表 3-18 例 3.4 因素 A、C 水平搭配表

因素	A_1	A_2
C_1	$(y_1+y_3)/2=(0.484+0.532)/2=0.508$	$(y_5+y_7)/2=(0.472+0.554)/2=0.513$
C_2	$(y_2+y_4)/2=(0.448+0.516)/2=0.482$	$(y_6+y_8)/2=(0.480+0.552)/2=0.516$

比较表 3-18 中的四个值，0.516 最大，所以取 A_2C_2 好，从而优方案为 $A_2B_2C_2$，即灰化温度 700℃、原子化温度 2400℃、灯电流 10 mA。显然，不考虑交互作用和考虑交互作用

时的优方案不完全一致，这正反映了因交互作用对试验结果的影响。

最后就有交互作用的正交试验设计补充说明如下。

① 在进行表头设计时，一般来说，表头上第一列最多只能安排一个因素或一个交互作用，不允许出现混杂（一列安排多个因素或交互作用）；对于重点要考虑的因素和交互作用，不能与任何交互作用混杂，而让次要的因素或交互作用混杂。所以，当考察的因素和交互作用比较多时，表头设计比较麻烦，为避免混杂可以选择较大的正交表，如果选择上表，则不可避免会出现混杂。

② 两个因素间的交互作用称为一级交互作用（正交表中只占一列）；3个或3个以上因素的交互作用，称为高级交互作用（三水平因素之间的交互作用则占两列，r水平两因素间的交互作用只占$r-1$列）。例如，三个因素 A，B，C 的高级交互作用可记作 A×B×C。在绝大多数的实际问题中，高级交互作用都可以忽略，一般只需考察少数几个一级交互作用，其余大部分一级交互作用也是可以忽略的，至于哪些交互作用应该忽略，则要依据专业知识和实践经验来判断。所以当因素的水平数≥3时，交互作用的分析比较复杂，不便用直观分析法，通常都用方差分析法。

（4）混合水平的正交试验设计及其结果的直观分析　在实际问题中，由于具体情况不同，有时各因素的水平数是不相同的，这就是混合水平的多因素试验问题。混合水平的正交试验设计方法主要有两种：一是直接利用混合水平的正交表；二是采用拟水平法，即将混合水平问题转换为等水平的问题。

① 直接利用混合水平的正交表

例 3.5　某造板厂进行胶压制造工艺的实验，以提高胶压的性能，因素及水平见表 3-19，胶压板的性能指标采用综合评分的方法，分数越高越好，忽略因素间的交互作用。

表 3-19　例 3.5 因素水平表

水　　平	(A)压力/kPa	(B)温度/℃	(C)时间/min
1	810.60	95	9
2	1013.25	90	12
3	1114.58		
4	1215.90		

解：本问题中有3个因素，一个因素有4个水平，另外两个因素都为2个水平，可以选用混合水平正交表 $L_8(4^1 \times 4^2)$。因素 A 有4个水平，应安排在第1列，B 和 C 都为2个水平，可以放在后4列中的任何两列上，本例将 B，C 依次放在第2，3列上，第4，5列为空列。本例的试验方案、试验结果见表 3-20 所列。

由于 C 因素是对试验结果影响较小的次要因素，它取不同的水平对试验结果的影响很小，如果从经济的角度考虑，可取 9min，所以优方案也可以为 $A_4B_2C_1$，即压力 1215.90 kPa、温度 90℃、时间 9min。

上述的分析计算与前述方法基本相同，但是由于各因素的水平数不完全相同，所以在计算 k_1，k_2，k_3，k_4 时与等水平的正交设计不完全相同。例如，A 因素有4个水平，每个水平出现两次，所以在计算 k_1，k_2，k_3，k_4 时，应当是相应的 K_1，K_2，K_3，K_4 分别除以2得到的；而对于因素 B，C，它们都只有2个水平，每个水平出现4次，所以 k_1，k_2 应当是相应的 K_1，K_2 分别除以4得到。

还应注意，在计算极差时，应该根据 k_i（i 表示水平号）来计算，即 $R = \{k_i\}_{\max} -$

$\{k_i\}_{\min}$，不能根据 K_i 计算极差。这是因为，对于 A 因素，K_1，K_2，K_3，K_4 分别是 2 个指标值之和，而对于 B，C 两因素，K_1，K_2 分别是 4 个指标值之和，所以只有根据平均值 k_i 求出的极差才有可比性。

本例中没有考虑因素间的交互作用，但混合水平正交表也是可以安排交互作用的，只不过表头设计比较麻烦，一般可以直接参考对应的表头设计表。

表 3-20　例 3.5 试验结果及其直观分析

试验号	A	B	C	空列	空列	得分
1	1	1	1	1	1	2
2	1	2	2	2	2	6
3	2	1	1	2	2	4
4	2	2	2	1	1	5
5	3	1	2	1	2	6
6	3	2	1	2	1	8
7	4	1	2	2	1	9
8	4	2	1	1	2	10
K_1	8	21	24	23	24	
K_2	9	29	26	27	26	
K_3	14					
K_4	19					
k_1	4.0	5.2	6.0	5.8	6.0	
k_2	4.5	7.2	6.5	6.8	6.5	
k_3	7.0					
k_4	9.5					
极差 R	5.5	2.0	0.5	1	0.5	
因素主次			ABC			
优方案			$A_4B_3C_2$ 或 $A_4B_2C_1$			

② 拟水平法　拟水平法是将混合水平的问题转化成等水平问题来处理的一种方法，下面举例说明。

例 3.6　某制药厂为提高某种药品的合成率，决定对缩合工序进行优化，因素水平表见表 3-21 所列，忽略因素间的交互作用。

表 3-21　例 3.6 因素水平表

水　　平	(A)温度/℃	(B)甲醇钠量/mL	(C)醛状态	(D)缩合剂量/mL
1	35	3	固	0.9
2	25	5	液	1.2
3	45	4	液	1.5

分析：这是一个 4 因素的试验，其中 3 个因素是 3 水平，1 个因素是 2 水平，可以套用混合水平正交表 $L_{18}(2^1 \times 3^7)$，需要做 18 次试验。假如 C 因素也有 31 个水平，则本例就变成了 4 因素 3 水平的问题，如果忽略因素间的交互作用，就可以选用等水平正交表 $L_9(2^4)$，只需要做 9 次试验。但是实际上因素 C 只能取 2 个水平，不能够不切实际地安排出第 3 个水平。这时可以根据实际，将 C 因素较好的一个水平重复一次，使 C 因素变成 3 水平的因素。在本例中，如果 C 因素的第 2 个水平比第 1 水平好，就可将第 2 水平重复次作为第 3 水平（见表 3-21），由于第 3 水平是虚拟的，故称为拟水平。

解：C 因素虚拟出一个水平之后，就可以选用正交表 $L_9(3^4)$ 来安排试验，试验结果及分析见表 3-22（在本例中，为了简化计算，将试验结果都减去了 70%，这种简化不会影响到因素主次顺序和优方案的确定）。

在试验结果的分析计算中应注意，因素 C 的第 3 水平实际上与第 2 水平是相等的，应重新安排第 3 列中 C 因素的水平，将 3 水平改成 2（结果见表 3-22 所列），于是 C 因素所在的第 3 列只有 1，2 两个水平，其中 2 水平出现 6 次。所以求和时只有 K_1，K_2，求平均值时 $k_1 = K_1/3$，$k_2 = K_2/6$。其他列的 K_1，K_2 与 k_1，k_2 的计算方法如例 3.1。

在计算极差时，应该根据 k_i（i 表示水平号）来计算，即 $R = \{k_i\}_{max} - \{k_i\}_{min}$，不能根据 K_i 计算极差，这是因为，对于 C 因素，K_1 是 2 个指标值之和，K_2 是 6 个指标值之和，而对于 A，B，D 三因素，K_1，K_2，K_3 分别是 3 个指标值之和，所以只有根据平均值求出的 k_i 极差才有可比性。

表 3-22　例 3.6 试验结果及其直观分析

试验号	A	B	C	D	合成率/%	(合成率−70)/%
1	1	1	1(1)	1	69.2	−0.8
2	1	2	2(2)	2	71.8	1.8
3	1	3	3(2)	3	78.0	8.0
4	2	1	2(2)	3	74.1	4.1
5	2	2	3(2)	1	77.6	7.6
6	2	3	1(1)	2	66.5	−3.5
7	3	1	3(2)	2	69.2	−0.8
8	3	2	1(1)	3	69.7	−0.3
9	3	3	2(2)	1	78.8	8.8
K_1	9.0	2.5	−4.6	15.6		
K_2	8.2	9.1	29.5	−2.5		
K_3	7.7	13.3		11.8		
k_1	3.0	0.8	−1.5	15.6		
k_2	2.7	3.0	4.9	−2.5		
k_3	2.6	4.4		11.8		
极差 R	0.4	3.6	6.4	6		
因素主次	CDBA					
优方案	$C_2D_1B_3A_1$					

在确定优方案时，由于合成率是越高越好，因素 A，B，D 的优水平可以根据 K_1，K_2，K_3 的大小顺序取较大的 K_i 或 k_i 所对应的水平，但是对于因素 C，就不能根据 K_1，K_2 的大小来选择优水平，而是应根据 k_1，k_2 的大小来选择优水平。所以本例的优方案为 $C_2D_1B_3A_1$，即醛为液态、缩合剂量 0.9mL、甲醇钠量 4mL、温度 35℃。

由上面的讨论可知，拟水平法不能保证整个正交表均衡搭配，只具有部分均衡搭配的性质。这种方法不仅可以对一个因素虚拟水平，也可以对多个因素虚拟水平，使正交表的选择更方便、灵活。

2. 正交试验设计结果的方差分析法

前面介绍了正交试验设计结果的直观分析法，直观分析法具有简单直观、计算量小等优点，但直观分析不能估计误差的大小，不能精确地估计各因素的试验结果影响的重要程度，特别是对于水平数≥3 且要考虑交互作用的试验，直观分析法不便使用，如果对试验结果进行方差分析，就能弥补直观分析法的这些不足。

（1）方差分析的基本步骤与格式　对于正交试验多因素的方差分析，其基本思想和方法与前面介绍的单因素和双因素的方差分析是一致，也是先计算出各因素和误差的离差平方和，然后求出自由度、均方、F 值，最后进行 F 检验。

如果用正交表 $L_n(r^m)$ 来安排试验，则因素的水平数为 r，正交表的列数为 m，总试验次数为 n，设试验结果为 $y_i(i=1,2,\cdots,n)$。方差分析的基本步骤如下。

① 计算离差平方和

a. 总离差平方和

设
$$\overline{y} = \frac{1}{n}\sum_{i=1}^{n} y_i \tag{3-2}$$

$$T = \sum_{i=1}^{n} y_i \tag{3-3}$$

$$Q = \sum_{i=1}^{n} y_i^2 \tag{3-4}$$

$$p = \frac{1}{n}\Big(\sum_{i=1}^{n} y_i\Big)^2 = \frac{T^2}{n} \tag{3-5}$$

则
$$SS_T \sum_{i=1}^{n}(y_i-\overline{y})^2 = \sum_{i=1}^{n} y_i^2 - \frac{1}{n}\Big(\sum_{i=1}^{n} y_i\Big)^2 = Q - P \tag{3-6}$$

SS_T 即为总离差平方和，它反映了试验结果的总差异，总离差平方和越大，则说明各试验结果之间的差异越大。因素水平的变化和试验误差是引起试验结果之间的差异的原因。

b. 各因素引起的离差平方和：设因素 A 安排在正交表中的某一列上，则因素 A 引起的离差平方和为：

$$SS_A = \frac{n}{r}\sum_{i=1}^{r}(k_i-\overline{y})^2 = \frac{r}{n}\Big(\sum_{i=1}^{r} K_1^2\Big) - \frac{T^2}{n} = \frac{r}{n}\Big(\sum_{i=1}^{r} K_i^2\Big) - P \tag{3-7}$$

若将因素 A 安排在正交表的第 j $(j=1,2,\cdots,m)$ 列上，则有 $SS_A = SS_j$，且称 SS_j 为第 j 列所引起的离差平方和，于是有：

$$SS_j = \frac{n}{r}\sum_{i=1}^{r}(k_i-\overline{y})^2 = \frac{r}{n}\Big(\sum_{i=1}^{r} K_i^2\Big) - \frac{T^2}{n} = \frac{r}{n}\Big(\sum_{n}^{r} K_i^2\Big) - P \tag{3-8}$$

$$SS_T = \sum_{j=1}^{m} SS_j \tag{3-9}$$

也就是说，总离差平方和可以分解成各列离差平方和之和。

c. 试验误差的离差平方和：为了方差分析的方便，在进行表头设计时一般要求留有空列，即误差列。所以误差的离差平方和为所有空列所对应离差平方和之和，即：

$$SS_e = \sum SS_{空列} \tag{3-10}$$

d. 交互作用的离差平和：由于交互作用在正交试验设计时作为因素看待，所以在正交表中占有相应的列，也会引起离差平方和。如果交互作用中占有一列，则其离差平方和就等于所在列的离差平方和 SS_j；如果交互作用占有多列，则其离差平方和等于所占多列离差平方和之和。例如，设交互作用 A×B 在正交表中上有 2 列，则：

$$SS_{A\times B} = SS_{(A\times B)_1} + SS_{(A\times B)_2} \tag{3-11}$$

② 计算自由度　总平方的总自由度：

$$df_T = 试验总次数-1 = n-1 \tag{3-12}$$

正交表任一列离差平方和对应的自由度：

$$df_j = 因素水平 - 1 = r - 1 \tag{3-13}$$

显然有：

$$df_T = \sum_{j=1}^{n} df_j \tag{3-14}$$

两因素交互作用的自由度有两种计算方法，一是等于两因素自由度之积，例如：

$$df_{A\times B} = df_A \times df_B \tag{3-15}$$

二是等于交作用所占列的自由度或所占 n 列的自由度之和。

误差的自由度：

$$df_e = \sum df_{空列} \tag{3-16}$$

③ 计算平均离差平方和（均方）　以 A 因素为例，因素的均方为：

$$MS_A = \frac{SS_A}{df_A} \tag{3-17}$$

以 A×B 为例，交互作用的均方为：

$$MS_{A\times B} = \frac{SS_{A\times B}}{df_{A\times B}} \tag{3-18}$$

试验误差的均方为：

$$MS_e = \frac{SS_e}{df_e} \tag{3-19}$$

注意：计算完均方之后，如果因交互作用的均方小于或等于误差的均方，则应将它们归入误差，构成新的误差。具体方法参考例 3.7。

④ 计算 F 值　将各因素或交互作用的均方以误差的均方可得到 F 值。例如：

$$F_A = \frac{MS_A}{MS_e} \tag{3-20}$$

$$F_{A\times B} = \frac{MS_{A\times B}}{MS_e} \tag{3-21}$$

⑤ 显著性检验　如，对于给定的显著性水平 a，检验因素 A 和交互作用 A×B 对试验结果有无显著影响。先从 F 分布表中查出临界 $F_a(df_A, df_e)$ 和 $F_a(df_{A\times B}, df_e)$，然后比较 F 值与临界值的大小，若 $F_A > F_a(df_A, df_e)$，则因素 A 对试验结果有显著影响，若 $F_A < F_a(df_A, df_e)$，则因素 A 对试验结果无显著影响；类似地，若 $F_{A\times B} > F_a(df_{A\times B}, df_e)$，则说明交互作用 A×B 对试验结果有无显著影响。一般来说，F 值与对应临界值之间的差距越大，说明该因素或交互作用对试验结果的影响越显著，或者说该因素或交互作用越重要。

最后将方差分析结果列在方差分析表中。

（2）二水平正交试验的方差分析　二水平的正交试验的方差分析比较简单，正交表中任一列（第 j 列）对应的离差平方和的计算可以进行如下简化：

$$SS_j = \frac{1}{n}(K_1 - K_2)^2 \tag{3-22}$$

例 3.7　某厂拟采用化学吸收法，用填料塔吸收废气的 SO_2，为了使废气中 SO_2 的浓度达到排放标准，通过正交试验对吸收工艺条件进行了摸索，试验的因素与水平如表 3-23 所示。需要考虑交互作用 A×B，B×C。如果将 A，B，C 放在正交表 $L_8(2^7)$ 的 1，2，4 列，试验结果（SO_2 摩尔分数/%）依次为：0.15，0.25，0.03，0.02，0.09，0.16，0.19，0.08。试进行方差分析。（$a = 0.05$）

表 3-23　例 3.7 因素水平表

水平	(A)碱浓度/%	(B)操作温度/℃	(C)填料种类
1	5	40	甲
2	10	20	乙

解：① 列出正交表 $L_8(2^7)$ 和试验结果，见表 3-24。

表 3-24　例 3.7 试验结果及分析

试验号	A	B	A×B	C	空列	B×C	空列	SO₂ 摩尔分数
	1	2	3	4	5	6	7	×100
1	1	1	1	1	1	1	1	15
2	1	1	1	2	2	2	2	25
3	1	2	2	1	1	2	2	3
4	1	2	2	2	2	1	1	2
5	2	1	2	1	2	1	2	9
6	2	1	2	2	1	2	1	16
7	2	2	1	1	2	2	12	19
8	2	2	1	2	1	1		8
K_1	45	65	67	46	42	34	52	$T=97$
K_2	52	32	30	51	55	63	45	$P=1176.125$
极差 R	7	33	37	5	13	29	7	$Q=1625$
SS_j	6.125	136.125	171.125	3.125	21.125	105.125	6.125	

② 计算离差平方和　总离差平方和：$SS_T = Q - P + 1625 - 1176.125 = 448.875$

因素与交互作用的平方和：$SS_A = SS_1 = \dfrac{1}{n}(K_1 - K_2)^2 = \dfrac{1}{8}(45 - 52)^2 = 6.125$

同理　　　　　　$SS_B = SS_2 = \dfrac{1}{n}(K_1 - K_2)^2 = \dfrac{1}{8}(65 - 32)^2 = 136.125$

$$SS_{A\times B} = SS_3 = \dfrac{1}{n}(K_1 - K_2)^2 = \dfrac{1}{8}(67 - 30)^2 = 171.125$$

$$SS_C = SS_4 = \dfrac{1}{n}(K_1 - K_2)^2 = \dfrac{1}{8}(46 - 51)^2 = 3.125$$

$$SS_{B\times C} = SS_6 = \dfrac{1}{n}(K_1 - K_2)^2 = \dfrac{1}{8}(34 - 63)^2 = 105.125$$

$$SS_5 = \dfrac{1}{n}(K_1 - K_2)^2 = \dfrac{1}{8}(42 - 55)^2 = 21.125$$

$$SS_7 = \dfrac{1}{n}(K_1 - K_2)^2 = \dfrac{1}{8}(52 - 45)^2 = 105.125$$

误差平方和：

$$SS_e = SS_5 + SS_7 = 21.125 + 6.125 = 27.250$$

或　　　　　$SS_e = SS_T - (SS_A + SS_B + SS_{A\times B} + SS_C + SS_{B\times C})$

$$= 448.875 - (6.125 + 136.125 + 171.125 + 3.125 + 105.125) = 27.250$$

③ 自由度计算

总自由度：　　　　　　　$df_T = n - 1 = 8 - 1 = 7$

各因素自由度：　　　　　$df_A = df_B = df_C = r - 1 = 2 - 1 = 1$

交互作用自由度：　　　　$df_{A\times B} = df_A \times df_B = 1 \times 1 = 1$

或　　　　　　　　　　　$df_{A\times B} = df_3 = r - 1 = 1$

同理　　　　　　　　　　$df_{B\times C} = df_B \times df_C = df_6 = 1$

误差自由度：
$$df_e = df_5 + df_7 = 1 + 1 = 2$$
或
$$df_e = df_T - (df_A + df_B + df_{A\times B} + df_C + df_{B\times C})$$
$$= 7 - (1+1+1+1+1) = 2$$

④ 均方计算　由于各因素和交互作用的自由度为1，所以它们的均方应该等于它们各自的离差平方和，即：
$$MS_A = SS_A = 6.125$$
$$MS_B = SS_B = 136.125$$
$$MS_{A\times B} = SS_{A\times B} = 171.125$$
$$MS_C = SS_C = 3.125$$
$$MS_{B\times C} = SS_{B\times C} = 105.125$$

但误差的均方为：
$$MS_e = \frac{SS_e}{df_e} = \frac{27.250}{2} = 13.625$$

可以发现 $MS_A < MS_e$，$MS_C < MS_e$，这说明了因素 A、C 对试验结果的影响较小，为次要因素，所以可以将它们都归入误差，这样误差的离差平方和、自由度和均方都会随之发生变化。

新误差平方和：　$SS_e^\Delta = SS_e + SS_A + SS_C = 27.250 + 6.125 + 3.125 = 36.500$

新误差自由度：　$df_e^\Delta = df_e + df_A + df_C = 2 + 1 + 1 = 4$

新误差均方：　$MS_e^\Delta = \frac{SS_e^\Delta}{df_e^\Delta} = \frac{36.500}{4} = 9.125$

⑤ F 值计算
$$FS_B = \frac{MS_B}{MS_e^\Delta} = \frac{136.125}{9.125} = 14.92$$
$$F_{A\times B} = \frac{MS_{A\times B}}{MS_e^\Delta} = \frac{171.125}{9.125} = 18.75$$
$$F_{B\times C} = \frac{MS_{B\times C}}{MS_e^\Delta} = \frac{105.125}{9.125} = 11.52$$

由于因素 A、C 已经并入误差，所以就不需要计算它们对应的 F 值。

⑥ F 检验

表 3-25　例 3.7 方差分析表

差异源	SS	df	MS	F	显著性
B	136.125	1	136.125	14.92	*
A×B	171.125	1	171.125	18.75	*
B×C	105.125	1	105.125	11.52	*
A ⎫	6.125 ⎫	1 ⎫			
C ⎬误差 e^Δ	3.125 ⎬36.500	1 ⎬4	9.125		
误差 e ⎭	27.250 ⎭	1 ⎭			
总和	448.125	7			

注：* 表示显著性好。

查得临界值 $F_{0.05}(1,4) = 7.71$，$F_{0.01}(1,4) = 21.20$，所以对于给定显著性水平。$a = 0.05$，因素 B 和交互作用 A×B，B×C 对试验结果都有显著影响。最后将分析结果列于方差分析表中（见表 3-25）。

从表 3-25 中 F 值的大小也可以看出因素的主次顺序为 A×B，B，B×C，这与极差分析结果的是一致的。

⑦ 优方案的确定 交互作用 A×B，B×C 都对试验指标有显著影响，所以因素 A，B，C 优水平的确定应依据 A，B 水平搭配表（表 3-26）和 B，C 水平搭配表（表 3-27）。由于指标（废气中 SO_2 摩尔分数）是越小越好，所以因素 A，B 优水平搭配为 A_1B_1，因素 B，C 优水平搭配为 B_2C_2。于是，最后确定的优方案为 $A_1B_3C_2$，即碱浓度 5%，操作温度 20℃，填料选择乙。

表 3-26　例 3.7 因素 A，B 水平搭配表

因素	A_1	A_2
B_1	(15+9)/2=12.0	(9+16)/2=12.5
B_2	(3+19)/2=11.0	(19+8)/2=13.5

表 3-27　例 3.7 因素 B，C 水平搭配表

因素	C_1	C_2
B_1	(15+9)/2=12.0	(9+16)/2=12.5
B_2	(3+19)/2=11.0	(19+8)/2=13.5

（3）三水平正交试验的方差分析　对于三水平正交试验的方差分析，因 $r=3$，所以任一列（第 j 列）的离差平方和为：

$$SS_i = \frac{3}{n}\left[\sum_{i=1}^{3}K_i^2\right]-P \tag{3-23}$$

例 3.8　为了提高某种产品的得率，考察 A，B，C，D 四个因素，每个因素取 3 个水平，并且考虑交互作用 A×B，A×C，A×D，试通过正交试验设计确定较好的试验方案。

解：① 试验设计　本试验要考虑 4 个因素和 3 种交互作用，且每种交互作用占两列，这样因素和交互作用在正交表中总共占有 10 列，所以应该选择正交表 $L_{27}(3^{13})$。根据 $L_{27}(3^{13})$ 的交互作用表或表头设计表进行表头设计（如表 3-28 所示，第 11、12、13 列为空列，未在表中列出），然后进行试验，得到试验结果 $y_i(i=1,2,\cdots,27)$。

② 计算离差平方和

首先：$\quad T=\sum_{i=1}^{27}y_i=0.422+0.354+\cdots+0.353=10.003$

$Q=\sum_{i=1}^{27}y_i^2=0.422^2+0.354^2+\cdots+0.353^2=4.607$

$P=\frac{T^2}{n}=\frac{10.003^2}{27}=3.706$

所以总离差平方和：$SS_T=Q-P=4.607-3.706=0.901$

$SS_A=\frac{1}{9}(4.113^2+1.919^2+3.971^2)-P=0.335$

$SS_B=\frac{1}{9}(2.487^2+4.041^2+3.475^2)-P=0.137$

$SS_{(A×B)_1}=\frac{1}{9}(3.403^2+3.529^2+3.071^2)-P=0.012$

$SS_{(A×B)_2}=\frac{1}{9}(3.897^2+2.754^2+3.352^2)-P=0.124$

$SS_C=\frac{1}{9}(4.089^2+3.319^2+2.595^2)-P=0.124$

$$SS_{(A \times C)_1} = \frac{1}{9}(3.623^2 + 2.763^2 + 3.617^2) - P = 0.054$$

$$SS_{(A \times C)_2} = \frac{1}{9}(3.029^2 + 3.720^2 + 3.254^2) - P = 0.028$$

$$SS_{(A \times D)_2} = \frac{1}{9}(3.438^2 + 3.254^2 + 3.320^2) - P = 0.002$$

$$SS_D = \frac{1}{9}(3.073^2 + 2.916^2 + 4.014^2) - P = 0.078$$

$$SS_{(A \times D)_1} = \frac{1}{9}(3.117^2 + 3.362^2 + 3.524^2) - P = 0.009$$

所以：

$$SS_{A \times B} = SS_{(A \times B)_1} + SS_{(A \times B)_2} = 0.012 + 0.072 = 0.083$$

$$SS_{A \times C} = SS_{(A \times C)_1} + SS_{(A \times C)_2} = 0.054 + 0.028 = 0.082$$

$$SS_{A \times D} = SS_{(A \times D)_1} + SS_{(A \times D)_2} = 0.009 + 0.002 = 0.011$$

误差的离差平方和：

表 3-28 例 3.8 试验设计及结果

试验号	1	2	3	4	5	6	7	8	9	10	得率 y_i/%
	A	B	$(A \times B)_1$	$(A \times B)_2$	C	$(A \times C)_1$	$(A \times C)_2$	$(A \times D)_2$	D	$(A \times D)_1$	
1	1	1	1	1	1	1	1	1	1	1	0.422
2	1	1	1	1	2	2	2	2	2	2	0.354
3	1	1	1	1	3	3	3	3	3	3	0.523
4	1	2	2	2	1	1	1	2	2	2	0.576
5	1	2	2	2	2	2	2	3	3	3	0.514
6	1	2	2	2	3	3	3	1	1	1	0.388
7	1	3	3	3	1	1	1	3	3	3	0.619
8	1	3	3	3	2	2	2	1	1	1	0.436
9	1	3	3	3	3	3	3	2	2	2	0.281
10	2	1	2	3	1	2	3	1	2	3	0.153
11	2	1	2	3	2	3	1	2	3	1	0.158
12	2	1	2	3	3	1	2	3	1	2	0.117
13	2	2	3	1	1	2	3	2	3	1	0.387
14	2	2	3	1	2	3	1	3	1	2	0.306
15	2	2	3	1	3	1	2	1	2	3	0.282
16	2	3	1	2	1	2	3	3	1	2	0.134
17	2	3	1	2	2	3	1	1	2	3	0.163
18	2	3	1	2	3	1	2	2	3	1	0.219
19	3	1	3	2	1	3	2	1	3	2	0.511
20	3	1	3	2	2	1	3	2	1	3	0.184
21	3	1	3	2	3	2	1	3	2	1	0.065
22	3	2	1	3	1	3	2	2	1	3	0.733
23	3	2	1	3	2	1	3	3	2	1	0.488
24	3	2	1	3	3	2	1	1	3	2	0.367
25	3	3	2	1	1	3	2	3	2	1	0.554
26	3	3	2	1	2	1	3	1	3	2	0.716
27	3	3	2	1	3	2	1	2	1	3	0.353
K_1	4.113	2.487	3.403	3.897	4.089	3.623	3.029	3.438	3.073	3.117	
K_2	1.919	4.041	3.529	2.754	3.319	2.763	3.720	3.254	2.916	3.362	
K_3	3.917	3.475	3.071	3.352	2.595	3.617	3.254	3.320	40.14	3.524	

$$SS_e = SS_T - (SS_A + SS_B + SS_{A \times B} + SS_C + SS_{A \times C} + SS_D + SS_{A \times D})$$
$$= 0.901 - (0.335 + 0.137 + 0.084 + 0.124 + 0.082 + 0.078 + 0.011)$$
$$= 0.050$$

③ 计算自由度

总自由度：$\quad df_T = n - 1 = 27 - 1 = 26$

各因素自由度：$\quad df_A = df_B = df_C = df_D = r - 1 = 3 - 1 = 2$

交互作用自由度：$df_{A \times B} = df_A \times df_B = 2 \times 2 = 4$

或 $\quad df_{A \times B} = df_{(A \times B)_1} \times df_{(A \times B)_2} = (r-1) + (r-1) = 2 + 2 = 4$

同理 $\quad df_{A \times C} = df_{A \times D} = 4$

误差自由度：$\quad df_e = df_{11} + df_{12} + df_{13} = (r-1) + (r-1) + (r-1) = 2 + 2 + 2 = 6$

或 $\quad df_e = df_T - (df_A + df_B + df_{A \times B} + df_C + df_{A \times C} + df_D + df_{A \times D})$
$$= 26 - (2 + 2 + 4 + 2 + 4 + 2) = 6$$

④ 计算均方　各因素和交互作用的均方为：

$$MS_A = \frac{SS_A}{df_A} = \frac{0.335}{2} = 0.168$$

$$MS_B = \frac{SS_B}{df_B} = \frac{0.137}{2} = 0.068$$

$$MS_{A \times B} = \frac{SS_{A \times B}}{df_{A \times B}} = \frac{0.084}{4} = 0.021$$

$$MS_C = \frac{SS_C}{df_C} = \frac{0.124}{2} = 0.062$$

$$MS_{A \times C} = \frac{SS_{A \times C}}{df_{A \times C}} = \frac{0.082}{4} = 0.020$$

$$MS_D = \frac{SS_D}{df_D} = \frac{0.078}{2} = 0.039$$

$$MS_{A \times D} = \frac{SS_{A \times D}}{df_{A \times D}} = \frac{0.011}{4} = 0.003$$

但误差的均方为：

$$MS_e = \frac{SS_e}{df_e} = \frac{0.050}{6} = 0.008$$

通过计算得到：$MS_{A \times D} < MS_e$，这说明了交互作用 A×D 对试验结果的影响较小，可以将它归入误差。

新误差离平方和：$\quad SS_e^\Delta = SS_e + SS_{A \times D} = 0.050 + 0.011 = 0.061$

新误差均方：$\quad MS_e^\Delta = \frac{SS_e^\Delta}{df_e^\Delta} = \frac{0.061}{10} = 0.006$

⑤ 计算 F 值

$$F_A = \frac{MS_A}{MS_e^\Delta} = \frac{0.168}{0.006} = 28.00$$

$$F_B = \frac{MS_B}{MS_e^\Delta} = \frac{0.068}{0.006} = 11.33$$

$$F_{A \times B} = \frac{MS_{A \times B}}{MS_e^\Delta} = \frac{0.021}{0.006} = 3.50$$

$$F_C = \frac{MS_C}{MS_e^\Delta} = \frac{0.062}{0.006} = 10.33$$

$$F_{A\times C} = \frac{MS_{A\times C}}{MS_e^\Delta} = \frac{0.020}{0.006} = 3.33$$

$$F_D = \frac{MS_D}{MS_e^\Delta} = \frac{0.039}{0.006} = 6.50$$

⑥ F 检验 查得临界值 $F_{0.05}(2,10)=4.10$，$F_{0.01}(2,10)=10.04$，$F_{0.05}(4,10)=3.48$，$F_{0.01}(4,10)=5.99$，所以对于给定显著性水平 $a=0.05$，因素 A，B，C 对试验结果有非常显著的影响，因素 D 和交互作用 A×B 对试验结果有显著影响，交互作用 A×C 对试验结果没有显著影响。最后将分析结果列于方差分析表中（见表 3-29）。

表 3-29 例 3.8 方差分析表

差 异 源	SS	df	MS	F	显著性
A	0.335	2	0.168	28.00	＊＊
B	0.137	2	0.628	11.33	＊＊
A×B	0.084	4	0.021	3.50	＊
C	0.124	2	0.062	10.33	＊＊
A×C	0.082	4	0.020	3.33	
D	0.078	2	0.039	6.50	＊
A×D 误差 e^Δ 误差 e	0.011 } 0.061 0.050	4 } 10 6	0.006		
总和	0.901	26			

注：＊＊表示显著性好于＊。

⑦ 优方案的确定 由于试验指标是产品得率，是越大越好，从表 3-29 可以看出，在不考虑交互作用的情况下，优方案应取各因素最大 K 值所对应的水平，即为 $A_1B_2C_1D_3$。从方差分析的结果可以看出，交互作用 A×C 和 A×D 对试验结果无显著影响，交互作用 A×B 对试验结果的影响程度也不及因素 A，B，C，所以本例在确定因素 A，B，C，D 优水平时可以不考虑交互作用，即优方案为 $A_1B_2C_1D_3$。

注意，如果交互作用对试验结果影响非常显著，则应画出对应两因素的反搭配表，这里搭配表的结构与例 3.4 类似，只不过因素的水平数为 3，总共有 9 种搭配，然后根据表确定两因素较好的水平搭配，再确定优水平。

（4）混合水平正交试验的方差分析

① 利用混合水平正交表 利用混合水平正交表时，由于不同列的水平数不同，所以不同列的有关计算会存在差别，下面以混合水平正交表 $L_8(4^1 \times 2^4)$ 为例进行说明。

a. 总离差平方和

$$SS_T = Q - P$$

b. 二水平列

离差平方和： $SS_2 = SS_3 = SS_3 = SS_4 = \frac{1}{n}(K_1 - K_2)^2 = \frac{1}{8}(K_1 - K_2)^2$

自由度： $df_2 = df_3 = df_4 = df_5 = 2 - 1 = 1$

c. 四水平列

离差平方和： $SS_1 = \frac{r}{n}(K_1^2 + K_2^2 + K_3^2 + K_4^2) - P = \frac{1}{2}(K_1^2 + K_2^2 + K_3^2 + K_4^2) - P$

自由度： $df_1 = 4 - 1 = 3$

例 3.9　某化工厂为了处理含有毒性物质锌和镉的废水，预研沉淀实验条件，选取的因素及水平如表 3-30 所示，不考虑交互作用。用正交表 $L_8(4^1 \times 2^4)$ 安排试验，得到考察指标的综合评分（百分制），因素 A，B，C，D 依次放在 1，2，3，4 列，试验结果 $y_i(i=1, 2 \cdots, 8)$ 见表 3-31。

表 3-30　例 3.9 因素水平表

水平	(A)pH 值	(B)凝聚剂	(C)沉淀剂	(D)废水浓度
1	7～8	加	NaOH	稀
2	8～9	不加	Na_2CO_3	浓
3	9～10			
4	10～11			

解：① 试验设计（见表 3-31）

表 3-31　例 3.9 试验设计及结果

试验号	A	B	C	D	空列	得分 y_i
1	1	1	1	1	1	45
2	1	2	2	2	2	70
3	2	1	1	2	2	55
4	2	2	2	1	1	65
5	3	1	2	1	2	85
6	3	2	1	2	1	95
7	4	1	2	2	1	90
8	4	2	1	1	2	100
K_1	115	275	295	295	295	
K_2	120	330	310	310	310	
K_3	180					
K_4	190					
k_1	57.5	68.8	73.8	73.8	73.8	
k_2	60.0	82.5	77.5	77.5	77.5	
k_3	90.0					
k_4	95.0					
极差 R	37.5	13.7	3.8	3.8	3.8	

② 计算离差平方和

因为：
$$T = \sum_{i=1}^{8} y_i = 45 + 70 + \cdots + 100 = 605$$

$$Q = \sum_{i=1}^{8} y_i^2 = 45^2 + 70^2 + \cdots + 100^2 = 48525$$

$$P = \frac{T^2}{n} = \frac{605^2}{8} = 45753$$

所以：
$$SS_T = Q - P = 48525 - 45753.125 = 2772$$

$$SS_A = SS_1 = \frac{1}{2}(K_1^2 + K_2^2 + K_3^2 + K_4^2) - P$$

$$= \frac{1}{2}(115^2 + 120^2 + 180^2 + 190^2) - 45753 = 2310$$

$$SS_B = SS_2 = \frac{1}{n}(K_1 - K_2)^2 = \frac{1}{8}(275 - 330)^2 = 378$$

$$SS_C = SS_4 = \frac{1}{n}(K_1 - K_2)^2 = \frac{1}{8}(295 - 310)^2 = 28$$

$$SS_D = SS_4 = \frac{1}{n}(K_1 - K_2)^2 = \frac{1}{8}(295 - 310)^2 = 28$$

$$SS_e = SS_{54} = \frac{1}{n}(K_1 - K_2)^2 = \frac{1}{8}(295 - 310)^2 = 28$$

③ 计算自由度

$$df_T = n - 1 = 8 - 1 = 7$$
$$df_A = 4 - 1 = 3$$
$$df_B = df_C = df_D = 2 - 1 = 1$$
$$df_e = df_5 = 2 - 1 = 1$$

④ 计算均方

$$MS_A = \frac{SS_A}{df_A} = \frac{2310}{3} = 770$$

$$MS_B = \frac{SS_B}{df_B} = \frac{378}{1} = 378$$

$$MS_C = \frac{SS_C}{df_C} = \frac{28}{1} = 28$$

$$MS_D = \frac{SS_D}{df_D} = \frac{28}{1} = 28$$

$$MS_e = \frac{SS_e}{df_e} = \frac{28}{1} = 28$$

由于 $MS_C = MS_e$，$MS_D = MS_e$，所以因素 C，D 对试验结果的影响较小，可以将它归入误差。

新误差离差平方和：
$$SS_e^{\Delta} = SS_e + SS_C + SS_D = 28 + 28 + 28 = 84$$

新误差自由度：
$$df_e^{\Delta} = df_e + df_C + df_D = 1 + 1 + 1 = 3$$

新误差均方：
$$MS_e^{\Delta} = SS_e^{\Delta} = \frac{84}{3} = 28$$

⑤ 计算 F 值

$$F_A = \frac{MS_A}{MS_e^{\Delta}} = \frac{770}{28} = 28$$

$$F_A = \frac{MS_B}{MS_e^{\Delta}} = \frac{378}{28} = 14$$

⑥ F 检验

查得临界值 $F_{0.05}(3,3) = 9.28$，$F_{0.01}(3,3) = 29.46$，$F_{0.05}(1,3) = 10.13$，$F_{0.01}(1,3) = 34.12$，所以对于给定显著性水平 $a = 0.05$，因素 A，B 对试验结果有显著的影响，因素 C，D 对试验结果没有显著影响。最后将分析结果列于方差分析表中（见表 3-32）。

表 3-32　例 3.9 方差分析表

差异源	SS	df	MS	F	显著性
A	2310	3	770	28	*
B	378	1	378	14	*
C D }误差 e^{Δ} 误差 e	28 28 }84 28	1 1 }3 1	28		
总和	2772	7			

注：* 表示显著性好。

⑦ 优方案的确定　由于试验结果得分越高越好，从表 3-32 可以看出，在不考虑交互作用的情况下，优方案应取各因素最大 K 值所对应的水平，为 $A_4B_2C_2D_2$，即 pH 值 10～11，不加凝聚剂，沉淀为 Na_2CO_3，高浓度废水。

② 拟水平法　在拟水平法的方差分析中，由于拟水平的存在，尤其要注意具有拟水平因素的离差异平方和、自由度的计算以及误差的离差平方和及其自由度的计算。

例 3.10　某啤酒厂在试验用不发芽的大麦制造啤酒的新工艺过程中，选择因素及其水平见表 3-33，不考虑因素间的交互作用。考察指标 $y_i(i=1,2,\cdots,9)$ 为粉状粒，越高越好，采用拟水平法将因素 D 的第 1 水平 136 重复一次作为第 3 水平，按 $L_9(3^4)$ 安排试验，得试验结果（见表 3-34）。试进行方差分析，并找出好的工艺条件。

表 3-33　例 3.10 因素水平表

水平	(A)赤霉素含量/(mg/kg)	(B)氨水含量/%	(C)吸氨量/g	(D)底水/g
1	2.25	0.25	2	136
2	1.50	0.26	3	138
3	3.00	0.27	4	136

表 3-34　例 3.10 试验设计及结果

试验号	A	B	C	D	粉状 y_i/%
1	1	1	1	1	59
2	1	2	2	2	48
3	1	3	3	3(1)	34
4	2	1	2	3(1)	39
5	2	2	3	1	23
6	2	3	1	2	48
7	3	1	3	2	36
8	3	2	1	3(1)	55
9	3	3	2	1	56
K_1	141	134	162	266	
K_2	110	126	143	132	
K_3	147	138	93		
k_1	47.0	44.7	54.0	44.3	
k_2	36.7	42.0	47.7	44.0	
k_3	49.0	46.0	31.0		
极差 R	12.3	4.0	23.0	0.3	

解：① 试验设计及直观分析结果见表 3-34

② 计算离差平方和：

因为：
$$T = \sum_{i=1}^{9} y_i = 58 + 48 + \cdots + 56 = 398$$

$$Q = \sum_{i=1}^{9} y_i^2 = 59^2 + 48^2 + \cdots + 56^2 = 18752$$

$$P = \frac{T^2}{n} = \frac{398^2}{9} = 17600$$

所以：
$$SS_T = Q - P = 18752 - 17600 = 1152$$

$$SS_A = \frac{3}{n}(K_1^2 + K_2^2 + K_3^2 + K_4^2) - P = \frac{1}{3}(141^2 + 110^2 + 147^2) - 17600 = 263$$

同理：
$$SS_B = \frac{3}{n}(K_1^2 + K_2^2 + K_3^2 + K_4^2) - P = \frac{1}{3}(134^2 + 126^2 + 138^2) - 17600 = 25$$

$$SS_C = \frac{3}{n}(K_1^2 + K_2^2 + K_3^2 + K_4^2) - P = \frac{1}{3}(162^2 + 143^2 + 93^2) - 17600 = 847$$

因素 D 的第 1 水平共重复了 6 次，第 2 水平重复了 3 次，所以因素引起的离差平方和为：

$$SS_D = \frac{K_1^2}{6} + \frac{K_2^2}{6} - P = \frac{266^2}{6} + \frac{132^2}{2} - 17600 = 1$$

误差的离差平方和为：

$$SS_e = SS_T - (SS_A + SS_B + SS_C + SS_D) = 1152 - (263 + 25 + 847 + 1) = 16$$

注意，对于拟水平法，虽然没有空白列，但误差的平方和与自由度都不为零。

③ 计算自由度

$$df_T = n - 1 = 9 - 1 = 8$$

$$df_A = df_B = df_C = 3 - 1 = 2$$

$$df_D = 2 - 1 = 1$$

$$df_e = df_T - (df_A + df_B + df_C) = 8 - 2 - 2 - 1 = 1$$

④ 计算均方

$$MS_A = \frac{SS_A}{df_A} = \frac{263}{2} = 132$$

$$MS_B = \frac{SS_B}{df_B} = \frac{25}{2} = 12$$

$$MS_C = \frac{SS_C}{df_C} = \frac{847}{2} = 424$$

$$MS_D = \frac{SS_D}{df_D} = \frac{1}{1} = 1$$

$$MS_e = \frac{SS_e}{df_e} = \frac{16}{1} = 16$$

由于 $MS_B < MS_e$，$MS_D < MS_e$，所以因素 B，D 对试验结果的影响较小，可以将它们归入误差。

新误差离差平方和： $SS_e^\Delta = SS_e + SS_B + SS_D = 16 + 25 + 1 = 42$

新误差自由度： $df_e^\Delta = df_e + df_B + df_D = 1 + 2 + 1 = 4$

新误差均方： $MS_e^\Delta = \frac{SS_e^\Delta}{df_e^\Delta} = \frac{42}{4} = 10.5$

⑤ 计算 F 值

$$F_A = \frac{MS_A}{MS_e} = \frac{132}{10.5} = 12.6$$

$$F_C = \frac{MS_C}{MS_e} = \frac{424}{10.5} = 40.6$$

⑥ F 检验

查得临界值 $F_{0.05}(2,4) = 6.94$，$F_{0.01}(2,4) = 18.00$，所以对于给定显著性水平 $a = 0.05$，因素 C 对试验结果有非常显著的影响，因素 A 对试验结果有显著的影响，因素 B，D 对试验结果影响较小，这与表 3-34 中极差的大小顺序是一致的。最后将分析结果列于方差

表 3-35　例 3.10 方差分析表

差异源	SS	df	MS	F	显著性
C	847	2	424	40.4	＊＊
A	263	2	132	12.6	＊
B	25 ⎫	2 ⎫			
D　误差 $e^\triangle$	1 ⎬42	1 ⎬4	10.5		
误差 e	16 ⎭	1 ⎭			
总和	1152	8			

注：＊＊表示显著性好于＊。

分析表中（见表 3-35）。

⑦ 优方案的确定　由于粉状粒越高越好，从表 3-34 可以看出，在不考虑交互作用的情况下，优方案应该各因素最大 K 值所对应的水平，即为 $A_3B_3C_1D_1$，即赤霉素浓度 3.00mg/kg，氨水浓度 0.27％，吸氨量 2 g，底水 136 g。

习　题　三

1. 采用直接还原法制备超细铜粉的试验中需要考虑的反应因素为：反应温度、$CuSO_4$ 的物质的量浓度、氨水的物质的量浓度，初步试验确定因素水平表见表 3-36 所列。

表 3-36　确定因素水平表

水　平	因　素		
	反应温度/℃	氨水的物质的量浓度/(mol/L)	$CuSO_4$ 的物质的量浓度/(mol/L)
1	100	0.200	0.150
2	80	0.600	0.600
3	60	1.000	1.200

实验指标为比表面积，铜粉比表面积越大越好。用正交表 $L_9(3^4)$ 安排实验将 3 个因素放在 1、2、3 列上，不考虑因素间的交互作用，9 次试验结果依次如下：比表面积（m²/g）：3.650，0.785，2.566，2.123，2.450，3.966，2.365，1.751，2.884，是用极差分析法确定因素主次和优方案，并画出趋势图。

2. 某工厂为了提高某产品的收率，根据经验和分析，认为反应温度、碱用量和催化剂种类可能会对产品的收率造成较大的影响，对这 3 个因素各取 3 种水平，列于表 3-37。

表 3-37　因素水平表

水　平	(A)温度/℃	(B)碱用量/kg	(C)催化剂种类
1	80	85	甲
2	85	48	乙
3	90	55	丙

将因素 A，B，C 依次安排在正交表 $L_9(3^4)$ 的 1，2，3 列，不考虑因素间的交互作用。9 个试验结果（收率/％）依次为：51，71，58，82，69，77，85，84。试用直观分析法确定因素主次和优方案，并画出趋势图。

3. 通过正交试验对木樨草素 β 环类推精包合工艺进行优化，需要考察的因素及水平见表 3-38 所列。

表 3-38 需要考察的因素及水平

水　平	(A)原料配比	(B)包合温度/℃	(C)包合时间/h
1	1∶1	50	3
2	1.5∶1	70	1
3	2∶1	80	5

　　试验指标有两个：包合率和包合物收率。这两个指标都是越大越好。用正交表 $L_9(3^4)$ 安排试验，将 3 个因素依次放在 1，2，3 列上，不考虑因素间的交互作用，9 次试验结果依次如下。

　　包合率/%：12.01，15.86，16.95，8.60，13.71，7.22，6.54，7.78，5.43

　　包合物收率/%：61.80，84.31，80.15，67.23，77.26，76.53，58.61，78.12，77.60

　　这两个指标的重要性不相同，如果化成数量，包合率与包保物收率重要性之比为 3∶2，试通过综合评分法确定优方案。

　　4. 某石灰窑提高 CO_2 浓度的优化方案的因素水平表及试验结果分别如表 3-39 和表 3-40所示。选用 $L_9(3^4)$ 正交表安排试验。试通过直观分析和方差分析确定最优化的方案。

表 3-39 因素水平表

水　平	因　素		
	A 煤石比	B 投料比	C 投料层次/(次/班)
1	1∶0.14	5	7
2	1∶0.17	5.5	8
3	1∶0.2	6	9

表 3-40 试验结果

试验号	因　素			
	A 煤石比	B 投料比	C 投料层次/(次/班)	CO_2 含量/%
1	1(1∶0.14)	1(5)	1(7)	26.1
2	2(1∶0.17)	2(5.5)	2(8)	28.7
3	3(1∶0.2)	3(6)	3(9)	27.4
4	1	2	3	28.6
5	2	3	1	30.1
6	3	1	2	29.4
7	1	3	2	29.2
8	2	1	3	30.4
9	3	2	1	32.2

　　5. 某陶瓷坯体配方进行正交试验，因素水平见表 3-41（用量份数），实验结果见表 3-42。

表 3-41 因素水平表

水平	因　素			
	A 黏土	B 石英	C 长石	D 石灰石
1	45	40	3	5
2	50	35	4	6
3	55	30	5	7

表 3-42　实验结果

试验号	因　　素				热稳定性/℃
	A 黏土	B 石英	C 长石	D 石灰石	
1	1	1	1	1	182
2	1	2	2	2	205
3	1	3	3	3	225
4	2	1	2	3	220
5	2	2	3	1	190
6	2	3	1	2	220
7	3	1	3	2	210
8	3	2	1	3	230
9	3	3	2	1	210

考察指标：热稳定性（越大越好），烧成温度：1310～1330℃，用 $L_9(3^4)$ 正交表进行实验，试问：（1）用直观（极差）分析法分析确定四个因素的主次顺序

（2）试验结果的最佳组合是什么？

（3）最佳组合陶瓷配方组成（用质量百分比表示）。

6. 现有一化工项目，工程师确定该项目是 4 因素 2 水平的问题，因素及水平见表 3-43。

表 3-43　因素及水平表

水平	(A)反应温度/℃	(B)反应时间/h	(C)硫酸含量/%	(D)操作方法
1	80	1	17	搅拌
2	70	2	27	不搅拌

除了需要研究因素 A，B，C，D 对产品得率的影响，还要考虑反应温度与反应时间之间的交互作用 A×B，如果将因素 A，B，C，D 依次放在正交表 $L_8(2^7)$ 的 1，2，4，7 列上，试验结果（得率/%）依次为 65，74，71，73，70，73，62，67。试用直观分析法分析试验结果，确定较优工艺条件。

7. 钢片在镀锌前要用酸洗的方法除锈，为了提高除锈效率，缩短酸洗时间，先安排酸洗试验，考察指标是酸洗时间。在除锈效果达到要求的情况下，酸洗时间越短越好，要考虑的因素及其水平见表 3-44 所列。采用拟水平法，将因素 C 的第二水平虚拟。选取正交表 $L_9(3^4)$，将因素 C，B，A，D 依次安排在 1，2，3，4 列，试验结果（酸洗时间/min）依次为：36，32，20，22，34，21，16，19，37。试找出较好的试验方案。进行方差分析。$(a=0.05)$

表 3-44　酸洗考虑的因素及其水平

水平	(A)硫酸浓度/(g/L)	(B)CH₄N₂S/(g/L)	(C)洗涤剂种类/%	(D)温度/℃
1	300	12	甲	40
2	200	4	乙	90
3	250	8		70

8. 为了通过正交试验寻找从某矿物中提取稀土元素的最优工艺条件，使稀土元素提取率最高，选取的因素水平见表 3-45 所列。

表 3-45　使稀土元素提取率最高选取的因素水平

水平	(A)酸用量/mL	(B)水用量/mL	(C)反应时间/h
1	25	20	1
2	20	40	2

需要考虑的交互作用有 A×B，A×C，B×C，如果将 A，B，C 分别安排在正交表 L_8 (2^7) 的 1，2，4 列上，试验结果（提取量/mL）依次为 1.01，1.33，1.13，1.06，0.80，0.76，0.56。试用方差分析法（$a=0.05$）分析试验结果，确定较优工艺条件。

9. 为了提高陶粒混凝土的抗压强度，考察了 A，B，C，D，E，F 六因素，每个因素有 3 个水平，因素水平见表 3-46 所列。

表 3-46 提高陶粒混凝土的抗压强度考察的因素水平

水平	因　　素					
	水泥标号(A)	水量(B)/kg	陶粒用量(C)/kg	含砂率(D)/%	养护方式(E)	搅拌时间(F)/h
1	300	180	150	38	空气	1
2	400	190	180	40	水	1.5
3	500	200	200	42	蒸气	2

根据经验还要考察交互作用 A×B，A×C，B×C。如果将 A，B，C，D，E，F 依次安排在正交表 $L_{27}(3^{13})$ 的 1，2，5，9，12，13 列上试验结果［抗压强度/(kgf/cm²)］依次为 100，98，97，95，96，99，94，99，101，85，82，98，85，90，85，91，89，80，73，90，77，84，80，76，89，78，85，试用方差分析法（$a=0.05$），分析试验结果，确定水平组合。

参 考 文 献

[1] 李云雁，胡传荣. 试验设计与数据处理［M］. 北京：化学工业出版社，2005.
[2] 王钦德，杨坚. 食品试验设计与统计分析［M］. 北京：中国农业大学出版社，2003.
[3] 陈魁. 应用概率统计［M］. 北京：清华大学出版社，2000.
[4] 续九如，黄智慧. 林业试验设计［M］. 北京：中国林业出版社，1995.
[5] 刘权. 果树试验设计与统计［M］. 北京：中国农业出版社，1997.

附表　常用正交表

(1) $L_4(2^3)$

试验号	列　号			试验号	列　号		
	1	2	3		1	2	3
1	1	1	1	3	2	1	2
2	1	2	2	4	2	2	1

(2) $L_8(2^7)$

试验号	列　号							试验号	列　号						
	1	2	3	4	5	6	7		1	2	3	4	5	6	7
1	1	1	1	1	1	1	1	5	2	1	2	1	2	1	2
2	1	1	1	2	2	2	2	6	2	1	2	2	1	2	1
3	1	2	2	1	1	2	2	7	2	2	1	1	2	2	1
4	1	2	2	2	2	1	1	8	2	2	1	2	1	1	2

$L_8(2^7)$ 二列间的交互作用

试验号 （　）	列　号							试验号 （　）	列　号						
	1	2	3	4	5	6	7		1	2	3	4	5	6	7
(1)	(1)	3	2	5	4	7	6	(5)					(5)	3	2
(2)		(2)	1	6	7	4	5	(6)						(6)	1
(3)			(3)	7	6	5	4	(7)							(7)
(4)				(4)	1	2	3								

$L_8(2^7)$ 表头设计

因素数	列　号						
	1	2	3	4	5	6	7
3	A	B	A×B	C	A×C	B×C	
4	A	B	A×B C×D	C	A×C B×D	B×C A×D	D
4	A	B B×D	A×B	C	A×C	D B×C	A×D
5	A D×E	B C×D	A×B C×E	C B×D	A×C B×E	D A×E B×C	E A×D

(3) $L_8(4×2^4)$

试验号	列　号					试验号	列　号				
	1	2	3	4	5		1	2	3	4	5
1	1	1	1	1	1	5	3	1	2	1	2
2	1	2	2	2	2	6	3	2	1	2	1
3	2	1	1	2	2	7	4	1	2	2	1
4	2	2	2	1	1	8	4	2	1	1	2

$L_8(4×2^4)$ 表头设计

因素数	列　号					因素数	列　号				
	1	2	3	4	5		1	2	3	4	5
2	A	B	(A×B)₁	(A×B)₂	(A×B)₃	4	A	B	C	D	
3	A	B	C			5	A	B	C	D	E

（4）$L_9(3^4)$

试验号	列 号				试验号	列 号			
	1	2	4	5		1	2	3	4
1	1	1	1	1	6	2	3	1	2
2	1	2	2	2	7	3	1	3	2
3	1	3	3	3	8	3	2	1	3
4	2	1	2	3	9	3	3	2	1
5	2	2	3	1					

注：任意两列间的交互作用为另外两列。

（5）$L_{12}(2^{11})$

试验号	列 号										
	1	2	3	4	5	6	7	8	9	10	11
1	1	1	1	1	1	1	1	1	1	1	1
2	1	1	1	1	1	2	2	2	2	2	2
3	1	1	2	2	2	1	1	1	2	2	2
4	1	2	1	2	2	1	2	2	1	1	2
5	1	2	2	1	2	2	1	2	1	2	1
6	1	2	2	2	1	2	2	1	2	1	1
7	2	1	2	2	1	1	2	2	1	2	1
8	2	1	2	1	2	2	2	1	1	1	2
9	2	1	1	2	2	2	1	2	2	1	1
10	2	2	2	1	1	1	1	2	2	1	2
11	2	2	1	2	1	2	1	1	1	2	2
12	2	2	1	1	2	1	2	1	2	2	1

（6）$L_{16}(4 \times 2^{12})$

试验号	列 号												
	1	2	3	4	5	6	7	8	9	10	11	12	13
1	1	1	1	1	1	1	1	1	1	1	1	1	1
2	1	1	1	1	1	2	2	2	2	2	2	2	2
3	1	2	2	2	2	1	1	1	1	2	2	2	2
4	1	2	2	2	2	2	2	2	2	1	1	1	1
5	2	1	1	2	2	1	1	2	2	1	1	2	2
6	2	1	1	2	2	2	2	1	1	2	2	1	1
7	2	2	2	1	1	1	1	2	2	2	2	1	1
8	2	2	2	1	1	2	2	1	1	1	1	2	2
9	3	1	2	1	2	1	2	1	2	1	2	1	2
10	3	1	2	1	2	2	1	2	1	2	1	2	1
11	3	2	1	2	1	1	2	1	2	2	1	2	1
12	3	2	1	2	1	2	1	2	1	1	2	1	2
13	4	1	2	2	1	1	2	2	1	1	2	2	1
14	4	1	2	2	1	2	1	1	2	2	1	1	2
15	4	2	1	1	2	1	2	2	1	2	1	1	2
16	4	2	1	1	2	2	1	1	2	1	2	2	1

（7）$L_{16}(4^2 \times 2^9)$

试验号	列 号										
	1	2	3	4	5	6	7	8	9	10	11
1	1	1	1	1	1	1	1	1	1	1	1
2	1	2	1	1	1	2	2	2	2	2	2
3	1	3	2	2	2	1	1	1	2	2	2
4	1	4	2	2	2	2	2	2	1	1	1

试验号	列　号										
	1	2	3	4	5	6	7	8	9	10	11
5	2	1	1	2	2	2	2	2	1	2	2
6	2	2	1	2	2	1	1	1	2	1	1
7	2	3	2	1	1	2	2	2	2	1	1
8	2	4	2	1	1	1	1	1	1	2	2
9	3	1	2	1	2	1	1	2	2	1	2
10	3	2	2	1	2	2	2	1	1	2	1
11	3	3	1	2	1	1	1	2	1	2	1
12	3	4	1	2	1	2	2	1	2	1	2
13	4	1	2	2	1	2	2	1	2	2	2
14	4	2	2	2	1	1	1	2	1	1	2
15	4	3	1	1	2	2	2	1	1	1	2
16	4	4	1	1	2	1	1	2	2	2	1

（8）$L_{16}(4^2 \times 2^6)$

试验号	列　号								
	1	2	3	4	5	6	7	8	9
1	1	1	1	1	1	1	1	1	1
2	1	2	2	1	1	2	2	2	2
3	1	3	3	2	2	1	1	2	2
4	1	4	4	2	2	2	2	1	1
5	2	1	2	2	2	1	2	1	2
6	2	2	1	2	2	2	1	2	1
7	2	3	4	1	1	1	2	2	1
8	2	4	3	1	1	2	1	1	2
9	3	1	3	1	2	2	2	2	1
10	3	2	4	1	2	1	1	1	2
11	3	3	1	2	1	2	2	1	2
12	3	4	2	2	1	1	1	2	1
13	4	1	4	2	1	2	1	2	2
14	4	2	3	2	1	1	2	1	1
15	4	3	2	1	2	2	1	1	1
16	4	4	1	1	2	1	2	2	2

（9）$L_{16}(4^4 \times 2^3)$

试验号	列　号							试验号	列　号						
	1	2	3	4	5	6	7		1	2	3	4	5	6	7
1	1	1	1	1	1	1	1	9	3	1	3	4	1	2	2
2	1	2	2	2	1	2	2	10	3	2	4	3	1	1	1
3	1	3	3	3	2	1	2	11	3	3	1	2	2	2	1
4	1	4	4	4	2	2	1	12	3	4	2	1	2	1	2
5	2	1	2	3	2	2	1	13	4	1	4	2	2	1	2
6	2	2	1	4	2	1	2	14	4	2	3	1	2	2	1
7	2	3	3	1	1	2	2	15	4	3	2	4	1	1	1
8	2	4	4	2	1	1	1	16	4	4	1	3	1	2	2

（10）$L_{16}(4^5)$

试验号	列　号					试验号	列　号				
	1	2	3	4	5		1	2	3	4	5
1	1	1	1	1	1	9	3	1	3	4	2
2	1	2	2	2	2	10	3	2	4	3	1
3	1	3	3	3	3	11	3	3	1	2	4
4	1	4	4	4	4	12	3	4	2	1	3
5	2	1	2	3	4	13	4	1	4	2	3
6	2	2	1	4	3	14	4	2	3	1	4
7	2	3	4	1	2	15	4	3	2	4	1
8	2	4	3	2	1	16	4	4	1	3	2

（11）$L_{16}(8\times2^8)$

试验号	列　号								
	1	2	3	4	5	6	7	8	9
1	1	1	1	1	1	1	1	1	1
2	1	2	2	2	2	2	2	2	2
3	2	1	1	1	1	2	2	2	2
4	2	2	2	2	2	1	1	1	1
5	3	1	1	2	2	1	1	2	2
6	3	2	2	1	1	2	2	1	1
7	4	1	1	2	2	2	2	1	1
8	4	2	2	1	1	1	1	2	2
9	5	1	2	1	2	1	2	1	2
10	5	2	1	2	1	2	1	2	1
11	6	1	2	1	2	2	1	2	1
12	6	2	1	2	1	1	2	1	2
13	7	1	2	2	1	1	2	2	1
14	7	2	1	1	2	2	1	1	2
15	8	1	2	2	1	2	1	1	2
16	8	2	1	1	2	1	2	2	1

第四章 综合实验

　　综合化学实验是在学生掌握化学实验基本原理和基本操作的基础上，在化学学科及相关学科层面上设计的综合性实验项目，并非验证性实验的简单组合，旨在提高学生综合运用基础知识和基本技能的能力，调动学生的主观能动性，培养学生科研素质和创新能力。该类实验项目内容表现为跨专业、跨学科综合知识的运用，与学科前沿紧密结合，反映了化学学科前沿和交叉领域的研究进展，同时体现了科研与教学相互促进关系。

　　综合化学实验既与基础实验、仪器实验相衔接，又与创新实验和科研相渗透，是从知识学习到综合素质和创新能力培养的重要过渡。其实验内容应该综合联系化学、材料、生命、环境、能源、农学、医学等学科，实验中应包含新概念、新知识、新方法、新技术，涉及科学前沿和交叉，带有一定的科研性质但又与专业性很强的科研有明显的不同。综合实验有较详细的基本原理知识和操作步骤，使学生综合运用基础知识、实验技术和测试方法，培养其解决较复杂问题的能力。

　　综合实验必须脱出专门化实验的框框，不能是基本实验内容的简单罗列或重复，要避免实验内容的单一，加强学科间的交叉和联系。综合实验课题是多样化的，可以是教学方面有关理论的探讨，也可以是某一种或几种理论在解决实际问题方面的应用，一般是比较成熟的实验，但在一个实验中往往涉及多方面的基础知识和基本实验技能。

　　综合实验的组织实施及对学生的要求如下所述。

　　1. 准备阶段

　　学生应当明确实验目的。结合实验内容与相关理论知识，掌握实验基本原理。理解实验步骤中的操作方法及现象（或预计实验过程中将出现的实验现象）。熟悉实验中安全预防、注意事项及安全防护。对实验中所提出的问题能正确解答，写出清晰简洁的预习报告。

　　2. 实验阶段

　　遵守实验及仪器操作规程，熟悉仪器的使用方法，按照教材提供的实验步骤独立进行实验，认真思考，若所得实验现象或数据与理论有较大偏差，应及时查找原因并予以纠正，得到符合要求的实验结果。

　　3. 总结阶段

　　对所得实验结果按要求进行数据处理和分析，总结本次实验的得失，写出实验报告。

第一节　模　块　一

实验 1　工业废渣配料烧成硅酸盐水泥熟料

一、实验目的

① 掌握实验室常用高温实验设备、仪器的使用方法。

② 按照确定的石灰饱和系数 KH、硅率 SM 和铝率 IM 三个率值，用工业废渣及原料的

化学成分进行配料计算。

③ 掌握硅酸盐水泥熟料烧成过程及实验方法。

④ 掌握硅酸盐水泥熟料游离氧化钙的测定，能用 X 射线衍射分析其矿物组成。

二、实验原理

硅酸盐水泥熟料高温烧成是将具有一定化学组成的水泥生料，经磨细、混合均匀，在从常温到高温的煅烧过程中，随着温度的升高，经过原料水分蒸发、黏土矿物脱水、碳酸盐分解、固相反应等过程。当到达最低共熔温度（约 1300℃）后，物料开始出现（主要由铝酸钙和铁铝酸钙等组成）液相，进入熟料烧成阶段。随着温度继续升高，液相量增加，黏度降低，物料经过一系列物理、化学、物理化学的变化后，最终生成以硅酸盐矿物（C_3S、C_2S）为主的熟料。

在煅烧过程中出现液相后，贝里特（β-C_2S）和游离石灰都开始溶于液相中，并以 Ca^{2+} 和 SiO_4^{4-} 离子状态进行扩散。通过离子扩散与碰撞，一部分 Ca^{2+} 与 SiO_4^{4-} 离子参与贝里特的再结晶，另一部分 Ca^{2+} 与 SiO_4^{4-} 离子则参与贝里特吸收游离石灰形成阿里特：

$$C_2S(液) + CaO(液) \longrightarrow C_3S(固)$$

在 1450～1300℃ 的冷却过程中，阿里特晶体还将继续长大和完善。随着温度的降低，熟料相继进行液相的凝结与矿物的相变。因此，在冷却过程中要根据熟料的组成与性能的关系决定熟料的冷却制度。为了保证熟料的质量，多采用稳定剂和适当快冷的办法来防止阿里特的分解和 β-C_2S 向 γ-C_2S 的转变。

工业废渣重晶石尾矿、铅锌尾矿、硅钙渣（如磷渣、粉煤灰、矿渣、镁渣、铬渣、钢渣等），它们中含有 BaO、ZnO、SO_3、P_2O_5、F^- 等多种微量成分，可降低熟料烧成过程中液相黏度，改善液相的性质，加速粒子或质点的扩散，为硅钙渣中 CS 迅速与 CaO 反应形成 C_2S、C_3S 创造了有利条件。同时，硅钙渣中 C_2S、C_3S 具有晶种作用，可加速熟料矿物形成。另外，工业废渣中的一些微量元素可起到稳定剂的作用，防止熟料冷却过程中阿里特的分解和 β-C_2S 向 γ-C_2S 的转变。

三、主要仪器与试剂

1. 仪器

天平，高温炉（最高温度≥1500℃），球磨罐，玛瑙研钵，成型模具，压力机，高铝匣钵（垫刚玉砂），坩埚钳，电风扇，护目镜，石棉手套，长钳，80μm 标准方孔筛，回流冷凝管，电炉，酸式滴定管，锥形瓶，X 射线衍射仪。

2. 试剂

工业废渣（如磷渣、矿渣、镁渣、钢渣等），石灰石，黏土或页岩，铁粉，无水乙醇，氢氧化钠，丙三醇，硝酸锶，酚酞指示剂，苯甲酸，甘油。

四、实验步骤

安全预防：熟料烧成保温结束后，用坩埚钳从高温炉拖出匣钵时，要戴上石棉手套和护目镜，穿上工作服，防止热灼伤。

1. 试样制备

① 将已知化学成分的工业废渣、工业原料石灰石、黏土或页岩、铁粉分别粉磨，粒度控制在 80 μm 方孔筛筛余小于 10%，供配料用。

② 设定硅酸盐水泥熟料的三个率值：石灰饱和系数 KH、硅率 SM 和铝率 IM，固定工业废渣掺量，进行配料计算，确定原料配比、液相量、煅烧最高温度。

③ 将已配合的原料置入球磨罐中充分混合均匀，然后加入 5‰～7‰ 的水，放入成型模具中，在压力机机座上以 30～35MPa 的压力压制成块，压块厚度一般不大于 25mm。

④ 块试样在 105～110℃下缓慢烘干。

2. 硅酸盐水泥熟料烧成

① 检查高温炉是否正常，并在高温炉中垫隔离垫料（刚玉砂等），防止承烧器与炉衬高温时黏结。

② 将干燥试样置入高温匣钵中，试样与匣钵间以刚玉砂隔离。

③ 将匣钵放入高温炉中，以 350～400℃/h 的速度升温至 1450℃左右，保温 1～2h 后停止供电。

④ 保温结束后，戴上石棉手套和护目镜，用坩埚钳从电炉中拖出匣体，稍冷后取出试样，立即用风扇吹风冷却，防止 C_3S 的分解以及 $\beta\text{-}C_2S$ 向 $\gamma\text{-}C_2S$ 的转变。

⑤ 将冷却至室温的熟料试块砸碎磨细，装在样品瓶中，置于干燥器内。

3. 重烧

取一部分样品，用甘油乙醇法测定游离氧化钙，以分析水泥熟料的煅烧程度。若游离氧化钙含量较高（要求游离氧化钙含量≤2%），需将熟料磨细后重烧。

4. 硅酸盐水泥熟料矿物组成分析

取一部分合格的样品，用 X 射线衍射仪测定硅酸盐水泥熟料矿物的组成。

五、思考题

1. 熟料的三个率值对熟料烧成质量有何影响？

2. 熟料粉化原因有哪些？如何防止熟料粉化？

3. 如何判定熟料烧成质量？

4. 工业废渣对熟料烧成质量有何影响？

参 考 文 献

[1] 王瑞生. 无机非金属材料实验教程［M］. 北京：冶金工业出版社，2004.
[2] 霍冀川，卢忠远，徐光亮. 多元工业副产物复合配料煅烧硅酸盐水泥熟料研究［J］. 重庆环境科学，1999，21（2）：52～54.
[3] 沈威，黄文熙，闵盘荣. 水泥工艺学［M］. 武汉：武汉工业大学出版社，1991.

实验2　毒重石制备高纯氯化钡

一、实验目的

① 了解用毒重石原矿制备高纯氯化钡的方法。

② 熟悉水浴加热、搅拌反应、常温结晶、常压过滤、减压过滤和干燥等基本操作。

③ 了解间接酸碱滴定法测定钡离子的分析方法，以及氯化钡产品质量的分析方法。

二、实验原理

毒重石是除重晶石外自然界中另一种含钡矿物，主要组成是 $BaCO_3$，局部富集钡解石，以及炭质、绢云母、黄铁矿、闪锌矿、重晶石、萤石、方解石、石英、钡白云白、白云石、菱镁矿及胶磷矿等。

在一定温度、一定反应条件下，盐酸同毒重石进行反应，使毒重石中的钡、锶、钙、镁、铁及其他杂质组分转化为相应的离子形式。主要反应过程为：

$$BaCO_3 + 2HCl \mathop{=\!=\!=} BaCl_2 + CO_2 \uparrow + H_2O$$

$$BaCa(CO_3)_2 + 4HCl \mathop{=\!=\!=} BaCl_2 + CaCl_2 + 2H_2O + 2CO_2 \uparrow$$

$$BaMg(CO_3)_2 + 4HCl \mathop{=\!=\!=} BaCl_2 + MgCl_2 + 2H_2O + 2CO_2 \uparrow$$

$$CaCO_3 + 2HCl \mathop{=\!=\!=} CaCl_2 + CO_2 \uparrow + H_2O$$

毒重石被盐酸浸取的溶液含有大量的杂质如钙、镁、锶、铁、硫杂质。当 pH＝1 时，加入氧化剂 H_2O_2 可以将 Fe^{2+} 氧化成 Fe^{3+}，在 pH≥3.2 时即可水解将铁除去。在 pH≥5.2 时可除铝。根据氢氧化钙、氢氧化锶、氢氧化钡在不同温度下溶解度不同而分离钙、镁。利用草酸钙、草酸锶与草酸钡的溶度积不同，使钙、锶沉淀而钡最大量留在溶液中。

结晶后的粗氯化钡主要杂质是钙、锶、钾、钠，采用重结晶法提纯成本偏高，并且杂质含量过高。利用 $BaCl_2 \cdot 2H_2O$ 不溶于乙醇，$CaCl_2$、$SrCl_2$、$NaCl$、KCl 等能溶或微溶于乙醇中的特点，本实验用有机溶剂析出法将粗氯化钡精制得高纯氯化钡。

三、主要仪器与试剂

1. 仪器

抽滤瓶，布氏漏斗，锥形瓶（50mL、100mL、200mL、250mL、500mL），蒸发皿，量筒，移液管，烧杯，三口烧瓶，台秤，水浴锅，吸量管，比色管，超级恒温水浴，恒温磁力搅拌器，红外线干燥箱，分析天平，pH 计，电动搅拌机。

2. 试剂

毒重石矿粉，HCl，$K_2Cr_2O_7$，NaOH，乙醇（95％），溴甲酚绿，醋酸，醋酸铵，氨水，氯化氨，乙酸铵，双氧水，EDTA，草酸。

四、实验步骤

安全预防：毒重石与盐酸溶液反应激烈，反应应在通风橱内进行，应边加毒重石边加盐酸溶液进行搅拌。钡盐产品属剧毒物质，实验操作过程应戴手套，避免入口。

1. 盐酸浸取

称取 120～240 目的毒重石富矿 12.0g，缓慢加入盛有 15％工业盐酸 60mL 的储槽内，缓慢升温到 50℃，然后加入三口烧瓶内，置于水浴锅中，在 50℃下和 450r/min 搅拌强度下反应 2h，过滤（注：反应完后测溶液中钡的含量，以便下一步选择草酸的用量）。

2. 溶液中钡离子含量的测定

采用间接酸碱滴定法快速测定溶液中钡离子含量。实验方法如下：将过滤后的反应溶液收集于 100mL 容量瓶中，冷却后用水定容并摇匀，准确移取 10.00mL 含钡离子溶液于 250mL 锥形瓶中，加入 0.02500mol/L Na_2CrO_4 标准溶液 25.00mL，用水稀至约 100mL，加入 5 滴 0.1％溴甲酚绿指示剂，用 0.1mol/L HCl 标准溶液滴定至由绿色变为亮黄色即为终点，同时进行空白滴定，由空白和试液所消耗的滴定剂体积之差即可求出钡含量。

$$w(Ba^{2+}) = \frac{c(V_0 - V) \times \frac{137.33}{1000}}{10.00/100.00}$$

式中　　$w(Ba^{2+})$——浸取液中 Ba^{2+} 的质量，g；

　　　　c——HCl 标准溶液浓度，mol/L；

　　　　V_0——滴定空白消耗的 HCl 标准溶液的体积，mL；

　　　　V——滴定试样时消耗的 HCl 标准溶液的体积，mL；

　　　137.33——钡的相对原子质量；

10.00/100.00——试液分取比例。

3. 浸取液的净化

选用 1∶3 的氨水作中和剂，加入少量的 H_2O_2，然后再用 1∶3 的氨水调节 pH 值为 7～8，并在 50℃ 左右搅拌 15min，滤出由杂质生成的沉淀，用 200g/L NaOH 调节滤液的 pH 大于 12.5（使用 NaOH 作为沉淀剂，其用量不小于钙的化学计量的 140%），并在 80℃ 左右搅拌数分钟，滤出沉淀，加入 1.0mol/L 草酸沉淀余液中的钙、锶（草酸的加入量根据草酸钡溶度积来确定）。

4. 净化液的结晶与烘干

将净化液用少量盐酸酸化为 pH＝2，然后进行蒸发浓缩，有大量析盐出现并有轻微“跳溅”现象时为终点（失水 80% 左右，估计相对密度约为 1.24），冷析至室温，滤出析盐，选用 30℃ 饱和氯化钡溶液洗涤 $BaCl_2$ 析盐。母液返回下轮蒸发。

5. 粗 $BaCl_2 \cdot 2H_2O$ 晶体精制

将粗 $BaCl_2 \cdot 2H_2O$ 晶体配成饱和氯化钡溶液，用少量盐酸酸化为 pH＝4，加入约 0.6 倍于饱和氯化钡溶液体积的 95% 乙醇，过滤沉淀用 95% 乙醇洗涤后，在真空干燥箱中加温到 85℃ 并保温 3～4h，即得到高纯度 $BaCl_2 \cdot 2H_2O$。

6. 产品质量分析

准确称量约 7g 左右试样，置于烧杯中，加水溶解，移入 500mL 容量瓶中，用水稀释至刻度，摇匀，干过滤，弃去 10mL 前滤液。用移液管移取 50mL 滤液，置于 400mL 烧杯中，加 5mL 盐酸溶液，100mL 水和 15mL 重铬酸钾溶液，加热煮沸试液，在微沸状态下一边搅拌一边缓慢滴加 10mL 乙酸铵溶液（3～4min 内滴完），保温 5min，继续在微沸状态下一边搅拌一边滴加 5mL 氨水（2～3min 内滴完）。在约 80℃ 的水浴中静置 30min 后，取出，迅速冷却至室温，用已于 130～135℃ 下烘至恒重的玻璃砂坩埚抽滤，用含少量氨水的蒸馏水（pH 为 7～8）洗涤沉淀至无氯离子反应（用硝酸银溶液检查），将玻璃砂坩埚和沉淀于 130～135℃ 下烘至恒重。可用下式测定氯化钡的含量。

$$w = \frac{0.9642(m_2 - m_1)}{m \cdot V/500} \times 100\%$$

式中　w——氯化钡（$BaCl_2 \cdot 2H_2O$）的质量分数；

　　　m_1——玻璃砂坩埚的质量，g；

　　　m_2——铬酸钡沉淀与玻璃砂坩埚的质量，g；

　　　m——试料的量，g；

　　　V——被测试液的体积，mL；

0.9642——铬酸钡（$BaCrO_4$）换算成氯化钡（$BaCl_2 \cdot 2H_2O$）的系数。

五、思考题

1. 本实验中盐酸浸取的反应条件是如何确定的？

2. 在浸取液净化时，加入草酸量的计算以什么为依据，如何计算？

3. 为什么在浸取液净化除铁时要用氨水作中和剂而不用 NaOH？蒸发浓缩时是否需要搅拌？

参　考　文　献

[1] 雷永林，霍冀川，王海滨等. 试剂级氯化钡的制备新工艺 [J]. 无机盐工业，2006，38（5）：9～12.

[2] 雷永林，霍冀川，王海滨等. 氯化钡废液联产氢氧化钙和氯化钡 [J]. 化工环保，2006，26（3）：231～234.

[3] GB/T 1617—2002——工业氯化钡.

实验3 硫铁矿烧渣制备七水硫酸亚铁及质量检验

一、实验目的

① 掌握制备七水硫酸亚铁的原理及方法。

② 掌握七水硫酸亚铁的质量检验方法。

③ 了解硫铁矿烧渣中铁的浸出条件。

二、实验原理

1. 制备原理

用硫铁矿制取硫酸后的烧渣中一般含有 30%～60% 铁，是一种可以二次开发的资源。利用该废渣来制备高纯硫酸亚铁，可以使废弃资源充分利用，同时防止了环境污染。

烧渣中的 FeO 和 Fe_2O_3 在硫酸介质条件下反应如下：

$$FeO + H_2SO_4 + 6H_2O = FeSO_4 \cdot 7H_2O$$
$$Fe_2O_3 + 3H_2SO_4 = Fe_2(SO_4)_3 + 3H_2O$$
$$Fe_2(SO_4)_3 + Fe + 21H_2O = 3FeSO_4 \cdot 7H_2O$$

2. 产品质量分析原理

在碳酸氢钠保护下，用盐酸溶液溶解试样，以二苯胺磺酸钠为指示剂，用重铬酸钾标准溶液进行滴定。

三、主要仪器与试剂

1. 仪器

分析天平，酸式滴定管，烘箱，台秤，磁铁，带柄瓷坩埚，搅拌器，电炉，烧杯，锥形瓶，封闭漏斗，电热板。

2. 试剂

浓硫酸，1.0mol/L 硫酸溶液，碳酸氢钠饱和溶液，0.2% 二苯胺磺酸钠水溶液，重铬酸钾标准溶液 $c(1/6\ K_2Cr_2O_7) = 0.1000mol/L$，5% 硼酸水溶液，硫-磷混合酸（冷却条件下向 140mL 水中加入 30mL 硫酸，再加入 30mL 磷酸）。

四、实验步骤

安全预防：浓硫酸具有腐蚀性，避免直接接触，皮肤接触立即用肥皂和清水冲洗。在烧渣中加入浓硫酸时一定要在通风柜中进行，并使用防腐手套。加入浓硫酸时一定要缓慢，以免爆沸。

1. 七水硫酸亚铁的制备

① 称取烘干后的烧渣粉 20g 用磁铁磁选，分离出烧渣中的非磁性（钙、镁、硅等）物质。

② 称取磁选后的烧渣量，放入 100mL 带柄瓷坩埚内。按磁选后的烧渣量：$H_2SO_4 = 1:1.5$ 的比例计算出所需 H_2SO_4 用量。再按 98% 的浓 H_2SO_4 稀释成 70% 的稀 H_2SO_4 计算所需水量，此水量用于润湿瓷坩埚内的烧渣。

③ 用量筒量取所需量的 98% 的浓 $H_2SO_4(d=1.84)$。把装有润湿烧渣的带柄瓷坩埚放入到通风柜中，在玻璃棒搅拌下缓慢加入量取好的浓 H_2SO_4，搅拌均匀后，放入已升温到 180～200℃ 的烘箱中熟化 1h。

④ 将熟化后的烧渣用 80℃ 左右的热水浸取（控制热水量在 80～100mL），将浸出液和沉淀物全部转移到 250mL 烧杯中搅拌加热至沸，反应 30min。过滤，收集滤液。

⑤ 用 1.0mol/L 的稀硫酸调整滤液 pH＝0.5～1.0，逐步加入适量废铁屑使溶液中的 Fe^{3+} 全部还原成 Fe^{2+}，观察溶液颜色的变化（由棕红色逐步转化成浅绿色），当溶液全部呈浅绿色时，停止还原反应。过滤，收集滤液，用 1.0mol/L 的稀 H_2SO_4 调整滤液 pH＝0.5～1.0，加热浓缩滤液，过程中注意观察当液体表面出现晶膜时，快速将烧杯转移到冷水中冷却到 40℃ 以下结晶。因为硫酸亚铁在不同温度下可以与水结合成几种水合物，各种水合物的形成与结晶温度有关。一般当温度低于 40℃ 时，特别是在 20℃ 左右时，几乎全部形成七水合物。本实验在自然结晶过程中温度应低于 40℃，使产品为 $FeSO_4 \cdot 7H_2O$。

2. 产品质量分析

准确称取 0.5g 产品，置于 250mL 锥形瓶中，加入 2g 碳酸氢钠，1g 氟化钠，加入 2∶1 盐酸 30mL，立即盖上盛有碳酸氢钠饱和溶液的封闭漏斗（或特制的玻璃弯管），摇动瓶中的试样，不要粘接瓶底。在高温电热板上保持微沸 15～20min，并摇动 2～3 次，取下，在水槽中冷却。用水洗瓶壁，用新煮沸并冷却的蒸馏水稀释至 150mL，加入 5% 硼酸溶液 10mL，加硫-磷混合酸 15mL 及二苯胺磺酸钠 2 滴，以重铬酸钾标准溶液滴定至溶液呈稳定蓝紫色，即为终点。

分析结果的表述：

$$w=\frac{c(V-V_0)\times 0.07185}{m}\times 100\%=\frac{7.185c(V-V_0)}{m}\%$$

式中　V_0——空白试验消耗重铬酸钾标准溶液的体积，mL；

　　　V——滴定试样消耗重铬酸钾标准溶液的体积，mL；

　　　c——重铬酸钾标准溶液的浓度，mol/L；

　　　m——试样质量，g；

　0.07185——与 1.00mL 重铬酸钾标准溶液 $[c(1/6K_2Cr_2O_7)＝0.1000mol/L]$ 相当的以克表示的氧化亚铁的质量。

得到了氧化亚铁的量后，就可以计算出七水硫酸亚铁的含量。（怎么计算？）

产品质量理论值：纯七水硫酸亚铁中含氧化亚铁（$w/\%$）25.85、结晶水（$w/\%$）45.33。

若产品质量过低（$FeSO_4 \cdot 7H_2O\leq 98\%$），可以采用重结晶的方法提高产品质量。

五、思考题

1. 磁选的意义、目的是什么？

2. 烧渣为何要使用浓硫酸和在较高温度下熟化？

参　考　文　献

[1] 《通用化工产品分析方法手册》编写组．通用化工产品分析方法手册 [M]．北京：化学工业出版社，1999.
[2] 吴晓斌．硫铁矿渣中铁提取技术的研究 [J]．环境工程，1998，16（4）：65～68.

实验 4　三草酸合铁（Ⅲ）酸钾的合成、组成测定及性质

一、实验目的

① 学习合成三草酸合铁（Ⅲ）酸钾的方法，以及用 $KMnO_4$ 测定 $C_2O_4^{2-}$ 和 Fe^{2+} 的方

法，了解配位反应与氧化反应的条件。

②了解三草酸根合铁（Ⅲ）酸钾的光化学性质。

③进一步掌握重结晶操作，综合训练无机合成及重量分析、滴定分析的基本操作，掌握确定化合物组成和化学式的原理、方法。

④理解制备过程中化学平衡原理的应用。

二、实验原理

三草酸合铁（Ⅲ）酸钾 $K_3[Fe(C_2O_4)_3] \cdot 3H_2O$ 是一种亮绿色单晶系斜晶体，易溶于水（0℃，4.7g/100g 水；100℃，117.7g/100g 水），难溶于有机溶剂，是一些很好的有机反应催化剂，也是制备负载型活性铁催化剂的主要原料，因而具有工业生产价值。目前，制备该物质的方法很多，本实验利用自制的硫酸亚铁铵与草酸反应制备出草酸亚铁晶体，并用倾析法洗去杂质。然后在过量草酸根存在下，用过氧化氢氧化草酸亚铁即可制得三草酸合铁（Ⅲ）酸钾配合物。由于其难溶于有机溶剂中，加入乙醇后，从溶液中便可析出 $K_3[Fe(C_2O_4)_3] \cdot 3H_2O$ 晶体。

三草酸合铁（Ⅲ）酸钾的制备反应：

$$(NH_4)_2Fe(SO_4)_2 \cdot 6H_2O + H_2C_2O_4 = FeC_2O_4 \cdot 2H_2O\downarrow + (NH_4)_2SO_4 + H_2SO_4 + 4H_2O$$

$$6FeC_2O_4 \cdot 2H_2O + 3H_2O_2 + 6K_2C_2O_4 = 4K_3[Fe(C_2O_4)_3] + 2Fe(OH)_3\downarrow + 12H_2O$$

$$2Fe(OH)_3 + 3H_2C_2O_4 + 3K_2C_2O_4 = 2K_3[Fe(C_2O_4)_3] + 6H_2O$$

$$2FeC_2O_4 \cdot 2H_2O + H_2O_2 + 3K_2C_2O_4 + H_2C_2O_4 = 2K_3[Fe(C_2O_4)_3] \cdot 3H_2O$$

$K_3[Fe(C_2O_4)_3] \cdot 3H_2O$ 在 0℃左右溶解度很小，可析出绿色的晶体。

该配合物极易感光，室温光照时变黄色，进行下列光化学反应：

$$2[Fe(C_2O_4)_3]^{3-} \xrightarrow{h\nu} 2FeC_2O_4 + 3C_2O_4^{2-} + 2CO_2$$

它在日光照射下或强光下分解生成草酸亚铁，遇六氰合铁（Ⅲ）酸钾生成藤氏蓝，反应为：

$$3FeC_2O_4 + K_3[Fe(CN)_6] = Fe_3[Fe(CN)_6]_2 + 3K_2C_2O_4$$

因此，在实验室中可作成感光纸，进行感光实验。另外，由于它的光化学活性，能定量进行光化学反应，常作化学光量计。受热时，在 110℃可失去结晶水，到 230℃即分解。

该配合物的组成可用重量法和滴定分析方法确定。

1. 重量法分析结晶水含量

将一定量的 $K_3[Fe(C_2O_4)_3] \cdot 3H_2O$ 晶体在 110℃下干燥脱水后称量，便可计算结晶水的含量。

2. 草酸根在酸性介质中可被高锰酸钾定量氧化，反应式为：

$$5C_2O_4^{2-} + 2MnO_4^- + 16H^+ = 2Mn^{2+} + 10CO_2 + 8H_2O$$

用已知准确浓度的 $KMnO_4$ 标准溶液滴定。由高锰酸钾溶液的消耗量便可计算 $C_2O_4^{2-}$ 的含量。

3. 铁的测定

先用过量的还原剂锌粉将 Fe^{3+} 还原成 Fe^{2+}，然后将剩余的锌粉过滤掉，用 $KMnO_4$ 标准溶液滴定，反应式为：

$$Zn + 2Fe^{3+} = 2Fe^{2+} + Zn^{2+}$$

$$5Fe^{2+} + MnO_4^- + 8H^+ = 5Fe^{3+} + Mn^{2+} + 4H_2O$$

由消耗 $KMnO_4$ 的体积计算出铁含量。

4. 钾的测定

根据配合物中铁、草酸根、结晶水的含量便可计算出钾的含量。由上述测定结果推断三草酸合铁（Ⅲ）酸钾的化学式：

$$K^+ : C_2O_4^{2-} : H_2O : Fe^{3+} = K^+\%/39.1 : C_2O_4^{2-}\%/88.0 : H_2O\%/18.0 : Fe^{3+}\%/55.8$$

三、主要仪器与试剂

1. 仪器

布氏漏斗，吸滤瓶一套，分析天平，烘箱，台秤，50mL 滴定管。

2. 药品

草酸钾（$K_2C_2O_4 \cdot H_2O$）饱和溶液，$KMnO_4$（0.02mol/L）标准溶液，$(NH_4)_2Fe(SO_4)_2 \cdot 6H_2O$（自制），$H_2SO_4$ 溶液（3mol/L），$H_2C_2O_4$（饱和溶液），H_2O_2（3%），乙醇（95%），铁氰化钾，六氰合铁酸钾（3.5%），丙酮，锌粉。

四、实验步骤

安全预防：H_2O_2 具有腐蚀性，避免直接接触；丙酮易燃，避免明火。

1. 制备三草酸合铁（Ⅲ）酸钾

称取 5g $(NH_4)_2Fe(SO_4)_2 \cdot 6H_2O$（自制）置于 200mL 烧杯中，加入 15mL 蒸馏水和 1mL H_2SO_4 酸化，加热溶解，再加入 25mL 的 $H_2C_2O_4$ 饱和溶液，继续加热至近沸，将此液静置，即有大量黄色 FeC_2O_4 晶体析出，待沉淀析出后采用倾析法倒掉上层清液。在沉淀上加入 20mL 去离子水，搅拌并温热，静置后，以布氏漏斗抽滤，得粗产品。

将粗产品溶于 10mL 饱和 $K_2C_2O_4$ 的溶液，水浴加热 40℃，用滴管缓慢滴加 10mL 3% H_2O_2。不断搅拌维持在 40℃左右，Fe^{2+} 被充分氧化为 Fe^{3+}，溶液变为棕红色即氢氧化铁沉淀产生。加完后，将溶液加热至近沸以除去过量的 H_2O_2（时间不宜过长，分解基本完全为止），稍冷，再逐滴加入 8mL 饱和 $H_2C_2O_4$，使沉淀溶解，此时应加快搅拌，趁热过滤。在滤液中加入 10mL 95% 的乙醇，这时如果滤液混浊可微热使其变清，将滤液在暗处冷却，待结晶完全后，抽滤，并用少量乙醇洗涤晶体。取下晶体，用滤纸吸干，并在空气中干燥片刻，称重，计算产率。晶体置于干燥器内避光保存。

2. 结晶水的测定

准确称取 0.5~0.6g 产物，放入已恒重的称量瓶中。置入烘箱中，在 110℃下烘干 1h，在干燥器中冷至室温，称重。重复干燥、冷却、称重的操作，直至恒重。根据称量结果，计算结晶水的质量分数。

3. $C_2O_4^{2-}$ 含量的测定

精确称取 0.18~0.20g 干燥晶体于 250mL 锥形瓶中，加入 50mL 水溶解，再加 12mL 1:5 的 H_2SO_4 溶液，加热至 70~80℃左右（不要高于 85℃），用 $KMnO_4$ 标准溶液滴定至浅红色，开始时反应很慢，故第 1 滴滴入后，待红色褪去后，再滴入第 2 滴，溶液红色消褪后，由于二价锰的催化作用反应速度加快，但滴定仍需逐滴加入，直至溶液 30s 不褪色为止，记下读数，计算结果。平行滴定两次。滴定完的溶液保留待用。

4. 铁的含量测定

向第 3 步中滴定完草酸根离子的保留溶液中加入过量的还原剂锌粉，直到黄色消失。加热溶液近沸，使 Fe^{3+} 还原为 Fe^{2+}，趁热过滤除去多余的锌粉。滤液用另一干净的锥形瓶盛放，洗涤锌粉，使洗涤液定量转移到滤液中，再用高锰酸钾标准溶液滴至粉红色且 30s 内不变，记录消耗的高锰酸钾标准溶液的体积，计算出铁的质量分数。

由测的 $C_2O_4^{2-}$、H_2O、Fe^{3+} 的质量分数可计算出 K^+ 的质量分数，从而确定配合物的组成及化学式。

5. $K_3[Fe(C_2O_4)_3]\cdot 3H_2O$ 的性质

① 将少量产品放在表面皿上，在日光下观察晶体颜色变化。并与放在暗处的晶体比较。

② 制感光纸。按三草酸合铁（Ⅲ）酸钾 0.3g、铁氰化钾 0.4g、水 5mL 的比例配成溶液，涂在纸上即成感光纸。附上图案，在日光直射下数秒钟，曝光部分呈蓝色，被遮盖的部分就显影出图案来。

③ 配感光液。取 0.3～0.5g 三草酸合铁（Ⅲ）酸钾，加去离子水 5mL 配成溶液，用滤纸条做成感光纸。附上图案，在日光直射下数秒钟，曝光后去掉图案，用约 3.5％六氰合铁酸钾溶液润湿或漂洗即显影映出图案来。

五、思考题

1. 制备该化合物时加入 H_2O_2 后为什么要煮沸溶液？煮沸时间过长有何影响？

2. 在制备的最后一步能否用蒸干的办法来提高产率？为什么？

3. 最后加入乙醇的作用是什么？不加入产量会有所改变吗？

4. 影响三草酸合铁（Ⅲ）酸钾产率的主要因素有那些？

参 考 文 献

[1] 凌必文，刁海生. 三草酸合铁（Ⅲ）酸钾的合成及结构组成测定［J］. 安庆师范学院学报（自然科学版），2001，(4)：14～16.

[2] 中山大学等校. 无机化学实验［M］. 北京：高等教育出版社，2001.

实验 5　纳米 Mn_2O_3 粉末的制备及表征

一、实验目的

① 了解粉末 X 射线衍射分析的基本原理和操作。

② 了解化学沉淀法制备纳米 Mn_2O_3 的方法。

③ 利用粉末 X 射线衍射法对纳米粉末进行物相分析和粒度测定。

二、实验原理

1. 合成原理

以 $MnCl_2$ 作为原料、H_2O_2 作为氧化剂、NaOH 作为沉淀剂、十二烷基苯磺酸钠作为表面活性剂，采用化学液相沉淀法制备前驱物，并在 300℃下对前驱物进行 2h 热处理，得到褐色粉末 Mn_2O_3。

2. 产品中游离单体的分析

纳米粒子的粒径可由 Scherrer（谢乐）公式求出：

$$D_{hkl}=\frac{K\lambda}{\beta_{hkl}\cdot\cos\theta}$$

式中，K 为衍射峰形 Scherrer 常数，一般取 0.89；λ 为入射 X 射线的波长；β 为样品衍射峰的半高宽，单位为弧度；θ 为布拉格衍射角。

三、主要仪器与试剂

1. 仪器

恒流泵，恒温磁力搅拌器，电热恒温鼓风干燥箱，箱式电阻炉，真空泵，布氏漏斗，瓷坩埚，研钵，烧杯（400mL、250mL），量筒（10mL）。

2. 试剂

$MnCl_2$ 溶液（0.25mol/L）、H_2O_2 溶液（2.5mol/L）、十二烷基苯磺酸钠溶液（0.025mol/L）、NaOH溶液（0.5mol/L）。

四、实验步骤

安全预防：H_2O_2 具有强氧化性，避免直接接触皮肤；使用箱式电阻炉，样品要用坩埚钳取放，以免烧伤；清洗研钵用浓盐酸时，注意浓盐酸强刺激性。

1. 沉淀的生成、陈化

取 0.25mol/L 的 $MnCl_2$ 溶液 200mL 于一个 400mL 的烧杯中，同时向其中加入 2mL 2.5mol/L 的 H_2O_2。再量取 120mL 0.5mol/L 的 NaOH 溶液于 250mL 烧杯中，向其中加入 24mL 0.025mol/L 的十二烷基苯磺酸钠，溶液出现浑浊现象。将 400mL 烧杯放在磁力搅拌器上，并将温度调节器固定在烧杯上方，磁子用蒸馏水洗净后放入烧杯中，将恒流泵的一根塑料管的一端插入 250mL 烧杯内的溶液中，另一端固定在 400mL 烧杯液面上方。开动磁力搅拌器，并启动恒流泵，调节使其以 2mL/min 的速度匀速滴加 NaOH 溶液和十二烷基苯磺酸钠的混合溶液到 400mL 的大烧杯中，反应开始后烧杯中有褐色絮状沉淀生成，滴加完毕大约需要 75min。滴加完毕后，陈化约 1h，待褐色沉淀基本上完全沉积后，倒掉上层清液，然后用循环水式真空泵进行抽滤。

2. 沉淀洗涤、烘干

将得到的粗产品转移到烧杯中，加入适量的蒸馏水，并用玻璃棒搅拌使其完全溶解，再陈化 30min 左右，倒掉上层清液，进行抽滤。抽滤后得到粗产品，用玻璃棒将其尽量地搅碎后放置于电热恒温鼓风干燥箱中，在 100℃ 的条件下，烘约 2～3h。

3. 粗产品研磨、烧结

将得到的粗产品放入研钵中磨成粉末，倒入坩埚中，然后将其放置于箱式电阻炉中，在 300℃ 的条件下烧结 2h，即得到产品褐色粉末，装入样品袋中，贴上标签。

4. X射线衍射分析

将得到的样品进行 X 射线衍射分析，结合测试结果计算粒度大小并填写表 4-1。

表 4-1 测试结果

编 号	K	λ/nm	β	θ	$\cos\theta$	$K\lambda/\beta_{hkl} \cdot \cos\theta$
1						
2	0.89					
3						
平均值						

五、思考题

1. 多晶衍射时能否用多种波长的 X 射线？为什么？

2. 为什么液相均相沉淀法制备纳米 Mn_2O_3 要加入十二烷基苯磺酸钠表面活性剂？

3. 微粒尺寸的减小是否为导致衍射加宽的唯一因素？

4. 固相化学反应为什么也能生成纳米材料？

参 考 文 献

[1] 双喜. 液相沉淀法制备纳米 Mn_2O_3 [J]. 内蒙古石油化工，2005，(11)：23～25.

［2］ Qi G，Yang R T，Chang R.Catal.Lett.，2003，67：87.

［3］ 薛宽宏，包建春编著.纳米化学［M］.北京：化学工业出版社，2006.

［4］ 浙江大学，南京大学等主编.综合化学实验［M］.北京：高等教育出版社，2000.

实验6　纳米二氧化硅的制备及其吸附性能

一、实验目的

① 了解纳米二氧化硅的吸附性能。

② 进一步熟悉 Ag^+ 的定量分析方法。

③ 掌握吸附曲线的绘制方法。

二、实验原理

抗菌材料有较好的应用前景。无机抗菌材料由各种无机材料负载有色金属如锌、钛、银的离子或氧化物制得。如 SiO_2-Ag^+ 复合材料作为无机抗菌材料，化学稳定性、热稳定性好，成型加工方便。

正硅酸乙酯（TEOS）在碱的催化作用下，与水反应，通过一系列水解、聚合等过程，生成二氧化硅：

$$SiO(C_2H_5)_4 + 4nH_2O \longrightarrow Si(OH)_4 + 4nC_2H_5OH$$

$Si(OH)_4$ 在乙醇与水的混合溶液中，由于体系的碱度降低从而诱发硅酸根的聚合反应，转化成硅羟基 Si—OH，在它的表面吸附有大量的水，如果失水，这种硅-氧结合就会迅速发生，形成 Si—O—结构，迅速增长成粗大的颗粒。极性分子乙醇的存在起到了隔离的作用，形成硅-氧联结，从而制得小颗粒的 SiO_2。

负载能力 S 定义为每 100g 的 SiO_2 负载银的克数。在硝酸银原始浓度较低时，附载能力随其浓度升高而增大，其后载银能力逐渐趋于饱和。纳米 SiO_2 对 Ag^+ 具有较强的吸附性，在吸附初期有较快的吸附速度，随着吸附时间延长，吸附速度缓慢降低。这是因为随着吸附的进行，固体界面离子浓度与液相本体离子浓度差减小，对流、扩散与吸附推动力减小。

SiO_2 在硝酸银稀溶液中对银的吸附主要表现为物理吸附，但由于纳米 SiO_2 表面的活性 ≡Si—OH，银离子与羟基上的质子发生离子交换而进行化学吸附。当温度较低时，随着温度升高，建立吸附平衡的时间比较快速的缩短，吸附速度随着温度的增加而加快。

分别用乙醇和水洗涤二氧化硅沉淀，直到流出液显中性。发现用乙醇洗的粉体比用水洗的粉体团聚小、易分散。这是由于在用水洗涤后，残留在颗粒间的微量水会通过氢键而使颗粒团聚在一起。而用乙醇可以减少这种液桥作用，从而获得团聚少的粉体。

本试验以纳米 SiO_2 为担载体，研究银离子浓度、吸附时间及吸附温度对其负载银的能力的影响。

三、主要仪器与试剂

1. 仪器

容量瓶，烧杯（400mL），水浴锅，烘箱，电子天平，搅拌器，纳米粒度及比表面积分析仪。

2. 试剂

TEOS（正硅酸乙酯），$AgNO_3$，乙醇，氨水，铁铵矾[$NH_4Fe(SO_4)_2 \cdot 12H_2O$]指示剂，$NH_4SCN$ 标准溶液，PVP（聚乙烯吡咯烷酮），二（2-乙基）丁二酸磺酸钠（AOT），氯化铵。

四、实验步骤

1. 将一定量的水和乙醇混合搅拌,滴入正硅酸乙酯和氨水,搅拌 30min,静置一段时间即分层得二氧化硅沉淀。将二氧化硅沉淀洗涤,抽滤,100℃干燥得到白色轻质的 SiO_2 粉末。测试其粒度及其分布与比表面积(氨水 1.2mol/L,乙醇 2.5mol/L,正硅酸乙酯 300mL)。

2. 硝酸银溶液的配制

准确称量一定量硝酸银,配制成质量浓度分别为 200mg/L、400mg/L、600mg/L、800mg/L、1000mg/L、1200mg/L 的 $AgNO_3$ 溶液。

3. 硝酸银原始浓度对负载能力的影响

分别取 2.5g 纳米 SiO_2 加入 250mL 上述各溶液中,在 30℃缓慢搅拌 2h 后,过滤,分析滤液中 Ag^+ 浓度,考察 SiO_2 吸附能力与 $AgNO_3$ 溶液原始浓度间的关系。

4. 吸附时间对负载能力的影响

分别取 2.5g 纳米 SiO_2 加入 250mL 的 1000mg/L 的 $AgNO_3$ 溶液中,在 40℃分别吸附 1h、1.5h、2h、2.5h、3h,过滤,分析滤液中 Ag^+ 浓度,考察 SiO_2 吸附量与吸附时间的关系。

5. 吸附温度对负载能力的影响

分别取 2.5g 纳米 SiO_2 加入 250mL 1000mg/L 的 $AgNO_3$ 溶液中,分别在 20℃、30℃、40℃、50℃、60℃各吸附 2h,过滤,分析滤液中 Ag^+ 浓度,考察 SiO_2 吸附量与吸附温度的关系。

6. 银离子浓度的测定

在含有 Ag^+ 的 HNO_3 溶液中,以铁铵矾作指示剂,用 NH_4SCN 的标准溶液滴定,首先析出 AgSCN 白色沉淀,当 Ag^+ 完全沉淀后,稍过量的 SCN^- 与 Fe^{3+} 生成红色 $[Fe(SCN)]^{2+}$,指示终点到达。滴定中应控制铁铵矾的用量,使 Fe^{3+} 的浓度保持在 0.0015mol/L 左右,直接滴定时应充分摇动溶液。

$$Ag^+ + SCN^- = AgSCN\downarrow (白色)$$
$$SCN^- + Fe^{3+} = [Fe(SCN)]^{2+} (红色)$$

五、结果处理

在同一坐标系中绘制 SiO_2 吸附量与吸附时间的关系曲线,SiO_2 吸附量与吸附温度的关系曲线,SiO_2 吸附能力与 $AgNO_3$ 溶液原始浓度间的关系曲线。

六、思考题

1. 为什么吸附温度升高到一定程度后,纳米 SiO_2 吸附速度增加的程度反而降低?

2. 本试验用什么方法测定 SiO_2 负载量?

3. SiO_2 的粒度、比表面积对 Ag^+ 的吸附能力有何依赖关系?

参 考 文 献

[1] 张国范,陈启元,冯其明等. 温度对油酸钠在一水硬铝石矿物表面吸附的影响 [J]. 中国有色金属学报,2004,14 (6):1042~1045.

[2] 廖辉伟,车朋霞. 载银纳米 SiO_2 制备与抗菌性研究 [J]. 稀有金属,2006,30 (4):570~573.

[3] 霍玉秋,翟玉春. 醇盐水解沉淀法制备二氧化硅纳米粉 [J]. 微纳米电子技术,2003,15 (9):12~15.

实验 7 纳米 $CuFe_2O_4$ 的水热合成与性能表征

一、试验目的

① 了解金属复合氧化物的制备方法。

② 了解 XRD 等仪器设备在判断物相组成中的应用。

③ 掌握利用高压反应釜制备金属复合氧化物的操作过程,理解温度、压力等因素对晶相转变、晶体粒度等的影响。

二、实验原理

尖晶石型铁酸盐是一类以 Fe(Ⅲ) 氧化物为主要成分的复合氧化物。从 20 世纪 30 年代以来,人们便开始对之进行系统的研究。它的一般化学式为 MFe_2O_4,M 为二价金属离子,如 (Cu^{2+}、Co^{2+}、Ni^{2+}、Zn^{2+}、Mg^{2+} 等)。其中 O^{2-} 离子为立方紧密堆积排列,M^{2+} 和 Fe^{3+} 离子则按一定规律填充在 O^{2-} 离子堆积所形成的四面体和八面体空隙中。尖晶石型铁酸盐作为一种软磁性材料已广泛应用于互感器件、磁芯轴承、转换开关以及磁记录材料等方面。近年来,随着超细化技术在材料制备方面的发展,也促进了尖晶石型铁酸盐的超细化制备,从而扩大了其应用范围,尤其在吸附及催化方面的应用,增加了化学工作者和材料科学工作者的兴趣。

一般的固态铁酸盐材料通常是利用 α-Fe_2O_3 与其他金属氧化物(或碳酸盐等)在高温条件下的固相化学反应而制得,而纳米级铁酸盐粉体一般是利用湿化学方法制备。其中的水热合成方法是指在特制的密闭反应釜中,以水为介质,通过加热,在高温、高压的特殊环境下,使物质间在非理想、非平衡的状态下发生化学反应并且结晶,再经过分离等处理得到产物。水热合成实际上降低了物质的反应温度,是制备纳米材料的重要方法之一。

本试验以硝酸铁 [$Fe(NO_3)_3 \cdot 9H_2O$]、硝酸铜 [$Cu(NO_3)_2 \cdot 3H_2O$] 为原料在碱性水溶液(如 NaOH 溶液)中反应:

$$Fe(NO_3)_3 + 3NaOH =\!=\!= Fe(OH)_3 \downarrow + 3NaNO_3$$
$$Cu(NO_3)_2 + 2NaOH =\!=\!= Cu(OH)_2 \downarrow + 2NaNO_3$$

得到 $Fe(OH)_3$ 与 $Cu(OH)_2$ 的混合溶胶,充分洗涤后,加入 5% 的 PVA 溶液,转移至反应釜中,在一定温度与压力下反应:

$$2Fe(OH)_3 + Cu(OH)_2 =\!=\!= CuFe_2O_4 + 4H_2O$$

反应一定时间后取出,用 XRD 表征其物相组成。

三、主要仪器与试剂

1. 仪器

压力反应釜,X 射线衍射仪,恒流泵,真空干燥器蒸发皿,电动搅拌器,抽滤瓶,布氏漏斗,烧杯(1000mL),移液管(20mL),台秤。

2. 试剂

硝酸铁 [$Fe(NO_3)_3 \cdot 9H_2O$],硝酸铜 [$Cu(NO_3)_2 \cdot 3H_2O$],5% 的 PVA 溶液,10% 的 NaOH 溶液。

四、实验步骤

安全预防:高压反应釜在使用过程中要严格按照使用说明书操作。釜盖装卸要缓慢移动,螺母对号入座放好,用扳手按对角线方向多次逐步扭紧螺母,均匀用力。在工作过程中,釜盖上方的冷水套要始终通冷水,以降低工作温度。带压工作的反应釜严禁敲击和拧动螺母及接头。运转时如隔套内部有异常声响时，应停机减压，检查有何异常情况。

1. 混合溶胶制备

按物质的量比为 1:2 称取一定量 $Cu(NO_3)_2 \cdot 3H_2O$ 和 $Fe(NO_3)_3 \cdot 9H_2O$，溶于蒸馏水中，制成 150mL 的 0.1mol/L $Cu(NO_3)_2$ 和 0.2mol/L $Fe(NO_3)_3$ 混合溶液，机械搅拌下混合均匀。然后用恒流泵缓慢加入 4mol/L 的 NaOH 溶液，调节混合液的 pH 值至 9，形成水溶胶。强烈搅拌 30min 后，用蒸馏水洗涤，抽滤，弃去上层清液，在溶胶中加入 5% 的 PVA 溶液 5mL，搅拌均匀，作为反应前驱体待用。制备条件见表 4-2 所列。

表 4-2　制备条件

温度/℃	230				250				270				290				300				310				320			
时间/h	1	2	3	4	1	2	3	4	1	2	3	4	1	2	3	4	1	2	3	4	1	2	3	4	1	2	3	4
压力/kPa																												

2. 水热合成

将反应釜打开，清洗反应内胆与所有密封端面，将前驱体转移至内胆，密封反应器，启动搅拌（转速控制在 120r/min），将温度逐步升高至 230℃、250℃、270℃、290℃、300℃、310℃、320℃，分别保温 1h、2h、3h、4h，每 30min 记录温度、压力一次。停止加热（保持搅拌），待其自然冷却至室温，小心打开反应釜，取出内胆，将产物转移至蒸发皿中，在真空干燥器中于 100℃ 下干燥 1h 后取出。

3. 物相表征

用 X 射线衍射仪分析产物（衍射角 2θ: $20° \sim 70°$），从图谱分析物相组成、晶体构型及结晶情况。

五、思考题

1. 纳米 $CuFe_2O_4$ 有何应用？
2. PVA 在制备纳米粉体中的作用？
3. 温度与保温时间和晶型转变及结晶程度有何关系？
4. X 射线衍射仪分析图谱中，半峰宽及峰高与合成温度及时间有何依赖关系？

参 考 文 献

[1] 阎鑫, 胡小玲, 岳红等. 纳米级尖晶石型铁氧体的制备进展 [J]. 材料导报, 2002, 16 (8): 42~44.
[2] 阎鑫, 胡小玲, 岳红等. 纳米铁酸锌的水热合成 [J]. 化学通报, 2002, (9): 623~626.
[3] 李荫远, 李国栋. 铁氧体物理学（修订本）[M]. 北京: 科学出版社, 1978.
[4] Du J M, Liu Z M, Wu W Z, et al. Preparation of single-crystal copper ferrite nanorods and nanodisks [J]. Materials Research Bulletin, 2005, 40: 928~935.

实验 8　超细 Cu-Ag 双金属粉末制备

一、实验目的

① 了解化学镀的基本原理。
② 掌握铜粉表面化学镀的方法。
③ 熟悉利用 X 射线衍射仪分析多金属粉末元素组成的原理与方法。

二、实验原理

导电胶或者电磁波屏蔽的导电涂料用的导电性填料主要有三类：一是铜粉，二是银粉，三是铜-银双金属粉。铜粉具有来源广、价格低廉、导电性好等优点，但其抗氧化性能弱。银粉导电性与抗氧化性好，但其资源日益匮乏。大量的研究试图通过对铜粉进行表面改性来提高其性能。表面改性主要有两种方法：一是无机包膜处理，用甲基三乙氧基硅烷 $[CH_3Si(OC_2H_5)_3]$ 或正硅酸乙酯 $[Si(OC_2H_5)_4]$ 在催化剂下制得溶胶，用该溶胶处理铜粉。通过此法，铜粉表面抗氧化性能提高，但其表面导电性能大大降低。另一类方法是在铜粉表面覆盖一层导电性能与抗氧化性能均佳的银或金的贵金属而形成双金属粉末。由于单一铜粉或银粉的应用受到局限，所以该领域的研究重点是制取高性能的铜-银双金属粉。

制备超细铜粉的方法较多，主要有气相蒸气法、γ射线法、等离子法、机械化学法、电解法、液相还原法、微波辐照合成法等。其中液相还原法是以铜盐为铜源，采用具有一定还原能力的还原剂，将溶液中的二价铜离子还原至零价态，通过控制各种工艺参数来得到不同粒径级别、形貌的粉末。还原剂的种类很多，常用的有水合肼、抗坏血酸、甲醛、次亚磷酸钠和 KBH_4 等，其应用相对较普遍，具有设备简单、产品均匀性好等优点。

本试验采用 KBH_4 在碱性条件下还原硫酸铜溶液，制备纳米铜粉，为了控制反应过程及防止粉体的团聚，在硫酸铜溶液中加入一定量的 EDTA 和 PVP。

$$4CuSO_4 + KBH_4 + 8KOH = 4Cu + 4K_2SO_4 + KBO_2 + 6H_2O$$

目前获得铜-银双金属粉的方法主要有两种，一是直接还原铜离子和银离子的混合溶液得到混合型的铜-银双金属粉，二是用铜粉去置换 Ag^+ 或 $[Ag(NH_3)_2]^+$，该法被各种报道称为化学镀法，该过程的反应式为：

$$2Ag^+ + Cu = 2Ag + Cu^{2+}$$

$$2[Ag(NH_3)_2]^+ + Cu = 2Ag + [Cu(NH_3)_2]^{2+}$$

在此体系中因没有其他还原剂，铜粉首先部分溶解生成 $[Cu(NH_3)_4]^{2+}$，微细铜粉具有很高的表面吉布斯自由能，在其表面发生了竞争性化学吸附，且微细铜粉优先吸附铜氨配离子。排斥银氨配离子与铜粉的接触，阻碍银在其表面沉积。SEM 研究表明此点缀结构镀层并不是单分子层，因为新生成的银对后续银的沉积具有自催化作用，所以该法只能得到点缀型铜-银双金属粉末，且银的含量较高。但由于在铜粉表面没有形成连续覆盖膜，其抗氧化能力仍远低于单纯银粉。本试验通过液相还原法得到铜粉，采用化学镀法制取包覆型铜-银双金属粉。

三、主要仪器与试剂

1. 仪器

磁力搅拌器，水浴锅，恒流泵，离心机，真空干燥器，抽滤设备，X 射线衍射仪。

2. 试剂

$CuSO_4 \cdot 5H_2O$，EDTA，KBH_4，KOH，$PdCl_2$，PVP，$AgNO_3$，$SnCl_2 \cdot 2H_2O$，盐酸，酒石酸钾钠，无水乙醇（皆为分析纯）。

四、实验步骤

安全预防：盐酸具有腐蚀性，水合肼具有毒性，避免直接接触。使用氨水时应避免试剂瓶口正对操作者脸部，避免直接与皮肤接触。如眼睛接触用大量清水冲洗，脸部或皮肤接触应立即用肥皂和清水冲洗。

1. 超细铜粉的制备

称取一定量的 $CuSO_4 \cdot 5H_2O$ 将其溶解于 150mL 蒸馏水中，制成 0.3mol/L 的硫酸铜溶液，加入一定量的 EDTA，搅拌 10min 后，加入 5% 的 PVP 溶液 5mL，搅拌均匀，得到溶液 A。

配制 10％的 KBH₄ 溶液（KBH₄ 与 KOH 摩尔比为 1∶10）加入计算量的 KOH，配成溶液 B。

在搅拌的情况下，用恒流泵将溶液 A 缓慢泵入溶液 B 中，加料完成后继续搅拌反应 30min。在整个反应过程中控制体系温度为 40℃，真空抽滤，用 3％甲醛水溶液洗涤两次、于 40℃下真空干燥、称重、计算产率。取样作 X 射线衍射分析。

2. 镀液配制

葡萄糖 45g/L，酒石酸 4g/L，乙醇 100mL/L。

3. 主盐配制

硝酸银 36g/L，氨水适量，氢氧化钠 25g/L。

4. 铜粉的活化、敏化处理

取新制备的铜粉 10g 用水润湿，加入到 100mL 20g/L 的 $SnCl_2 \cdot 2H_2O$ 盐酸溶液（盐酸含量 5％）中，在室温下缓慢搅拌处理 5min，离心过滤、洗涤后转移到 5g/L $PdCl_2$ 的盐酸溶液（盐酸含量 5％）中缓慢搅拌处理 5min，过滤、充分洗涤至无 Cl^-。

5. 超细铜粉表面化学镀

经敏化和活化处理、洗净后的铜粉用水润湿后，与镀液混合均匀，再加入到主盐溶液中，同时在缓慢搅拌下，以 1mL/min 的流速向其中加入 5％的 PVP，在 15～20℃下施镀一定时间，离心过滤、洗涤后置于真空干燥器中于 80℃干燥，得到产品。取样作 X 射线衍射分析。

6. 化学稳定性比较

称取 5g 新制备的铜粉与镀银粉末分别转移到 50mL 15％硫酸溶液中浸泡 24h，观察并比较上层溶液颜色。

五、思考题

1. 本实验中为什么新制备的铜粉要经过活化、敏化处理？试分析其原理。

2. 制备 $PdCl_2$ 与 $SnCl_2 \cdot 2H_2O$ 的水溶液时为什么要加入少量盐酸？

3. 两个样品的 X 射线衍射分析图谱有何差异？试予以分析。

4. 通过查找文献，写出敏化、活化及化学镀的相关化学反应式。

参 考 文 献

[1] 廖辉伟，李翔，彭汝芳等. 包覆型纳米铜-银双金属粉研究 [J]. 无机化学学报，2003，19 (12)：1327～1330.

[2] 姜晓霞，沈伟. 化学镀理论及实践 [M]. 北京：国防工业出版社，2000.

[3] Li M, YU J S, Jing Y, et al. An investigation on the mechanism of nano-copper preparation with ultrasonic wave electrodeposit [J]. Materials Research and Application，2004，19 (3)：12～15.

[4] 秦嬴，张鹏远，陈建峰. 液相还原法制备纳米铜粉 [J]. 北京化工大学学报，2006，33 (6)：86～89.

实验9 流变相反应法制备纳米镍铁氧体

一、实验目的

① 理解流变相反应法制备镍铁氧体前驱物的基本原理。

② 了解纳米材料的表征方法。

二、实验原理

流变相反应法是一种将流变学与合成化学相结合的新型化学合成方法，近几年来在无机合成化学中得到广泛应用。流变相反应就是将反应物通过适当的方法混合均匀，根据反应物的类型加入适量的不同溶剂，调制成固体微粒和液体物质分布均匀、不分层的糊状或黏稠状固液混合体系，即流变相系，然后在适当条件下反应得到所需要的产物。在流变相体系中，固体微粒在流体中分布均匀、接触紧密，表面利用率很高，而且流体的热交换良好，传热稳定，可以避免局部过热，以致反应进行得更加充分且反应速率稳定，产物单一。

流变相反应法所得前驱物的反应方程式如下：

$$2Fe(OH)_3 + Ni(CH_3COO)_2 + 4H_2C_2O_4 = Fe_2(C_2O_4)_3 + NiC_2O_4 \cdot 2H_2O + 2CH_3COOH + 4H_2O$$

经过干燥，再在一定温度下煅烧就可得到镍铁氧体（$NiFe_2O_4$）。

三、主要仪器与试剂

1. 仪器

烧杯（250mL），量筒（10mL），水浴锅，烘箱，坩埚，玛瑙研钵，电子天平，马弗炉，X 射线衍射仪。

2. 试剂

乙酸镍 $Ni(CH_3COO)_2 \cdot 4H_2O$(AR)，草酸 $H_2C_2O_4 \cdot 2H_2O$(AR)，氢氧化铁 $Fe(OH)_3$(AR)。

四、实验步骤

安全预防：马弗炉温度高，取坩埚时，请用坩埚钳，避免烫伤。

1. 流变相反应法制备前驱物

称取 0.01mol 乙酸镍、0.02mol 氢氧化铁和 0.04mol 草酸，在玛瑙研钵里混合并充分研磨 30min，然后转入烧杯中加适量蒸馏水（约 4～10mL）调制成流变态，在 60℃恒温水浴锅反应 6h，放入坩埚中 100℃烘干，得到褐色前驱物。

2. 制备纳米镍铁氧体粉体

将烘干前驱物重新研磨后放入马弗炉，300℃恒温煅烧 2h。样品保存于干燥器中并进行物相分析和粒径的测定。

五、数据处理

1. X 射线表征扫描范围 2θ 为 $10°\sim80°$，扫描步长 $0.02°$。

2. 纳米粒度计算可由 Scherrer 公式求出：

$$D_{hkl} = k\lambda/(\beta_{hkl}\cos\theta)$$

式中 D 为晶粒直径，k 为一固定常数，一般 $k = 0.9$，λ 为入射 X 射线的波长。θ 为 X 射线半衍射角，β_{hkl} 为样品衍射峰的半高宽（弧度）。根据 PDF 卡片，查出主要峰对应的 h，k，l 值，并利用 Scherrer 公式求出纳米镍铁氧体粒径。

六、思考题

1. 流变相反应法作为新型化学合成方法具有哪些特点？

2. 衍射峰加宽的影响因素有哪些？

3. 流变相反应法制备镍铁氧体时，哪些因素影响产物的粒径大小？

4. 本实验煅烧温度太高，会导致什么结果？

参 考 文 献

[1] 张克立，孙聚堂，袁良杰等 . 无机合成化学［M］. 武汉：武汉大学出版社，2004.

[2] 付真金，廖其龙，卢忠远等 . 流变相-前驱物法制备纳米镍铁氧体粉末［J］，精细化工，2007，24（3）：217～220.

实验 10　去离子水的制备与水质分析

一、实验目的

① 掌握去离子水的制备方法。

② 了解水样质量的检测方法。

二、实验原理

离子交换树脂由高分子骨架、离子交换基团和孔三部分组成，其中离子交换基团连在高分子骨架（R）上。按官能团性质的不同可分为阳离子交换树脂和阴离子交换树脂。它的特点是性质稳定，与酸、碱及一般有机溶剂都不起作用。

它们和水溶液中的离子分别发生如下可逆反应：

阳离子交换树脂（氢型）：

$$n\mathrm{RH} + \mathrm{M}^{n+}(\mathrm{Na^+}, \mathrm{Ca^{2+}}, \mathrm{Mg^{2+}}) \rightleftharpoons \mathrm{R}_n\mathrm{M} + n\mathrm{H^+}$$

阴离子交换树脂（氢氧型）：

$$n\mathrm{R(NH)OH} + \mathrm{A}^{n-}(\mathrm{Cl^-}, \mathrm{SO_4^{2-}}, \mathrm{CO_3^{2-}}) \rightleftharpoons [\mathrm{R(NH)}]_n\mathrm{A} + n\mathrm{OH^-}$$

$\mathrm{H^+}$ 和 $\mathrm{OH^-}$ 结合生成水。经过阳、阴离子交换树脂处理过的水称为去离子水。为进一步提高纯度，可再串接一套阳、阴离子交换柱。经多级交换处理，水质更纯。交换失效后的阳离子树脂可用 HCl 溶液处理，阴离子树脂用 NaOH 处理。

经处理后的去离子水的要求为：电导率 $\kappa \leqslant 5\mu\mathrm{S/cm}$，定性检验无 $\mathrm{Ca^{2+}}$、$\mathrm{Mg^{2+}}$、$\mathrm{Cl^-}$、$\mathrm{SO_4^{2-}}$。

各种水样电导率的大致范围见表 4-3 所列。

表 4-3　各种水样的电导率

水　　样	自来水	去离子水	纯水（理论值）
电导率 $\kappa/(\mathrm{S/cm})$	$5.0\times10^{-3} \sim 5.3\times10^{-4}$	$4.0\times10^{-6} \sim 8.0\times10^{-7}$	5.5×10^{-8}

三、主要仪器与试剂

1. 仪器

阴、阳离子交换柱，乳胶管，电导率仪。

2. 试剂

732 型阳离子交换树脂，711 型阴离子交换树脂，铬黑 T 指示剂，钙指示剂，$\mathrm{AgNO_3}$（0.1mol/L），$\mathrm{BaCl_2}$（1mol/L），NaOH（2mol/L），$\mathrm{HNO_3}$（2mol/L），$\mathrm{NH_3 \cdot H_2O}$（2mol/L）。

四、实验步骤

1. 树脂的预处理

阳离子交换树脂首先用去离子水浸泡 24h，再用 2.0mol/L 的 HCl 溶液浸泡 24h，滤去酸液后，反复用去离子水冲洗至中性，泡于去离子水中备用。阴离子交换树脂同样处理，用 2.0mol/L 的 NaOH 溶液代替 2.0mol/L 的 HCl 浸泡 24h。

2. 装柱

在交换柱底部塞入少量玻璃纤维以防树脂流出，向柱内注入约 1/3 去离子水，排出柱连接部空气，将预处理过的树脂和适量水一起注入柱内，注意保持液面始终高于树脂层。如图 4-1，用乳胶管连接交换柱，柱 I 为阳离子交换柱，柱 II 为阴离子交换柱。

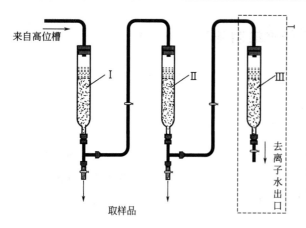

图 4-1　离子交换纯水装置

Ⅰ—阳离子交换柱；Ⅱ—阴离子交换柱；

Ⅲ—阴、阳离子混合交换柱

3. 洗涤

用去离子水淋洗树脂，使柱Ⅰ和柱Ⅱ流出液 pH 均为 7.0，注意洗涤过程保持液面始终高于树脂层。

4. 制备去离子水

蒸馏水或反渗透水经高位槽依次进入柱Ⅰ进行阳离子交换，然后进入柱Ⅱ进行阴离子交换，控制水流速度每分钟 1mL。

5. 检测

依次取蒸馏水（反渗透水）、柱Ⅰ、柱Ⅱ流出水进行下列项目检测。

① 检验 Mg^{2+}。在 1mL 水样中加入 2 滴 2.0mol/L 的 $NH_3 \cdot H_2O$ 和少量铬黑 T 指示剂，根据颜色判断。

② 检验 Ca^{2+}。在 1mL 水样中加入 2 滴 2.0mol/L 的 NaOH 和少量钙指示剂，根据颜色判断。

③ 检验 Cl^-。在 1mL 水样中加入 2 滴 2.0mol/L 的 HNO_3 酸化，再加入 2 滴 0.1mol/L 的 $AgNO_3$ 溶液，根据有无白色沉淀判断。

④ 检验 SO_4^{2-}。在 1mL 水样中加入 2 滴 2.0mol/L 的 HNO_3 酸化，再加入 2 滴 1.0 mol/L 的 $BaCl_2$ 溶液，根据有无白色沉淀判断。

用电导率仪测定各水样的电导率，测定先后次序为："柱Ⅱ→柱Ⅰ→蒸馏水（反渗透水）"。

五、实验结果和讨论

实验结果见表 4-4 所列。

表 4-4　实验结果

水　样	检　测　项　目				
	Mg^{2+}	Ca^{2+}	Cl^-	SO_4^{2-}	电导率 $\kappa/(\mu S/cm)$
自来水					
柱Ⅰ流出水					
柱Ⅱ流出水					

若检测结果达不到实验要求，还可如图串接柱Ⅲ。柱Ⅲ为混合床，即将阴、阳两种离子交换树脂按一定比例混合后装填于同一柱内，由于交换过程形成的 H^+ 和 OH^- 不能累积立即生成 H_2O，从而促使交换反应向正方向移动。混合床处理效率较高，但树脂的再生过程相对较困难。

六、思考题

1. 离子交换树脂制备去离子水的原理是什么？

2. 离子交换法制备去离子水过程中有哪些操作步骤？应注意什么控制因素？

3. 制备去离子水时，为什么控制水流速度？速度太快或太慢对离子交换有什么影响？

4. 什么是电导率？电导率该如何测定？

5. 定性检验水中是否还含有少量 Ca^{2+}、Mg^{2+}、Cl^-、SO_4^{2-} 的原理分别是什么？

参 考 文 献

[1] 殷学锋主编. 新编大学化学实验 [M]. 北京：高等教育出版社，2002.

实验 11　甘氨酸锌螯合物的合成与表征

一、实验目的
① 掌握氨基酸金属配合物的合成方法，巩固有关分离提纯方法。
② 熟悉配合物的组成测定和结构表征方法。

二、实验原理

锌是人和动物必需的微量元素，它具有加速生长发育、改善味觉、调节肌体免疫、防止感染和促进伤口愈合等功能，缺锌会产生多种疾病。补锌的药物有硫酸锌、甘草酸锌、乳酸锌、葡萄糖酸锌等。由于氨基酸所特有的生理功能，氨基酸与锌的螯合物可直接由肠道消化吸收，具有吸收快、利用率高等优点，还具有双重营养性和治疗作用，是一种理想的补锌制剂。甘氨酸锌为白色针状晶体，熔点 282～284℃，易溶于水，不溶于醇、醚等有机溶剂，水溶液呈微碱性。其合成方法有多种，本实验以甘氨酸和碱式碳酸锌为原料，固液相反应法合成甘氨酸锌螯合物，通过元素分析、IR、DSC-TG、XRD 等方法进行组成和结构表征。

三、主要仪器与试剂

1. 仪器

抽滤瓶，布氏漏斗，烧杯，蒸发皿，量筒，台秤，水浴锅，恒温磁力搅拌器，元素分析仪，X 射线粉末衍射仪，红外光谱仪，综合热分析仪。

2. 试剂

甘氨酸（分析纯），碱式碳酸锌（分析纯），乙醇（分析纯）。

四、实验步骤

1. 甘氨酸锌的制备

6.0g(80mmol) 甘氨酸溶于 100mL 水中，加入 6.3g(28mmol) 碱式碳酸锌，95℃下加热搅拌反应 4h，趁热过滤，滤液于水浴上缓慢加热浓缩至晶膜出现，冷却，析出大量白色晶体，抽滤，用乙醇洗涤，晶体于 P_2O_5 干燥器中干燥，得产品甘氨酸锌，称重，并计算产率。

2. 甘氨酸锌的表征

将样品于 500℃灰化后用 EDTA 配位滴定法测定螯合物中锌的含量，C、H、N 含量用元素分析仪测定。根据元素分析结果，推断配合物的组成。用 KBr 压片法测定甘氨酸锌在 400～4000cm^{-1} 的红外光谱。在综合热分析仪上以 Al_2O_3 为参比物在空气中测定配合物的 DSC-TG 曲线，升温速度为 10℃/min，并分析其热分解过程。测定该配合物的 X 射线粉末衍射图谱，并进行物相分析。

五、思考题

1. 本实验中，甘氨酸和碱式碳酸锌何者过量比较好，为什么？

2. 在计算甘氨酸锌产率时，是根据甘氨酸的用量还是碱式碳酸锌的用量？影响甘氨酸锌产率的因素主要有哪些？

3. 如何根据元素分析及其他表征结果推断甘氨酸锌的组成和结构？

参 考 文 献

[1] 钟国清. 甘氨酸锌螯合物的合成与结构表征 [J]. 精细化工，2001，18 (7)：391～393.
[2] 刘芸，唐玉海，戈景峰等. 甘氨酸合锌制备工艺的研究 [J]. 西北药学杂志，1999，14 (6)：227.

第二节　模　块　二

实验 12　巴比妥的合成

一、实验目的

① 通过巴比妥的合成了解药物合成的基本过程。

② 掌握无水操作技术。

二、实验原理

巴比妥为长时间作用的催眠药，主要用于神经过度兴奋、狂躁或忧虑引起的失眠。巴比妥化学名为 5,5-二乙基巴比妥酸，化学结构式为：

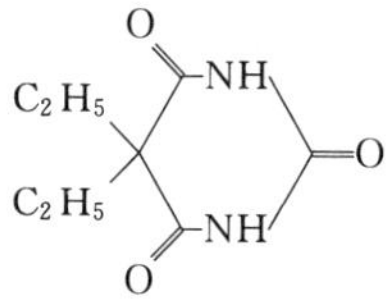

巴比妥为白色结晶或结晶性粉末，m. p. 189～192℃，无臭，味微苦。难溶于水，易溶于沸水及乙醇，溶于乙醚、氯仿及丙酮。

合成路线如下：

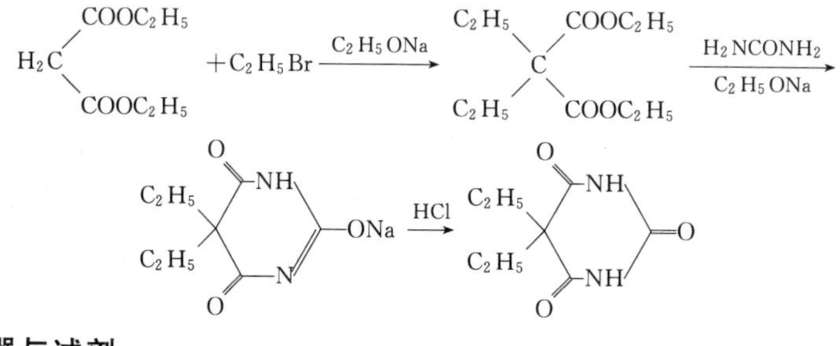

三、主要仪器与试剂

1. 仪器

50mL 锥形瓶，250mL 三颈瓶，电磁加热搅拌器，恒压滴液漏斗，球形冷凝管，直形冷凝管，温度计。

2. 试剂

无水乙醇，钠，邻苯二甲酸二乙酯，丙二酸二乙酯，溴乙烷，乙醚，稀盐酸，尿素，活性炭。

四、实验步骤

安全预防：盐酸具有腐蚀性，避免皮肤接触。乙醇易燃，避免明火。乙醚易燃、易爆，且高浓度蒸气会使人麻醉。金属钠应避免接触水。

1. 绝对乙醇的制备

在装有球形冷凝器（顶端附氯化钙干燥管）的 250mL 圆底烧瓶中加入经干燥处理的无水乙醇 100mL，金属钠 2g，加几粒沸石，加热回流 30min 后，加入 4g 邻苯二甲酸二乙酯，再回流 10min。将回流装置改为蒸馏装置，蒸去前馏分，用干燥圆底烧瓶收集，密封储存。

2. 二乙基丙二酸二乙酯的制备

在装有搅拌器、滴液漏斗及球形冷凝器（顶端附有氯化钙干燥管）的 250mL 三颈瓶中，加入制备的绝对乙醇 75mL，分次加入金属钠 6g。待反应缓慢时，开始搅拌，缓慢加热至金属钠消失，于 90℃下向反应液中滴加 18mL 丙二酸二乙酯，约 10～15min 内加完，再回流 15min。将反应液冷至 50℃以下后，慢慢滴加溴乙烷 20mL，约 0.5h，继续回流 2.5h。反应完毕，蒸去大部分乙醇，冷却，用 40mL 水溶解，转到分液漏斗中，分取酯层，水层以乙醚提取 3 次，合并酯与醚提取液，水洗，无水硫酸钠干燥。过滤，在低温下蒸除乙醚，减压蒸馏收集产品（二乙基丙二酸二乙酯沸点：218～222℃），称重，计算收率，密封储存。

3. 巴比妥的制备

在装有搅拌、球形冷凝器（顶端附有氯化钙干燥管），及温度计的 250mL 三颈瓶中加入绝对乙醇 50mL，分次加入金属钠 2.6g，待反应缓慢时，开始搅拌。金属钠消失后，加入二乙基丙二酸二乙酯 10g，尿素 4.4g，加完后，升温至 80～82℃，停止搅拌，保温反应 80min（反应正常时，停止搅拌 5～10min 后，料液中有小气泡逸出，并逐渐呈微沸状态，有时较激烈）。反应毕，将回流装置改为蒸馏装置。在搅拌下慢慢蒸去乙醇。残渣用 80mL 水溶解，用稀盐酸（盐酸：水＝1：1）调 pH 3～4 之间，析出结晶，抽滤，得粗品。

4. 精制

粗品称重，置于 150mL 锥形瓶中，用水（16mL/g）进行重结晶，析出白色结晶，抽滤，水洗，烘干，测熔点，计算收率。

五、思考题

1. 制备无水试剂时应注意什么问题？为什么在加热回流和蒸馏时冷凝管的顶端和接受器支管上要装置氯化钙干燥管？

2. 制备绝对乙醇中，加入邻苯二甲酸二乙酯的目的是什么？

3. 对于液体产物，通常如何精制？本实验用水洗涤提取液的目的是什么？

4. 如何检查制得的无水乙醇中是否有水分？

5. 为何要在 50℃下缓慢滴加溴乙烷？否则有何结果？

实验 13　苯佐卡因的合成

一、实验目的

① 通过苯佐卡因的合成，了解药物合成的基本过程。

② 掌握多步合成（氧化、酯化和还原）反应的原理及基本操作。

③ 了解薄层层析跟踪反应技术。

二、实验原理

苯佐卡因为白色结晶性粉末，熔点 88～90℃，味微苦而麻，易溶于乙醇，极微溶于水。苯佐卡因为局部麻醉药，主要用于手术后创伤止痛，溃疡痛，一般性痒等。本实验以对硝基甲苯为原料，经氧化、酯化得对硝基苯甲酸乙酯，再经还原后得苯佐卡因。反应式如下：

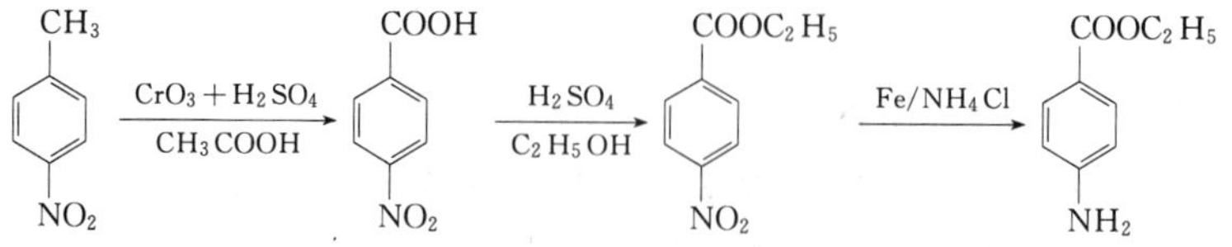

三、主要仪器与试剂

1. 仪器

锥形瓶，圆底烧瓶，三颈瓶，电磁加热搅拌器，恒压滴液漏斗，球形冷凝管，分液漏斗。

2. 试剂

对硝基甲苯，冰乙酸，铬酸酐，浓硫酸，还原铁粉，二氯甲烷，氯化铵，碳酸钠，氢氧化钠，无水甲醇，无水乙醇。

四、实验步骤

安全预防：盐酸具有腐蚀性，避免直接接触。甲醇易燃，避免明火。浓硫酸具有强烈腐蚀性，皮肤接触应立即用大量清水冲洗。

1. 对硝基苯甲酸的制备（氧化）

锥形瓶中加入 7.5g 铬酸酐和 15mL 水，小心滴入 7.5mL 浓硫酸使它们混合均匀。把 2.5g 对硝基甲苯和 15mL 冰乙酸加入到 50mL 圆底烧瓶中，装上球形冷凝管，回流搅拌使反应物溶解成一均匀的液体。用滴管将配好的铬酸酐-硫酸液从冷凝管顶端逐滴加入，当全部加入后，搅拌回流 0.5h。冷却，将反应液加入到 40mL 水中，有固体物析出。抽滤，水洗，所得粗品用适量的甲醇溶解，滤去不溶物。滤液中滴加适量的水，直到析出晶体为止。抽滤，真空干燥，得浅黄色片状晶体，计算产率。

2. 对硝基苯甲酸乙酯的制备（酯化）

在干燥的 50mL 圆底瓶中加入对硝基苯甲酸 3g，无水乙醇 12mL，逐渐加入浓硫酸 1mL，振摇使混合均匀，装上附有氯化钙干燥管的球形冷凝管，回流反应约 80min；稍冷，将反应液倾入到 50mL 水中，抽滤；滤渣研细后，用 5％碳酸钠溶液研磨，抽滤，用少量水洗涤，真空干燥，计算收率。

3. 对氨基苯甲酸乙酯的制备（还原）

50mL 三颈瓶中，加入水 10mL，氯化铵 0.3g，还原铁粉 1.8g，加热至微沸 5min。稍冷，慢慢加入对硝基苯甲酸乙酯 2g，充分激烈搅拌，回流反应 90min。待反应液冷至室温，加入少量 Na_2CO_3 饱和溶液调至 pH 为 7～8，加入 12mL 二氯甲烷，搅拌 3～5min，抽滤；滤渣用少量的二氯甲烷洗涤，抽滤，合并滤液，用分液漏斗分出有机层，并用 5％盐酸萃取，萃取液用 40％氢氧化钠调至 pH 为 8，析出结晶，抽滤，得苯佐卡因粗品，计算收率。

4. 精制

将粗品用 10～15 倍 50％乙醇-水混合溶剂重结晶，得纯苯佐卡因白色晶体，计算收率。苯佐卡因的熔点文献值为 90℃。

五、思考题

1. 在第一步中，粗品中加入甲醇，产生的不溶物是什么？

2. 如何判断还原反应结束？

3. 试比较"先还原后酯化"与"先酯化后还原"的优缺点。

参 考 文 献

[1] 曾昭琼. 有机化学实验 [M]. 北京：高等教育出版社，2000.

[2] 周宁怀，王德琳. 微型有机化学实验 [M]. 北京：科学出版社，1999.

实验 14　低相对分子质量聚丙烯酸的合成

一、实验目的

① 了解低相对分子质量聚丙烯酸合成原理，掌握合成方法。

② 学会检测低相对分子质量聚丙烯酸产品中的游离单体（CH_2=CH—COOH）。

③ 初步学会设计和进行正交实验，以及正确分析正交实验结果的方法。

二、实验原理

1. 合成原理

采用溶液聚合方法，丙烯酸单体在过硫酸铵水溶液引发下，逐步发生加成聚合反应，并应用异丙醇作为调聚剂，使得链增长的过程中伴随链转移时，聚合链向异丙醇分子转移，从而合成低相对分子质量聚丙烯酸。

2. 产品中游离单体的分析原理

在酸性条件下，试样中游离单体的双键与溴起加成反应。过量的溴与碘化钾作用析出碘。以淀粉做指示剂，用硫代硫酸钠标准溶液在弱酸性条件下滴定析出的碘。

三、主要仪器与试剂

1. 仪器

电子天平，回流冷凝管，搅拌器，滴液漏斗，四口瓶，油浴锅，滴定管，碘量瓶。

2. 试剂

过硫酸铵，丙烯酸单体，异丙醇，盐酸，碘化钾，溴酸钾，硫代硫酸钠，淀粉指示剂。

四、实验步骤

安全预防：盐酸具有腐蚀性，避免直接接触；异丙醇易燃，避免明火；高浓度蒸汽会使人麻醉，眼睛接触用清水冲洗眼睛，皮肤接触立即用肥皂和清水冲洗。

1. 正交实验设计

优选最佳合成条件，固定原料丙烯酸的用量，以丙烯酸的转化率为考察指标，引发剂过硫酸铵的用量（A）、反应的温度（B）、反应时间（C）、异丙醇用量（D）为考察因素，见表4-5，按照 $L_9(3^4)$ 正交实验表4-6进行正交实验。

表 4-5　因素水平表

水平 \\ 因素	A 100g/L 过硫酸铵溶液/mL	B 回流温度/℃	C 回流时间/min	D 异丙醇用/mL
1	1	75	30	2
2	3	85	45	3
3	5	95	60	4

表 4-6　$L_9(3^4)$ 正交表

实验编号	A/mL	B/℃	C/min	D/mL
1	1(1)	1(75)	1(30)	1(2)
2	1(1)	2(85)	2(45)	2(3)
3	1(1)	3(95)	3(60)	3(4)
4	2(3)	1(75)	2(45)	3(4)
5	2(3)	2(85)	3(60)	1(2)
6	2(3)	3(95)	1(30)	2(3)
7	3(5)	1(75)	3(60)	2(3)
8	3(5)	2(85)	1(30)	3(4)
9	3(5)	3(95)	2(45)	1(2)

2. 聚丙烯酸的合成

在带有回流冷凝管、搅拌器和两个滴液漏斗的 250mL 已称重的四口瓶（质量 m_1）中，加入 60mL 蒸馏水、AmL 100g/L 的过硫酸铵溶液，搅匀。加入 2.5mL 丙烯酸单体和 DmL 异丙醇。开动搅拌器，用油浴加热使溶液保持在 65～70℃。在此温度下分别由两个滴液漏斗往四口瓶中滴入 20mL 丙烯酸单体和 AmL 100g/L 的过硫酸铵溶液，约 20min 滴完后，在 B℃继续回流 Cmin。冷却，称重（m_2），产品重量 $W = m_2 - m_1$。

3. 产品中游离单体的测定

称取约 1g 试样，精确至 0.001g，置于预先加入 10mL 水的 500mL 碘量瓶中，加入 20.00mL 0.1mol/L 的溴溶液，5mL 1.5% 盐酸溶液，摇匀，于暗处放置 30min。取出，加入 15mL 碘化钾溶液，摇匀。于暗处放置 1min，取出，加入 150mL 水，立即用硫代硫酸钠标准溶液滴定至淡黄色，加入 1～2mL 淀粉指示剂，继续滴定至蓝色消失即为终点。同时进行空白试验。

游离单体（$CH_2=CH-COOH$ 计）质量分数 X 按下式计算：

$$X = \frac{(V_0 - V_1)c \times 0.03603}{m} \times 100\%$$

式中　V_0——空白试验消耗硫代硫酸钠标准溶液的体积，mL；

　　　V_1——滴定试样消耗硫代硫酸钠标准溶液的体积，mL；

　　　c——硫代硫酸钠标准溶液的浓度，mol/L；

　　　m——试样质量，g；

　0.03603——与 1.00mL 硫代硫酸钠标准溶液[$c(Na_2S_2O_3) = 1.000mol/L$]相当的以克表示的丙烯酸的质量。

4. 转化率的计算

丙烯酸的转化率 η 按下式计算：

$$\eta = 100 - \frac{XW}{V\rho \times 98\%} \times 100\%$$

式中　X——产品中游离单体丙烯酸的质量分数，%；

　　　W——产品质量，g；

　　　V——参加反应的丙烯酸的体积，mL；

　　　ρ——丙烯酸的密度（$\rho_4^{20} = 1.0511$），g/mL；

　98%——原料中丙烯酸的质量分数。

五、思考题

1. 正交实验设计有何特点？正交表符号的意义是什么？

2. 聚丙烯酸相对分子质量的高、低有何不同作用?

3. 如何配制与标定硫代硫酸钠标准溶液?为什么近终点加指示剂?

4. 为什么采用溴酸钾与溴化钾配制的溴溶液而不采用溴素配制?

5. 为什么使用碘量瓶?

参 考 文 献

[1] 舒红英,吴光辉,周韦. 正交实验法引入应用化学综合实验 [J]. 南昌航空工业学院学报(自然科学版),2006,20 (1):46~48.

[2] GB/T 10533—2000,水处理剂 聚丙烯酸 [S].

实验 15　甲基丙烯酸甲酯的本体聚合及相对分子质量测定

一、实验目的

① 了解本体聚合的原理,掌握有机玻璃的制备方法。

② 认识烯类单体本体聚合的特点和难点,加深对自由基链式聚合中自动加速效应的理解。

③ 掌握封闭式毛细管黏度计的使用方法,掌握实验数据的作图处理方法。

④ 熟悉用乌氏黏度计测定相对分子质量的基本技能。

二、实验原理

1. 合成原理

甲基丙烯酸甲酯在过氧化苯甲酰引发剂存在下进行聚合反应生成聚合物。

2. 黏度法测定相对分子质量的原理

黏度是流体抗拒流动的程度,是流体分子间相互吸收而产生阻碍分子间相对运动能力的量度,即流体流动的内部阻力。物质在外力作用下,液层发生位移,分子间产生摩擦,对摩擦所表现的抵抗性称为绝对黏度,简称黏度,黏度的国际单位制单位为帕斯卡秒(Pa·s);厘米克秒制单位为泊(P)。

高分子物质的特性黏度定义为 $[\eta] = \lim\limits_{c \to 0} \eta_{sp}/c$。它是用 $\ln(\eta_{sp}/c)$ 对 c 作图,该直线的外推值即为特性黏度 $[\eta]$,其量纲为 dL/g。式中 η_{sp} 为增比黏度,c 为聚合物溶液的质量浓度,单位为 g/mL。增比黏度 $\eta_{sp} = (\eta - \eta_s)/\eta = (t - t_s)/t_s$。式中,$\eta$、$\eta_s$ 分别为聚合物溶液和纯溶剂的黏度;t、t_s 分别为用黏度计测定的聚合物溶液和纯溶剂的流出时间,单位是 s。在分析测试中,将样品溶解在特定溶剂中,配成一定浓度的聚合物溶液。保持恒温,用黏度计分别测定纯溶剂和溶液的流出时间,即可得到试样的增比黏度 η_{sp} 和相对黏度 $\eta_r (\eta_r = t/t_s)$。

通过测定的增比黏度,用哈金斯方程式 $\eta_{sp}/c = [\eta] + k'[\eta]^2 c$ 可以计算它的特性黏度。式中,k' 为哈金斯常数。通过实验,可以确定不同溶剂的哈金斯常数。另外,还可以通过测定得到的相对黏度 η_r 计算确定特性黏度,其计算式为 $[\eta] = 0.25(\eta_r - 1 + 3\ln\eta_r)/c = F/m$,其中,$m$ 是称取的聚酯样品质量,单位是 mg。为方便计算,把不同相对黏度 η_r 所对应的 F 值制表,通过查表可以得到与不同 η_r 值对应的 F 值。特性黏度与聚合物分子的质量相关,

Mark 和 Houwink 提出了聚合物分子质量与特性黏度间的经验式：$[\eta]=KM^a$，通过这个关系式可以根据特性黏度计算聚合物的分子质量。其中，K 和 a 是一定温度下某聚合物溶剂体系的特征性指数，它们取决于聚合物在溶液里的形态，它是聚合物链段与溶剂分子间相互作用力的反映。K 和 a 值需要通过实验确定。从它们所得的平均数值比较接近黏均分子质量。

三、主要仪器与试剂

1. 仪器

乌贝路德黏度计，恒温槽，停表 1 只，洗耳球 1 个，容量瓶（100mL、50mL）。

2. 试剂

甲基丙烯酸甲酯（AR），三氯甲烷（AR），过氧化苯甲酰（AR）。

四、实验步骤

安全预防：聚甲基丙烯酸甲酯具有很强的黏性，容易固化，避免直接接触衣物和皮肤；装过聚甲基丙烯酸甲酯的试管、烧杯及其他仪器要及时用冷水冲洗，以防固化；若试样固化，可用三氯甲烷将其溶解后再用冷水冲洗。

1. 聚甲基丙烯酸甲酯的制备

量取 32mL 甲基丙烯酸甲酯（即 30g），称取 0.015g（甲基丙烯酸甲酯质量的 0.05％）过氧化苯甲酰，将过氧化苯甲酰和单体加入到锥形瓶中。将该锥形瓶套上回流装置并用水浴加热，水浴的温度保持在 86~87℃之间并连续加热 60~90min（由于加入不同阻凝剂的原因，甲基丙烯酸甲酯生产厂家不同所需恒温的时间也不同），体系稍呈黏稠状时，取出锥形瓶并用冷水冷却一会（大致到 40℃左右）。将锥形瓶中产品的一部分倒入预先烘干洗净的模子（或小试管）中密封，移入 50℃的烘箱中放置 2~3 天，每天观察两次产品在固化中的变化，看是否有气泡出现等。2~3 天后，再在 110~120℃处理 1h，使聚合达到完全，冷却后脱模。

2. 用黏度法测定聚甲基丙烯酸甲酯的相对分子质量

称烧杯的质量并称 10g 的上一实验的成品，用三氯甲烷稀释该聚合物并用 100mL 的容量瓶配成浓度为 10％的溶液。取 3 个 50mL 的容量瓶，并编号 1、2、3，分别用移液管量取 25mL、17.5mL、12.5mL 10％的上述溶液，均定容至 50mL，分别配成浓度为 5％、3.3％、2.5％的溶液。将黏度计固定在铁架台上，并放入 20℃的恒温水浴箱中至恒温（温度可在 30℃左右改变）。

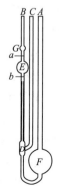
图 4-2　乌式黏度计

加入三氯甲烷于黏度计中预热 5min（见黏度计使用），用手指压住 C，用洗耳球把液体吸入到刻度 a 线之上，松开手指，当液体流经刻度 a 线处，立刻按下秒表开始计时至 b 处则停止计时。计下液体流经 a，b 之间所需的时间。重复三次，偏差应小于 0.2s，取平均值。

乌式黏度计（如图 4-2）的使用：用移液管吸取一定体积待测液，由 A 管注入黏度计中，在 C 管处用洗耳球打气，使溶液混合均匀，恒温 15min，进行测定。测定方法如下：将 C 管用拇指捂住使之不通气，在 B 管处用洗耳球将溶液从 F 球经 D 球、毛细管、E 球抽至 G 球 2/3 处，松开拇指，让 C 管通大气，此时 D 球内的溶液即回入 F 球，使毛细管以上的液体悬空。毛细管以上的液体下落，当液面流经 a 刻度时，立即按停表开始记时间，当液面降至 b 刻度时，再按停表，测得刻度 a、b 之间的液体流经毛细管所需时间。重复这一操作至少三次，它们间相差不大于 0.2s，取三次的平均值。取出黏度计，倒出其中的三氯甲烷，加 10% 的原溶液润洗黏度计，注入 10% 原溶液，重复上述操作，测定时间。以同样的方法测定 5%、3.3%、2.5% 浓度的溶液通过的时间并记录（测定之前要用待测液润洗黏度计）。

3. 数据记录及处理

见表 4-7 所列。

表 4-7 数据记录及处理

项　目		流出时间/s				η_r	η_{sp}	η_{sp}/c	$\ln \eta_r$	$(\ln \eta_r)/c$
内　容		1	2	3	平均					
纯溶剂										
溶液浓度	10%									
	5%									
	3.3%									
	2.5%									

根据实验数据以 η_{sp}/c 和 $(\ln \eta_r)/c$ 对 c 作图（$T=20℃$），由图用外推法可得 $[\eta]$ 值。再由式子 $[\eta]=K\times M^a$（其中 $M^a=[h]/K$），20℃时，$K=3.8\times10^{-3}$，$a=0.76$，求得 M 的值。

五、思考题

1. 甲基丙烯酸甲酯聚合到刚刚不流动时的单体转化率大致是多少？

2. 除有机玻璃外，工业上还有什么聚合物是用本体聚合的方法合成的？

3. 根据你的实验，讨论本体聚合的特点及控制方法。

4. 根据自由基加聚反应机理，写出甲基丙烯酸甲酯聚合反应方程式（从引发到终止）。

5. 为什么要进行预聚合？

参 考 文 献

[1] 北京大学化学系高分子教研室. 高分子实验与专论 [M]. 北京：北京大学出版社，1990.
[2] 复旦大学高分子科学系高分子科学研究室. 高分子实验技术. 修订版 [M]. 上海：复旦大学出版社，1996.
[3] 张寒琦，徐家宁主编. 综合和设计化学实验 [M]. 北京：高等教育出版社，2005.
[4] D. W. 范克雷维纶. 聚合物的性质 [M]. 北京：科学出版社，1981.

实验 16 二硫代氨基甲酸铋的合成及红外表征

一、实验目的

① 了解铋（Ⅲ）配合物的合成方法。

② 学习运用红外光谱分析原子的配位方式。

③ 了解铋（Ⅲ）配合物的用途。

④ 学习物质成分分析。

二、实验原理

硫代羧酸铋配合物具有广泛的用途，如化工中用作生产高纯超细硫化铋的前驱体，农药中用作杀菌剂，树脂中用作稳定剂抗光解，近期研究发现其还具有抑制肿瘤等作用。根据软硬酸碱分类，Bi^{3+} 属于边界离子，与 S 的亲和力比 O 强，当羧酸根中两个 O 被 S 取代后与铋（Ⅲ）更易配位。由于二硫代羧酸在脱氢后，两个 S 所处化学环境相同，溶液中存在以下平衡：

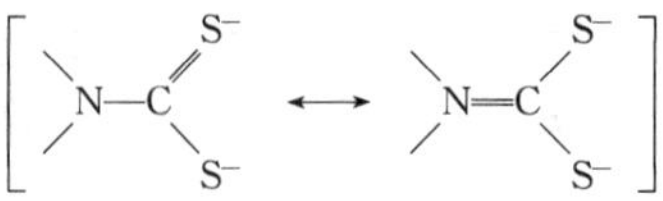

与 Bi^{3+} 可有以下几种配位方式：

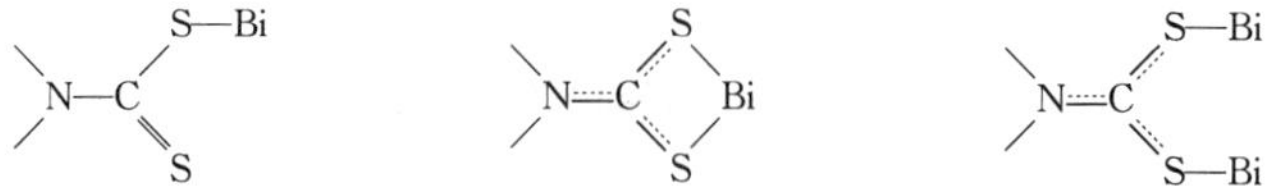

判断配体与中心原子是否结合以及采取那种方式结合可通过比较配体和产物的红外光谱，由硫代羧酸根中碳硫、碳氮伸缩振动出现的位置、强度、峰型等决定。

碳硫碳氮伸缩振动频率：C=S 双键 $1200\sim1020cm^{-1}$，中等强度：C—S 单键 $730\sim600cm^{-1}$，吸收谱带很弱；C—N 单键 $1140\sim1110cm^{-1}$；C=N 双键，$1680\sim1640cm^{-1}$。

三、主要仪器和试剂

1. 仪器

烧杯，漏斗，锥形瓶，酸式滴定管（50mL），磁力搅拌器，电子天平，真空干燥箱（烘箱），元素分析仪，傅立叶红外分光光谱仪（$4000\sim400cm^{-1}$，KBr 压片）。

2. 试剂

N,N-二乙基二硫代氨基甲酸钠，$Bi(NO_3)_3\cdot5H_2O$，0.01mol/L 的 EDTA 标准溶液，0.5% 的二甲酚橙指示剂，0.1mol/L 硝酸，浓硝酸，乙醇。

四、实验步骤

安全预防：本实验中使用浓硝酸时应严格遵守操作规程，在通风橱中进行，硝酸具有氧化性，易腐蚀皮肤，接触硝酸后用水冲洗干净；使用有机溶剂乙醇时要注意通风且远离火源。

1. 合成

将 $Bi(NO_3)_3\cdot5H_2O$(2.0mmol) 用少量的稀硝酸溶解，于室温下边搅拌边将硝酸铋溶液缓慢滴加到 20mL 的 N,N-二乙基二硫代氨基甲酸钠（6.0mmol）❶ 的乙醇溶液中，滴加完后继续搅拌 0.5h 左右，静止，让乙醇挥发以析出晶体，过滤，得浅黄色晶体，于 60℃ 干燥。

2. 元素含量测定

（1）C、H、N、S 含量的测定　这几种元素含量采用元素分析仪测定。

（2）铋（Ⅲ）含量的测定　准确称取 0.06~0.08g 产品于锥形瓶中，用浓硝酸消解至无色后❷，用稀硝酸控制溶液的酸度在 pH=2 左右，滴加 2 滴 0.5% 二甲酚橙溶液，溶液呈紫红色，用 EDTA 滴定到溶液呈黄色，即为终点，根据消耗 EDTA 体积，可计算铋（Ⅲ）的含量。

3. 产物和配体的红外光谱测试

将产物和配体分别采用 KBr 压片，在 $4000\sim400cm^{-1}$ 范围内测定相应的红外谱图，根据峰位置的改变，确定成键方式。

---

❶ 由于反应时二乙基二硫代氨基甲酸钠易分解，因此可让二乙基二硫代氨基甲酸钠稍微过量，从而保证铋源反应完全。

❷ 若出现黄色液体，应继续消解，可适当加热，务必让溶液呈无色以便于滴定时观察。

五、数据处理

1. 根据元素含量推出合成产物的化学式。

2. 根据红外谱图，指出配体与中心原子的成键方式以及中心原子的化学环境。

六、思考题

1. EDTA 标准溶液测定铋含量选择的条件是什么？为什么？除了本实验给出的方法，还有其他方法吗？

2. 如何判断产物中与中心金属原子配位的 S 是双齿还是单齿？

3. 在加铋源时，为什么要先用小量的稀硝酸溶解，可否直接将硝酸铋加到反应液中，为什么？

参　考　文　献

[1]　翁诗甫. 傅立叶变换红外光谱仪 [M]. 北京：化学工业出版社，2005.

[2]　中本一雄著. 黄德如，汪仁庆译. 无机和配位化合物的红外和拉曼光谱（第3版）[M]. 北京：化学工业出版社，1986.

[3]　Garje S S，Jain V K. Coord. Chm. Rev.，2003，236：35～56.

[4]　金满斗，朱文祥编著. 配位化学研究方法 [M]. 北京：科学出版社，1996.

实验 17　卟啉化合物的合成及物理化学性质测定

一、实验目的

① 掌握卟啉化合物的化学合成及表征。

② 掌握金属卟啉配合物与有机碱的轴向配位反应动力学测定方法。

③ 掌握用电导仪测定金属配合物在溶液中电迁移的方法。

二、实验原理

卟啉化合物是一类含氮杂环的共轭化合物，其中环上各原子处于一个平面内（结构如图 4-3、图 4-4）。卟啉环中含有 4 个吡咯环，每 2 个吡咯环在 2 位和 5 位之间由一个次甲基桥连，在 5，10，15，20 位上也可键合 4 个取代苯基，形成四取代苯基卟啉。卟啉环中有交替的单键和双键，由 18 个 π 电子组成共轭体系，具有芳香性。其核磁共振谱中 4 个碳桥原子上的质子的化学位移值为 10 左右，而氮原子上的质子则为 $-2 \sim -5$。

当两个氮原子上的质子电离后，形成的空腔可以容纳 Fe、Co、Mg、Cu、Zn 等金属离子而形成金属配合物，这些金属配合物都具有一些生理上的作用。如血红素（图 4-5）、维生素 B_{12}、细胞色素 C、叶绿素 a（图 4-6）等。

图 4-3　卟吩的结构

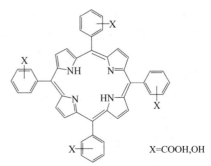

X=COOH,OH

图 4-4　取代四苯基卟啉 T-xPP

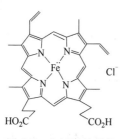

图 4-5　血红素的结构

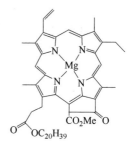

图 4-6　叶绿素 a 的结构

卟啉类化合物具有对光、热良好的稳定性，它的光稳定性、大的可见光消光系数以及它在电荷转移过程中的特殊作用，使得它在光电领域的应用受到高度的重视，被用于气体传感器，太阳能的储存，生物模拟氧化反应的催化剂，生物大分子探针，还可作为模拟天然功能物质（如血红蛋白、细胞色素 C 氧化酶等）的母体。金属卟啉配合物被广泛地应用于微量分析等领域。

本实验是由对羟基苯甲醛或对羧基苯甲醛为起始原料来制备卟啉及金属（钴）卟啉配合物，并对制得的产物进行物理化学性质测定。

三、主要仪器与试剂

1. 仪器

紫外-可见分光光度仪，傅里叶变换红外光谱仪，核磁共振仪，电导率仪，热天平仪，分析天平，量筒（10mL 和 100mL），容量瓶（10mL），三口烧瓶（250mL），二口烧瓶（25mL），恒压滴液漏斗（50mL），烧杯（500mL），电磁搅拌器，回流冷凝管，旋转蒸发仪，抽滤装置，层析柱，真空干燥器。

2. 试剂

对羟基苯甲醛或对羧基苯甲醛，吡咯，丙酸，醋酸钴，二甲基甲酰胺（DMF），无水乙醇，无水乙醚，二氯甲烷，丙酮，环己烷，薄板层析硅胶，柱层析硅胶，氢氧化钠，咪唑。

四、实验步骤

安全预防：乙醚易燃，避免明火；有机试剂避免直接接触皮肤。

1. 卟啉化合物的合成与分离

在 250mL 的三口瓶中加入 7.5g（约 0.05mol）对羟基苯甲醛（或对羧基苯甲醛）及 150mL 丙酸，加热至沸腾，再滴加新蒸吡咯 3.5g（约 0.05mol）与 10mL 丙酸的溶液，在 5min 内加完，继续加热回流 45min，然后改为蒸馏装置，减压蒸出约 120mL 丙酸后，冷却 4h（此间，做层析薄板并在 120℃下活化 2h），过滤，粗产物用少量乙醚洗涤，得紫色固体。用层析薄板选择合适的淋洗剂❶（本实验选用二氯甲烷、环己烷、无水乙醇的混合溶剂，体积比为 1∶1∶0.2），然后进行柱层析，收集红色带，溶液旋转蒸发至干，置干燥器中干燥并用氮气保护，备用。

2. 金属（钴）卟啉配合物的合成与分离

在 25mL 的二口瓶中加入 0.12～0.15g 中位-四［对羟基（或羧基）苯基］卟啉和 8mL DMF，在 N_2 保护下，搅拌加热，至 100℃时加入 10 倍卟啉物质的量的四水合乙酸钴，继

---

❶ 通常在二氯甲烷、环己烷、无水乙醇、乙酸乙酯、丙酮中选择单一溶剂或混合溶剂作淋洗剂。

续加热至回流，并保持回流状态 20～30min。然后，将产物倒入 300mL 冰水中，陈化 2～3h，抽滤，将得到的固体在烘箱中烘干（70～80℃）。在陈化过程中制作薄板层析硅胶板，并与柱层析硅胶一并活化，活化条件为 120℃，2h。选择合适的淋洗剂（本实验选用二氯甲烷和丙酮的混合溶剂，体积比为 3∶1），然后进行柱层析，收集金属卟啉配合物，旋转蒸发，置干燥器中干燥并用氮气保护，备用。

3. 金属（钴）卟啉配合物的物理化学性质测定

（1）金属（钴）卟啉配合物的差热分析 准确称取 4～8mg 的卟啉钴配合物，在差热仪上测定配合物的差热图谱。

（2）金属（钴）卟啉配合物的电迁移性质

① 准确称取 3～5mg 的钴卟啉，倒入 10mL 已充入氮气的容量瓶中，用无水乙醇溶解并稀释至刻度，再准确配制约 0.01mol/L 的氢氧化钠乙醇溶液。

② 调节电导仪的恒温水槽温度至 25℃，取 2.0mL 钴卟啉溶液于一只干净的试管中，测量其电导率，并记录。再逐次加入 5μL 的氢氧化钠溶液，测量其电导率，至 30 次，分别记录每次的电导率值。最后，用 2mL 无水乙醇做空白实验，依次测量加入 5μL 的氢氧化钠溶液的电导。绘制电导-氢氧化钠溶液体积曲线。

（3）金属（钴）卟啉配合物与咪唑配位动力学测定

① 准确称取 0.17～0.18g 咪唑，溶于适量的无水乙醇中，待溶解后转入一个 25mL 的容量瓶中，并用乙醇稀释到刻度。配成浓度为 0.1mol/L 的咪唑乙醇溶液，标记为 1 号。从 1 号中吸取 12.5mL 溶液置于另一个 25mL 容量瓶中，稀释到刻度，标记为 2 号。从 1 号中吸取 2.5mL 溶液置于另一个 25mL 容量瓶中，稀释到刻度，标记为 3 号。从 3 号中吸取 2.5mL 溶液置于另一个 25mL 容量瓶中，用无水乙醇稀释到刻度，标记为 4 号。

② 称取 15～20mg 卟啉钴，转入一个 10mL 的容量瓶中，用氮气保护，加入无水乙醇溶解并稀释至刻度，立即在紫外-可见光谱仪上测定其与氧作用前的图谱，读取 412nm 波长下的吸收值并计算消光系数。

③ 取 1mL 金属卟啉配合物乙醇溶液与 1mL 不同浓度的咪唑乙醇溶液反应的紫外图谱，时间大约为 15min，分别测定图中特定波长下（412nm，435nm）的吸收峰值。

④ 在比色池中加入 1mL 卟啉钴，再加入 1mL 1 号咪唑溶液，记录时间。每隔 1min，记录 412nm 及 435nm 波长处的吸光度值；每隔 5min 扫描 380～480nm 的紫外-可见图谱。

⑤ 分别用 2 号、3 号、4 号咪唑溶液代替 1 号溶液，重复步骤④，记录数据并作图。

⑥ 改变金属卟啉配合物的浓度，固定咪唑浓度再进行测定，并记录特定波长下（412nm，435nm）的吸收峰值。

⑦ 将所得的数据做成 A-t 曲线。

最后，做卟啉化合物的红外光谱图及 ^{1}H NMR 图，以确证所合成的卟啉及金属卟啉化合物为目标化合物。

五、思考题

1. 试从差热图上分析卟啉化合物可能的裂解机理。

2. 如何由金属卟啉与有机碱轴向配位反应的紫外光谱图得出反应的动力学方程？

3. 为什么从电导-氢氧化钠溶液体积曲线上能说明所合成的四取代苯基卟啉可在碱溶液中呈离子态？

4. 由紫外光谱、红外光谱及 ^{1}H NMR 图谱分析卟啉及金属卟啉的化学结构。

参 考 文 献

[1] 夏春兰，卢卫兵，邓立志等．基础化学综合实验设计——卟啉化合物的合成及物理化学性质 [J]．大学化学，2004，19（1）：45～47.
[2] 胡宏纹．有机化学 [M]．北京：高等教育出版社，1990.
[3] 游效曾．配位化合物的结构和性质 [M]．北京：科学出版社，1992.

实验 18　哒嗪酮类衍生物的合成

一、实验目的

① 了解有关杂环反应的原理与方法。

② 培养综合分析问题和解决问题的能力。

③ 掌握实验中涉及的基本操作。

二、实验原理

本实验以糠醛为起始原料，分别经卤代、氧化脱羧等反应，制备黏溴酸、黏氯酸，再进一步反应制得相应的哒嗪酮类衍生物，合成步骤如图 4-7 所示。

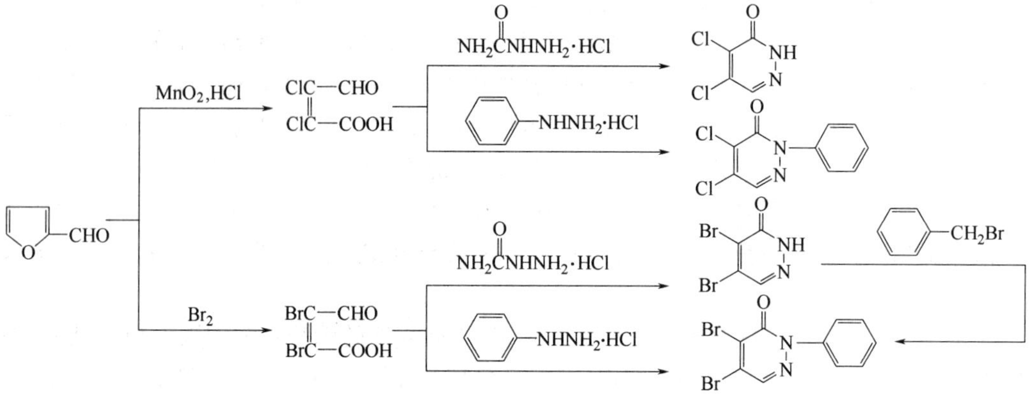

图 4-7　哒嗪酮类衍生物的合成流程

三、主要仪器与试剂

1. 仪器

滴液漏斗，温度计，机械搅拌装置，三口烧瓶（250mL），回流冷凝管，75°弯管，抽滤瓶，布氏漏斗，台秤，水浴锅，吸量管。

2. 试剂

糠醛，溴（0.675mol/L），亚硫酸氢钠，活性炭，盐酸（31%），盐酸氨基脲，二氧化锰，碳酸钾（0.375mol/L），乙醇（50%），无水碳酸钠，冰醋酸，吡啶，溴化苄。

四、实验步骤

安全预防：用滴液漏斗滴加溴时，一定要注意实验室通风，防止溴泄漏，以免污染环境和灼伤皮肤。

1. 黏溴酸的合成

在装有滴液漏斗、温度计、机械搅拌的 250mL 三口烧瓶中，加入 12g 新蒸馏的糠醛和 120mL 水。剧烈搅拌均匀,用冰浴冷却三口烧瓶,使反应混合物达 5℃以下❶。

由滴液漏斗滴加 108g 溴。反应放热,必须始终用冰浴控制其反应温度在 5℃以下。溴加完后,撤去温度计,换上回流冷凝管,搅拌下加热煮沸 30min,撤去回流冷凝管,换上 75°弯管和冷凝管,安装成蒸馏装置,蒸馏除去过量的溴,直至馏出液几乎无色止。

用水泵减压,水浴加热将上述残液蒸干,用气体吸收装置吸收蒸出的氢溴酸。必须除尽全部氢溴酸,否则会增加产品黏溴酸的损失。

固体残渣加入 8~12mL 冰水并研细,并加入 12g 亚硫酸氢钠水溶液,使原来的浅黄色褪去。用布氏漏斗抽滤混合物,滤饼为黏溴酸固体。用少量冰水洗涤两次。得粗品。

将粗黏溴酸溶于 27mL 沸水中,加活性炭脱色。趁热过滤,滤液冷却到 0℃,析出无色黏溴酸晶体,过滤收集,干后称重,并计算产率。

2. 黏氯酸的合成

将 160g 31%的盐酸加到装有搅拌器、温度计、回流冷凝管的三口烧瓶中,用冰盐水冷却,并开启搅拌器加速降温,使反应器中的物料温度迅速降至 5℃左右。

按 m(糠醛)∶m(二氧化锰)=1∶4 的配比(糠醛 10g,二氧化锰 40g)将物料加入反应器中。因反应放出大量热,须慢慢加料,否则会引起燃烧。在搅拌下,一次先加入 0.15g 糠醛,再加入 0.6g 二氧化锰。加毕,搅拌一会儿,待温度下降后,再按上述比例加料。全部物料加完大约需 1.5~2h。然后继续搅拌,全部反应过程中系统温度不得超过 20℃。

撤去冰盐浴,改用水浴加热,开动搅拌器,使升温均匀。当物料温度达到 55℃时,再加入 15g 二氧化锰。加入方法为:温度为 55℃时,边搅拌边加二氧化锰 1.3g;当温度达到 65~70℃时,再加入 12g 二氧化锰;当温度达到 75~80℃时,再加入 1.7g 二氧化锰。全部二氧化锰加完需大约 1h。然后继续加热物料至 95℃,撤去热源并立即用冰盐水冷却,一直冷却至 15℃左右为止。

减压抽滤反应物料,回收滤液中的二氯化锰,滤饼即为粗品黏氯酸,再用冰水洗涤除去滤饼中的盐酸,经低温风干,即得成品。

3. 4,5-二氯-3-哒嗪酮的合成

将 126g (0.75mol) 黏氯酸,84g (0.75mol) 盐酸氨基脲以及 52g (0.375mol) 碳酸钾溶解在 50%乙醇中,搅拌回流 3h 后,过滤,得到缩氨基脲,称重并计算产率。

将缩氨基脲 84g 慢慢加入到 300mL 的冰醋酸中,在 100~110℃下搅拌 30min,至不再有气泡产生时,停止加热。反应混合物加水稀释并冷却,得到 4,5-二氯-3-哒嗪酮。

4. 4,5-二氯-2-苯基-3-哒嗪酮的合成

取 126g 黏氯酸,40g 无水碳酸钠溶于 1L 冷水中,另取 108g 盐酸氨基脲溶于 1L 水中,两者混合后,搅拌 1h,过滤,粗品用稀乙醇重结晶,得黏氯酸苯腙。

40g 黏氯酸苯腙溶解在 300mL 冰醋酸中,加热回流 15min,再加入少量冷水,冷却后,得到粗产品,再用 90%的乙醇溶液重结晶,得到闪亮的棱柱状白色晶体。

5. 4,5-二溴-3-哒嗪酮和 4,5-二溴-2-苯基-3-哒嗪酮的合成

(1) 4,5-二溴-3-哒嗪酮的合成　可参照相应的氯代产物来合成。

(2) 4,5-二溴-2-苯基-3-哒嗪酮的合成

---

❶ 若反应温度高于 10℃,则产率很低,并有焦油生成。

方法1：可参照相应的氯代产物来合成。

方法2：将10.16g 4,5-二溴-3-哒嗪酮溶于48mL吡啶中，在搅拌下滴加5.76mL溴化苄，控制反应温度不高于40℃。溴化苄加完后，继续搅拌1h。将反应液倒入冰水中，析出淡黄色固体。粗产物用95％的乙醇重结晶，得产物，称重并计算产率。

五、思考题

1. 哒嗪酮类衍生物合成的反应原理是什么？

2. 在合成黏溴酸的时候，为什么要用冰浴冷却三口烧瓶使反应混合物的温度在5℃以下？

3. 用滴液漏斗滴加溴时需要注意些什么？

<h1 style="text-align:center">参 考 文 献</h1>

[1] 强根荣，孙莉，王海滨等. 哒嗪酮类衍生物的合成——介绍一个基础化学综合实验 [J]. 大学化学，2006，21 (3)：53～55.
[2] 胡惟孝，杨忠愚. 有机化合物制备手册 [M]. 天津：天津科技翻译出版公司，1995.
[3] 徐克勋. 精细有机化工原料及中间体手册 [M]. 北京：化学工业出版社，1986.

<h2 style="text-align:center">实验19 环境友好的魔芋葡甘聚糖改性膜
的制备及性能表征</h2>

一、实验目的

① 了解魔芋葡甘聚糖的基本性质。

② 掌握魔芋葡甘聚糖流延膜的制备方法。

③ 学习薄膜断裂伸长率、拉伸强度、透光率的测定。

④ 学习红外光谱仪及热重分析仪的使用。

二、实验原理

魔芋葡甘聚糖（KGM）是从魔芋中提取出来的一种天然可降解高分子多糖，纯的KGM无色、无毒、无异味，溶于水后获得的水溶胶具有高黏度、稳定性、乳化性、高膨胀性、成膜性、凝胶性和特定的生物活性等。KGM分子含有活泼的羟基，因而可以通过酯化、硝化、醚化、接枝、交联等化学改性制备新型的KGM衍生物来提高其水溶胶的黏度、稳定性及各种性能。

聚乙烯醇（PVA）是一种常见的水溶性高分子，PVA具有良好的成膜性，粘接力和乳化性，有卓越的耐油脂和耐溶剂性能，还具有生物降解性能，因此常被用于生产降解塑料薄膜等产品。PVA中也存在多个活泼的羟基，因而可以通过加入含有两个或者多个官能团的化学试剂，使PVA和KGM的羟基间交联，从而可获得KGM的改性膜，此膜具有良好的降解性能，对环境保护具有深远的意义。

其化学反应式如下：

$$KGM-OH+HO-PVA \xrightarrow{交联剂 X} KGM-O-X-O-PVA$$

三、主要仪器和试剂

1. 仪器

三口烧瓶，电子天平，恒温水浴，玻璃板，移液管，电动搅拌器，电热鼓风干燥箱，傅立叶红外光谱仪，热分析仪，微机控制电子万能试验机，分光光度计。

2. 试剂

魔芋精粉（KF），聚乙烯醇（聚合度为1788），甘油，甲醛。

四、实验步骤

安全预防：甲醛是无色、具有强烈气味的刺激性气体，有一定的毒性，请在通风橱中操作。

1. 魔芋葡甘聚糖改性膜的制备

将装有电动搅拌器的三颈烧瓶置于80℃恒温水浴中，向三颈烧瓶中加入400mL纯水和2g的PVA，溶解后加入5～6g魔芋葡甘聚糖，搅拌溶胀30min，再依次向三颈烧瓶中加入0.2mL增塑剂甘油、2mL交联剂甲醛和0.1g的$Ca(OH)_2$，搅拌反应2h即得共混产物。将共混物倾倒在四周有凸起拦截挡板的水平光洁玻璃板上，流延成膜，并在40～50℃条件下干燥待用。

2. 拉伸强度和断裂伸长率的测定

按GB/T 13022—1991测试，拉伸速率为100mm/min。

3. 薄膜透光率测定

按GB/T 2410—1980测试，用分光光度计在400nm下测定。

4. 红外光谱测定

薄膜试样直接透光检测，KF则与溴化钾混合研磨压片后检测。

5. 热失重和差示扫描量热分析

取试样5～10mg，扫描温度范围均为0～800℃，升温速率均为15K/min，氮气氛围。

五、思考题

1. 改性过程中加入甘油和$Ca(OH)_2$的起什么作用？
2. 热重测试时为什么要氮气氛围？

参 考 文 献

[1] 李斌，谢笔钧．改性KGM与苯丙乳液共混体系流变性能研究［J］．现代涂料与涂装，2001，(5)：3～8.
[2] 杨晓鸿．魔芋胶的交联化学改性研究［J］．应用化工，2004，33 (1)：9～11.
[3] 胡敏，李波，龙萌等．KGM的提纯方法比较［J］．食品科技，1999，(1)：31～33.
[4] 李斌，吴俊，汪超等．可降解KGM基互穿膜的制备、结构与性能［J］．农业工程学报，2004，20 (6)：155～159.

实验20 木质素磺酸盐与丙烯酰胺接枝改性研究

一、实验目的

① 了解木质素高分子材料的理化性质。
② 熟悉高分子材料的接枝共聚反应原理。
③ 学习改性材料的表征手段及分析方法。

二、实验原理

木质素（简称木素，lignin）是一类具有复杂空间网状结构的聚芳基化合物，其基本结构单元为苯丙烷结构，共有三种基本结构（非缩合型结构），即愈创木基结构、紫丁香基结构和对羟基苯基结构，如图4-8。从20世纪60~70年代开始人们就对其进行了改性试验与研究，如木素的磺化、氧化、与甲醛的缩合以及与氯丁醇和环氧丁二酯的羧化反应等，都涉及到充分利用木素结构中具有反应活性的基团。

接枝共聚（graft copolymerization）是在由一种或几种单体生成的聚合物的主链上，接上由另一种单体组成的支链的共聚反应，其产物称接枝共聚物。本实验是以水溶性聚合物——木质素磺酸盐为骨架，在其侧基——羟基上，用硝酸铈胺为引发剂的丙烯酰胺（$CH_2CHCONH_2$）接枝共聚方法。

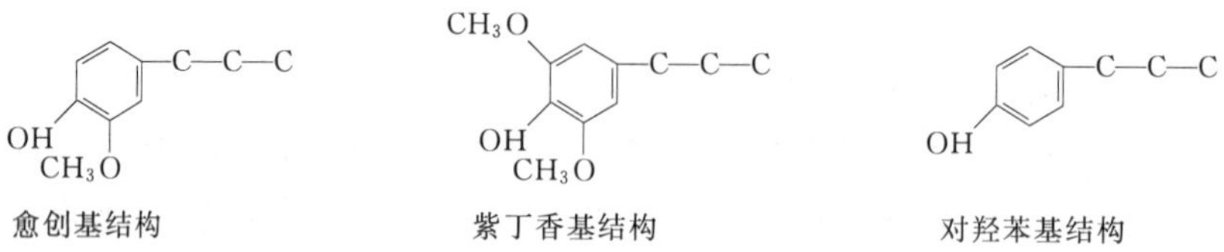

图4-8　木质素的基本结构单元

三、主要仪器与试剂

1. 仪器

三口瓶（250mL），烧杯，量筒，玻璃棒，水浴锅，铁架台，搅拌器，温度计，天平，红外分析测试仪器。

2. 试剂

木质素磺酸盐，丙烯酰胺，硝酸铈铵，蒸馏水，丙酮，乙醚，KBr。

四、实验步骤

安全预防：丙酮易挥发、微毒性，对神经系统有麻醉作用并刺激黏膜；乙醚极易挥发，极易燃烧，低毒性物质，可引起全身麻醉并对皮肤及呼吸道黏膜有轻微的刺激作用，需在通风橱中小心操作。

1. 木质素溶液制备

称重，在三口烧瓶中将木质素按1：50的质量比溶于蒸馏水中，搅拌十分钟，使其充分溶解于蒸馏水中，以促使木质素活化。

2. 接枝改性

按木质素：丙烯酰胺＝1：5（质量比），在三口烧瓶中先后加入丙烯酰胺单体和引发剂Ce^{4+}（硝酸铈铵），水浴不停搅拌，并控制一定的反应温度（50℃）和时间（2h）。

3. 沉淀产品

反应完毕后用丙酮沉淀分离出来，过滤、用乙醚多次洗涤，干燥，称量。

4. 计算反应产率

$$产率 = \frac{m}{m_L + m_A} \times 100\%$$

式中，m为产物的质量；m_L为加入木质素磺酸盐的质量；m_A为加入丙烯酰胺的质量。

5. 接枝改性产物的表征方法

将所得到的产品，取少量（数十毫克级）与KBr共混研磨，压片后在红外分析测试仪器上进行表征，对得到的红外图谱进行分析。

五、思考题

1. 影响接枝产物的产率的主要因素有哪些？
2. 为什么丙烯酰胺单体和引发剂是分别加入？先加入哪样更合适？

3. 红外测试的原理是什么？为什么选择 KBr 压片制样？

参 考 文 献

[1] 蒋挺大. 木质素 [M]. 北京：化学工业出版社，2001.
[2] 雷中方，陆雍森. 木质素与丙烯酰胺的接枝改性及产物水处理性能 [J]. 化学世界，1998，(11)：587～589.
[3] 刘千钧，詹怀宇，刘明华. 木质素磺酸镁接枝丙烯酰胺的影响因素 [J]. 化学研究与应用，2003，15（5）：737～739.
[4] 李健法，宋湛谦，商士斌等. 木质素磺酸盐与丙烯酸类单体的接枝共聚研究 [J]. 林产化学与工业，2004，24（9）：1～6.

实验 21　胶原蛋白的提取工艺研究

一、实验目的
① 掌握胶原提取与分离的工艺方法。
② 掌握冷冻离心机的使用。
③ 了解胶原提取的实验原理。

二、实验原理
胶原是生物体内一种纤维蛋白，主要存在于皮肤、骨、软骨及肌腱等组织中，占人体或其他动物体总蛋白含量的 25％～33％。胶原分为可溶性胶原和不溶性胶原。随着年龄的增长，胶原分子间出现共价键架桥。这些架桥大多位于胶原分子 N 及 C 端的非胶原性肽（端肽）部分，因而易被蛋白酶切断。在酸性条件下，以胃蛋白酶处理（底物：酶＝20～100：1）或中性条件下经木瓜蛋白酶处理，被切除部分端肽的胶原分子便变为可溶性。本实验采用胃蛋白酶消化法从猪皮或肌腱中提取胶原蛋白。

三、主要仪器与试剂
1. 主要仪器
控温磁力搅拌器，高速组织捣碎机，酸度计（或 pH 试纸），高速冷冻离心机。
2. 试剂
猪皮或肌腱，胃蛋白酶，醋酸，硫酸铜，硫酸钾，氢氧化钠，硫酸，硼酸，盐酸。

四、实验步骤
安全预防：醋酸具有刺激性气味，需要在通风橱中进行。

1. 原料前处理
将新鲜猪皮或肌腱去脂肪、筋膜后，切成 5mm 以下的薄片，越少越有利于提取胶原蛋白。然后除血，脱脂，再用蒸馏水漂洗干净，晾干备用。前处理时必须充分去除脂肪组织，胶原中一旦有脂质混入，无论是进行中性，还是酸性沉淀溶解都是不能去除的，最后只能得到乳浊状的胶原溶液。

2. 胶原蛋白的提取
将上述预处理好的猪皮或肌腱称重后放入三角烧瓶中，分别加入一定量的酶和一定浓度的乙酸溶液进行水解，控制温度 4℃左右缓慢搅拌 3 天，然后用高速冷冻离心机以 4000r/min 离心，取上清溶液，即可得粗提胶原蛋白溶液。

3. 胶原蛋白提纯
在粗提胶原蛋白溶液缓慢加入 6mol/L 氢氧化钠溶液调节 pH 值到 7，冷冻离心除掉沉淀物，在剩余的溶液中加入氯化钠固体研细粉末，缓慢搅拌，4℃静置过夜保存。离心取沉淀，用稀醋酸再次溶解，将溶解液装入透析袋中，用质量分数分别为0.1%的乙酸溶液透析1天，再用蒸馏水透析，最后得到的是纯度较高的胶原蛋白水溶液。

4. 蛋白质含量的测定

凯氏定氮法。

五、思考题

1. 原料前处理时，为什么必须充分去除脂肪组织？
2. 胶原蛋白提纯过程中，在剩余溶液中加入氯化钠的作用是什么？
3. 酶解时，对提取温度和pH值有何要求？

参 考 文 献

[1] 李儿凤. 胶原蛋白提取工艺研究 [J]. 食品工艺，2006，27(3)：64～66.
[2] 李漾，朱永义. 燕麦胶的功能与提取方法 [J]. 粮食与饮料业，2001，(12)：40～41.
[3] 路雪雅. 抗坏血酸和硫酸亚铁诱导鼠肝线粒体损伤的实验研究 [J]. 生物化学与生物物理进展，1989，16(5)：327～332.

实验22　反相悬浮法制备明胶/PVA球形吸附树脂及其性能测试

一、实验目的

① 掌握反相悬浮缩聚反应原理。
② 掌握明胶/PVA与戊二醛反应机理。
③ 掌握吸附材料性能测试方法。
④ 学习原子吸收分光光度计及扫描电镜的使用。

二、实验原理

悬浮聚合自20世纪30年代工业化成功以来，已成为重要的聚合方法之一，在高分子工业中至今仍占据着重要的地位。水处理吸附剂通常都制成0.3～2mm的球形颗粒。因为球形颗粒表面光滑，流体阻力小，液流分布均匀；而且球形颗粒无裂口和尖锐棱角，不易出现碎片细粉，耐磨性能好且不易污染。明胶（gelatin）是胶原蛋白部分水解而获得的多肽，含有多种氨基酸，赋予多肽高分子链大量的羧基（—COOH），氨基（—NH$_2$），是理想的吸附材料。本实验以明胶和聚乙烯醇为原料，戊二醛为交联剂。制备明胶/PVA球形吸附剂是以酸性条件下明胶和PVA与戊二醛的缩聚反应为基础，反应物均水溶性的，不能在水中悬浮聚合，而必须采用反相悬浮缩聚反应成球。即明胶和PVA与戊二醛在有机溶剂中分散成细液滴而进行聚合。聚合反应机理如下：

$$\text{Gelatin—NH}_2 \ + \ \text{HOC—(CH}_2)_3\text{—COH} \xrightarrow[\text{H}_2\text{O}]{\text{H}^+} \text{Gelatin—N=CH—(CH}_2)_3\text{—COH}$$

$$\text{Gelatin—N=CH}\overset{}{\underset{}{(\text{CH}_2)_3}}\text{COH} \ + \ \overset{}{\underset{\overset{|}{\text{OH}}\ \overset{|}{\text{OH}}}{(\text{CH—CH})_n}} \xrightarrow[\text{H}_2\text{O}]{\text{H}^+} \overset{}{\underset{\overset{|}{\text{O}}\ \overset{|}{\text{O}}}{(\text{CH—CH})_n}}$$

$$\underset{\text{CH}(\text{CH}_2)_3\text{CH=N—gelatin}}{}$$

采用含Cu^{2+}离子的硫酸铜溶液对合成的明胶基吸附材料的吸附性能进行检测。

三、主要仪器与材料

1. 仪器

数显直流恒速搅拌器，恒温水浴器，电热恒温鼓风干燥箱，冷冻干燥机，原子吸收分光光度计，扫描电镜 SEM，500mL 三口烧瓶，量筒，移液管。

2. 试剂与材料

明胶，聚乙烯醇（聚合度为 1788），戊二醛（含量为 50%），盐酸，液体石蜡，乙醚，无水硫酸铜，氨水，氢氧化钠，戊二醛（含量为 50%，分析纯）。

四、实验步骤

安全预防： 戊二醛对人体组织有中等毒性，对皮肤黏膜有刺激性和致敏、致畸、致突变作用，需要小心操作。

乙醚极易挥发，极易燃烧，低毒性物质，可引起全身麻醉并对皮肤及呼吸道黏膜有轻微的刺激作用，需在通风橱中小心操作。

1. 明胶基球形大孔吸附材料的制备

在装有搅拌装置的 500mL 三口烧瓶中加入 30mL 水，水浴控温于 60℃，转速控制在 250r/min；加入 3g 的 PVA，溶解 0.5h 后，再加入 4g 明胶，溶解 0.5h；用稀盐酸将溶液 pH 调至 2～4；加入液体石蜡 100mL，将转速控制在 500r/min，恒温搅拌 1h；加入 1mL 戊二醛，反应 1.5h。实验结束后回收液体石蜡，产品用乙醚清洗除油，并用蒸馏水洗至中性，冷冻干燥，即得所需产品。

2. 明胶基球形吸附材料微观结构

用扫描电镜对明胶基球形大孔吸附材料的外表面和内部进行直接观察。

3. 吸附材料对 Cu^{2+} 吸附量的测定

在 25℃±2℃下将 0.20g 明胶基球形大孔吸附材料放入到 25mL 浓度为 $5×10^{-3}$ mol/L 的硫酸铜溶液中振荡吸附 9～10h，转速控制在 200r/min。Cu^{2+} 溶液的 pH 由 0.01mol/L HCl 和 0.01mol/L NaOH 或 5% 氨水调整到 pH 10。然后，用 0.45mm 的滤纸将明胶基球形大孔吸附材料和 Cu^{2+} 溶液进行过滤分离。用稀 HCl 洗涤滤纸多次，最后分析滤液中 Cu^{2+} 的浓度。吸附后滤液 Cu^{2+} 离子浓度由原子吸收分光光度计进行分析测定。

脱除效率（$E\%$）由下面公式计算出：

$$E = \frac{c_i - c_e}{c_i} × 100\%$$

式中　c_e——溶液中平衡后剩余金属离子的浓度，mg/L；

　　　c_i——金属离子溶液的初始浓度，mg/L。

五、思考题

1. 在反相悬浮聚合法，转速对成球有何影响？是不是转速越大越好？
2. 试用所学有机化学知识解释明胶/PVA 与戊二醛反应机理？
3. 合成明胶基球形大孔吸附材料材料时加入 PVA、液体石蜡的作用各是什么？
4. 明胶基球形大孔吸附材料处理 Cu^{2+} 溶液时为什么 pH 需调节到 9～10？

参 考 文 献

[1]　Cortesi R，Nastruzzi C，Davis S S. Sugar cross-linked gelatin for controlled release：micorospheres and disks [J].

J. Biomaterials, 1998, 19: 1641~1649.

[2] Xu M C, Shi Z Q. Synthesis of gelatin-PVA adsorbent and its application in the separation of ginkgo flavonol glycosides and terpene lactones [J]. J. Reactive&Funtinal Polymers, 2001, 46: 273~282.

[3] Zhou Y M, Yu C X. Adsorption of fluoride from aqueous solution on La^{3+}-impregnated corss-linked gelatin [J]. J. Separation and purification Technology, 2004, 36: 89~94.

[4] 廖学平, 对慧, 陆中兵等. 胶原纤维固化单宁及其对 Cu^{2+} 的吸附 [J]. 林产化学与工业, 2003, 23 (4): 11~15.

实验 23　微波法合成淀粉接枝丙烯酸吸水性树脂

一、实验目的

① 了解有关吸水性树脂的基本特性及应用。

② 掌握微波合成淀粉接枝丙烯酸吸水性树脂的方法。

③ 掌握实验中涉及的基本操作。

二、实验原理

微波是频率大约在 300MHz~300GHz, 即波长在 1m~1mm 范围内的电磁波。微波的高频对极性介质进行作用, 可促进单体或反应液快速升温, 且加热均匀、速度快, 具有传统加热方式无法比拟的优越性。由于微波频率与化学基团的旋转振动频率接近, 因此可以使分子构象发生改变, 活化某些基团, 而对大分子链无损伤, 大大加快了反应速度。

从 1986 年 Gedye 等对微波炉内进行的酯化、水解、氧化和亲核取代反应以及 Giguere 等对蒽与马来酸二甲酯的 Diels-Alder 环加成反应的研究以来, 微波已经从有机合成中的应用扩展到催化、无机固相反应等领域中来。可以看出, 微波在化学中的应用几乎遍及化学的每一个分支领域, 实际上已成为化学学科中一个十分活跃的新分支学科。

吸水性树脂是一种含有亲水性基团, 具有一定交联度的功能高分子材料, 并具有吸水量高、保水性好、吸氨性强、增稠、能和其他高分子材料共混等特点。目前, 它已广泛地应用于工业、建筑、医药、食品、轻工等领域。

制备淀粉接枝吸水性树脂的接枝共聚原理, 既有离子型接枝共聚, 也有自由基型接枝共聚。而目前的制备一般多采用自由基型引发。即通过一定的方式, 先在淀粉的大分子上产生初级自由基, 然后引发接枝单体进行接枝共聚, 使某些接枝单体以一定的聚合度接枝到淀粉的分子上, 在淀粉分子链上形成合成高聚物分子链。

传统的淀粉接枝丙烯酸盐类吸水性树脂的制备工艺较复杂、生产周期长、成本较高, 而采用微波法不仅反应时间短、耗能少, 还能提高反应速率和产物的吸水能力。本实验利用淀粉多羟基易于吸收微波的特点来合成淀粉接枝丙烯酸吸水性树脂, 具体步骤如图 4-9 所示。

图 4-9　淀粉接枝丙烯酸吸水性树脂的微波合成流程

在合成吸水性树脂的过程中, 还需加入氢氧化钠进行皂化。它可与淀粉中未被作用的羟基结合、破坏部分氢键后, 可以提高淀粉树脂的亲水性和防老化能力, 使之具有抗凝沉性, 并增加了吸水性树脂吸水后的流动性, 而且易于储存。

三、主要仪器与试剂

1. 仪器

搅拌器，冷凝管，温度计，微波反应器，烘箱，电子天平，培养皿，三口烧瓶（250mL），量筒（100mL 和 10mL），吸量管（20mL 和 10mL）。

2. 试剂

马铃薯淀粉，丙烯酸（分析纯），氢氧化钠（分析纯），过硫酸铵（分析纯）。

四、实验步骤

安全预防：微波反应器运行时，勿长时间近距离透过视窗观察反应情况，以免微波伤害。

1. 糊化淀粉的制备

在装有搅拌器、温度计、冷凝管的三口烧瓶中加入 5g 淀粉和 90mL 浓度为 0.2mol/L 的 NaOH 溶液，搅拌同时升温至 45℃，保持此温度糊化 0.5h 后待用。

2. 微波合成吸水性树脂

在上述糊化的淀粉中加入 13mL 丙烯酸（用 NaOH 预中和，中和度为 80%），并加入 5mL 0.1mol/L 的过硫酸铵引发剂，搅拌后将混合液倒入三口烧瓶，放入微波反应器中。在 360W 功率下辐射 100s，反应完毕后，将生成的凝胶状物放入烘箱中烘干，即得吸水性树脂。

3. 吸水性能测定

（1）吸水倍率的测定　称取 0.2g 树脂置于烧杯中，加入 200mL 去离子水，静置 3h。用 100 目筛网滤去未吸收液体，将吸水后的树脂置于滤纸上 10min，吸去表面的水分，称重，其吸水倍率按下式计算：

$$吸水倍率(g/g) = \frac{吸水后树脂的质量 - 树脂的质量}{树脂的质量}$$

（2）吸水速率测定　取去离子水 25mL 放于烧杯中，在搅拌的同时加入 0.5g 吸水性树脂。从树脂加完后开始计时，到水不流动时为止，可得吸水速率。

（3）保水性能测定　将充分吸水后的树脂凝胶置于培养皿中，在 60℃烘箱中或常温下，每隔一定时间（Δt）称量凝胶的质量，称完后立即放回原处。假设相邻两次称量树脂的质量差为 Δm，则树脂失水速率的计算公式为：

$$失水速率(g/h) = \frac{\Delta m}{\Delta t}$$

五、思考题

1. 吸水性树脂具有哪些特点？它主要应用于哪些领域？

2. 与传统的淀粉接枝丙烯酸吸水性树脂合成工艺相比，采用微波法的优点有哪些？

3. 在合成吸水性树脂的过程中，加入氢氧化钠的作用是什么？

参　考　文　献

[1]　许晓秋，刘廷栋主编. 高吸水性树脂的工艺与配方 [M]. 北京：化学工业出版社，2004.

[2]　徐昆，宋春雷，张文德等. 微波法合成淀粉接枝丙烯酸盐类高吸水性树脂的研究 [J]. 功能高分子学报，2004，17（3）：473～478.

[3]　项爱民，赵玉玲，何德林等. 微波法合成淀粉-丙烯酸接枝高吸水性树脂 [J]. 现代塑料加工应用，2001，13（3）：7～9.

[4]　李云雁，何运波，侯昌林. 微波法合成淀粉-丙烯酸高吸水性树脂的研究 [J]. 精细石油化工，2005，（4）：31～34.

实验 24　茜素红 S-牛血清白蛋白配合物的凝胶层析分离制备及紫外可见吸收光谱研究

一、实验目的

① 制备茜素红 S-牛血清白蛋白配合物（BSA-ARS）的凝胶层析分离物。

② 测定 BSA-ARS 配合物的紫外吸收光谱。

二、实验原理

从牛血清白蛋白（BSA)-茜素红（ARS）配合物的分离着手，采用葡聚糖凝胶层析法，分离并制备 BSA-ARS 探针配合物。分离过程中，层析柱流出物 BSA-ARS 配合物和 ARS 在可见光范围内两者的吸收光谱重叠，给配合物的检测和纯度鉴定带来干扰，为此采用联立方程组法不分离同时测定 BSA-ARS 配合物和过量的 ARS 含量，并测定纯净的 BSA-ARS 结合物紫外吸收光谱。

三、主要仪器与试剂

1. 仪器

自动液相色谱层析仪，紫外-可见分光光度计，酸度计。

2. 试剂

牛血清白蛋白（相对分子质量 67000，分析纯），茜素红 S（相对分子质量 360.28，分析纯），葡聚糖凝胶（Sephadex G-150 型）。

四、实验步骤

1. 试剂制备

牛血清蛋白溶液：分别称取牛血清白蛋白 0.2561g、1.2805g、2.512g，用二次蒸馏水溶解定容至 250.00mL。浓度分别为 $c_{1,\text{BSA}} = 1.52 \times 10^{-2}$ mmol/L，$c_{2,\text{BSA}} = 7.60 \times 10^{-2}$ mmol/L，$c_{3,\text{BSA}} = 1.52 \times 10^{-1}$ mmol/L，置于冰箱中保存。

茜素红 S 溶液：分别称取 0.0450g、0.22510g、0.4500g ARS 用二次蒸馏水溶解并定容至 250.00mL。浓度分别为 $c_{1,\text{ARS}} = 1.25 \times 10^{-1}$ mmol/L，$c_{2,\text{ARS}} = 6.25 \times 10^{-1}$ mmol/L，$c_{3,\text{ARS}} = 1.25$ mmol/L。

B-R 缓冲液（pH=4.35）：取冰乙酸 2.29mL，磷酸 5.52mL，硼酸 2.4732g，溶解后定容 1000mL，用浓度为 0.2mmol/L 的氢氧化钠溶液调节 pH 值至 4.35。

2. 凝胶的处理、凝胶柱制备、加样和洗脱

称取 1.0g 葡聚糖凝胶加入 5～10 倍的去离子水浸泡，准备层析柱长为 50cm、柱直径为 1.0cm 的玻璃层析柱，此时凝胶柱床长度为 25.0cm。分取一定体积的试液上柱，以 pH 为 4.35 的 B-R 缓冲溶液为洗脱剂、调节至合适的洗脱速度进行洗脱。

3. 分离度的测定

随着淋洗的进行，红色的 BSA-ARS 配合物色带和黄色的 ARS 色带先后流出色谱柱，每隔 1.00mL 收集一个洗脱液，在两个色带的连接处每隔 0.5mL 收集一个洗脱液，在 420nm 与 530nm 处分别测定流出液的吸光度，按已建立的联立方程组

$$A_{420} = 4.89 \times 10^3 c_{\text{ARS}} + 3.06 \times 10^4 c_{\text{BSA-ARS}}$$

$$A_{530} = 4.60 \times 10^2 c_{\text{ARS}} + 2.29 \times 10^4 c_{\text{BSA-ARS}}$$

求解洗脱液中 ARS 和 BSA-ARS 浓度，以洗脱液体积为横坐标，以洗脱液 ARS 和 BSA-ARS 浓度为纵坐标作分离效果图，按 BSA-ARS 和 ARS 色谱峰保留值之差与两色谱峰底宽平均值之比计算分离度 R。

4. 紫外-可见吸收光谱测定

测定本法分离得到的纯净的 BSA-ARS 组成体系，牛血清白蛋白溶液（7.5×10^{-5} mol/L），牛血清白蛋白比按结合数过量 30% 下的 BSA-ARS 组成体系和茜素红 S 溶液（2.5×10^{-3} mol/L）的紫外-可见吸收光谱，并作分析。

五、思考题

1. 试说明联立方程组法不分离同时测定多组分的原理。

2. 本试验中为何采用凝胶柱分离。

3. 请写出分离度的计算公式。

参 考 文 献

[1] 迟燕华，庄稼，李克安等. 茜素红 S 与人血清白蛋白相互作用的分光光度研究. 分析测试学报 [J]. 1999，18（1）：9～12.

[2] 李建武，余瑞元，袁明秀等. 生物化学实验有原理和方法 [M]. 北京：北京大学出版社，2004.

[3] 华东理工大学和成都科技大学编. 分析化学（第四版）[M]. 北京：高等教育出版社，1995.

实验25　十二烷基硫酸钠的制备与纯度测定

一、实验目的

① 了解表面活性剂基本概念、分类、性质和用途。

② 掌握十二烷基硫酸钠的制备原理和制备方法。

③ 掌握十二烷基硫酸钠纯度测定方法。

二、实验原理

1. 十二烷基硫酸钠制备

先由月桂醇与氯磺酸进行磺化反应，生成磺酸酯，然后用氢氧化钠与磺酸酯进行中和反应，生成十二烷基硫酸钠。其反应式如下：

$$C_{12}H_{25}OH + ClSO_3H \longrightarrow C_{12}H_{25}OSO_3H + HCl\uparrow$$
$$C_{12}H_{25}OSO_3H + NaOH \longrightarrow C_{12}H_{25}OSO_3Na + H_2O$$

十二烷基硫酸钠是阴离子硫酸酯类表面活性剂的典型代表，为白色至微黄色粉末，具有轻微的特殊气味，易溶于水，无毒，熔点为 $180 \sim 185{}^\circ\!C$（分解）。由于它具有良好的乳化性、起泡性、水溶性、可生物降解、耐碱、耐硬水，并且在较宽 pH 的水溶液中的稳定性和易制备、价格低廉等特点，一直被广泛的应用于化妆品、洗涤剂、纺织、造纸、采油等工业领域。

2. 酸碱滴定法测定十二烷基硫酸钠的纯度

十二烷基硫酸钠在强酸性溶液中水解生成十二醇和硫酸：

$$2C_{12}H_{25}SO_4Na + 2H_2O \xrightarrow{H_2SO_4} 2C_{12}H_{25}OH + H_2SO_4 + Na_2SO_4$$

通过样品和空白实验所耗 NaOH 标准溶液的体积差，可求出十二烷基硫酸钠的质量分数。

三、主要仪器与试剂

1. 仪器

天平，电动搅拌器，电热套，四口烧瓶（250mL），滴液漏斗（60mL），烧杯，烧瓶，碱式滴定管，氯化氢吸收装置，温度计，量筒，回流冷凝管。

2. 试剂

月桂醇，氯磺酸，氢氧化钠，硫酸，无水乙醇，酚酞，广泛 pH 试纸。

四、实验步骤

安全预防：浓硫酸、氯磺酸的腐蚀性很强，使用时要带橡胶手套，在通风橱内量取；氯磺酸遇水会分解，所用玻璃仪器必须干燥；氯化氢有腐蚀性，其吸收装置要密封好；乙醇有挥发性，易燃，避免明火。

1. 十二烷基硫酸钠的制备

在装有氯化氢的吸收装置、温度计、电动搅拌器和滴液漏斗的 250mL 四口烧瓶中加入 62g 月桂醇，控温 25℃，在充分搅拌下用滴液漏斗于 30min 内缓慢滴加 24mL 氯磺酸，滴加时温度不要超过 30℃，注意起泡沫，勿使物料溢出。加完氯磺酸后，于（30±2）℃反应 2h，反应中产生的氯化氢气体用质量分数 5％氢氧化钠溶液吸收。

磺化反应结束后，将磺化反应产物缓慢地倒入盛有 100g 冰和水混合物的 250mL 烧杯中（冰：水＝2：1），同时充分搅拌，外面用冰水浴冷却。最后用少量水把四口烧瓶中的反应物全部洗出。稀释均匀后，在搅拌下滴加质量分数 30％氢氧化钠溶液进行中和至 pH 为 7.0～8.5，干燥得固体样品。

2. 十二烷基硫酸钠的纯度测定

准确称取 1～2g 试样，置于 250mL 圆底烧瓶中，加入 0.25mol/L 硫酸溶液 25.00mL，接装水冷凝管，加热回流 2h，开始加热时，温度不宜过高，待溶液澄清，泡沫停止后，升高温度，充分地回流。冷却后，用 30mL 乙醇洗涤水冷凝管，再用 50mL 去离子水洗涤，卸下冷凝管，用去离子水洗涤接口。加入几滴 1％酚酞指示剂溶液，用 NaOH 标准溶液滴定到终点。同时取 0.25mol/L 硫酸溶液 25.00mL，用 NaOH 标准溶液滴定，做空白试验。按下式计算十二烷基硫酸钠的质量分数：

$$w(C_{12}H_{25}SO_4Na) = \frac{(V_1 - V_0) \times 10^{-3} \times c \times 288.4}{m} \times 100\%$$

式中　V_1——滴定试样所耗 NaOH 标准溶液的体积，mL；

　　　V_0——空白试样所耗 NaOH 标准溶液的体积，mL；

　　　c——NaOH 标准溶液的物质的量浓度，mol/L；

　　　m——试样质量，g；

288.4——十二烷基硫酸钠的摩尔质量，g/mol。

五、思考题

1. 硫酸酯盐型阴离子表面活性剂有哪几种？写出结构式。
2. 滴加氯磺酸时，温度为什么要控制在 30℃ 以下？
3. 产品制备中 pH 为什么控制在 7.0～8.5？

参　考　文　献

[1] 强亮生，王慎敏. 精细化工综合实验［M］. 哈尔滨：哈尔滨工业大学出版社，2004.

[2] 陈联群，李春兰，叶莲等．十二烷基硫酸钠的提纯与纯度测定［J］．内江师范学院学报，2005，20（6）：35～37.

实验26 阿司匹林及其铜配合物的制备和表征

一、实验目的

① 了解酯化反应的基本原理及其在阿司匹林制备中的应用。

② 掌握减压过滤、重结晶等基本操作。

③ 掌握阿司匹林铜配合物的制备与表征方法。

二、实验原理

阿司匹林为镇痛药，用于治疗伤风、感冒、头痛、发烧、神经痛、关节痛及风湿病等。近年来，又证明它具有抑制血小板凝聚的作用，其治疗范围又进一步扩大到预防血栓形成，治疗心血管疾患。阿司匹林学名乙酰水杨酸，化学结构式为：

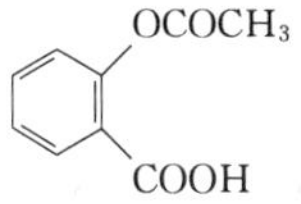

阿司匹林为白色针状或片状结晶，m. p.：135～140℃，易溶于乙醇，可溶于氯仿、乙醚，微溶于水。通常由水杨酸和乙酸酐在浓硫酸[❶]催化下合成乙酰水杨酸：

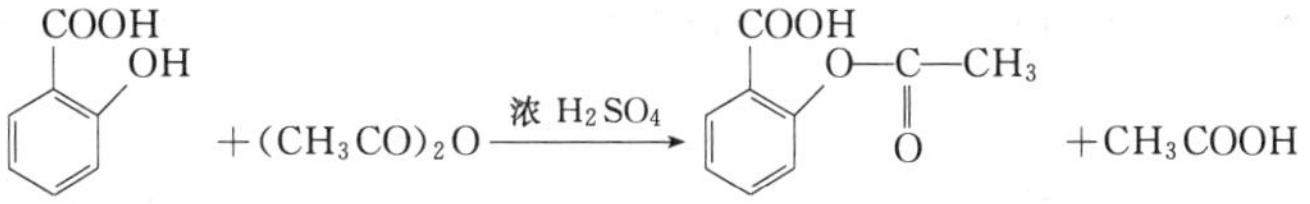

水杨酸具有酚羟基，能与三氯化铁试剂呈现颜色反应，此性质可作为阿司匹林的纯度检验。

阿司匹林铜是亮蓝色结晶性粉末，无吸湿、风化、挥发性，不溶于水、醇、醚及氯仿等溶剂，微溶于二甲亚砜。阿司匹林铜具有比阿司匹林更好的消炎、镇痛、抗风湿、抗癫痫、抗血小板聚集、防止血栓形成和保护心、脑组织缺血再灌损伤、防癌抗癌、抗糖尿病和抗辐射活性等作用，且毒副作用小，胃肠不良反应较轻，是一种有着广泛应用前景的新药。把硫酸铜中的 Cu^{2+} 转化成 $Cu_2(OH)_2CO_3$ 沉淀，再跟阿司匹林进行反应，即可制得阿司匹林铜。

三、主要仪器与试剂

1. 仪器

250mL 锥形瓶（烘干），10mL 量筒（烘干），布氏漏斗，抽滤瓶，水泵，水浴锅，温度计。

2. 试剂

水杨酸（固体），乙酸酐（密度 1.08g/mL），乙醇（95%），浓硫酸，1% $FeCl_3$ 溶液，$CuSO_4 \cdot 5H_2O$，无水碳酸钠。

---

❶ 水杨酸形成分子内氢键，阻碍酚羟基酰化作用。

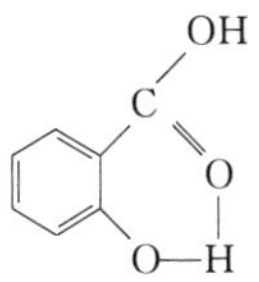

水杨酸与酸酐直接作用须加热至150～160℃才能生成乙酰水杨酸，如果加入浓硫酸（或磷酸），氢键被破坏，酰化作用可在较低温度下进行，同时副产物大大减少。

四、实验步骤

1. 阿司匹林的制备

在 250mL 锥形瓶中加入 2.0g 水杨酸❶和 4.0mL 乙酸酐❷，摇匀。向混合物中加入 3 滴浓硫酸搅匀。反应开始时会放热，若锥形瓶不变热，再向混合物中加 1 滴浓硫酸。当感觉到热效应时，将反应混合物放到 50℃ 的水浴中加热 5～10min，使其反应完全。取出锥形瓶，边摇边滴加 1mL 冷蒸馏水，然后快速加入 20mL 冷蒸馏水，立即进入冰浴冷却。若无晶体或出现油状物，可用玻棒摩擦内壁（注意须在冰水浴中进行）。待晶体完全析出后用布氏漏斗抽滤，用少量冰蒸馏水分二次洗涤锥形瓶后，再洗涤晶体，抽干，得粗品。

2. 粗品的重结晶

将粗制乙酰水杨酸放入锥形瓶中，再加入 95％乙醇 3～4mL 于水浴上加热片刻❸，若仍未溶解完全，可再补加适量乙醇使其溶解❹，趁热过滤，在滤液中加入 2.5 倍（约 8～10mL 的热水），冷却后析出白色结晶。减压过滤，抽干。称重，计算产率。

3. 阿司匹林的检验与红外光谱分析

取几粒晶粒加入盛有 5mL 水的试管中，加入 1～2 滴 1％的 $FeCl_3$ 溶液，观察有无颜色反应。取少许干燥后的晶体进行红外光谱分析。

4. 阿司匹林铜的制备

称取 1.3g $CuSO_4 \cdot 5H_2O$ 和 0.7g 无水碳酸钠分别溶解于水中，冷却后在冰水环境下混合反应，得到蓝色沉淀，洗涤沉淀，直到洗涤出来的滤液无 SO_4^{2-} 为止。称取先前制备好的阿司匹林 2.0g，在水中与上述蓝色沉淀混合，并用磁力搅拌器进行搅拌，得到与碱式碳酸铜不同的亮蓝色沉淀，抽滤，先用水洗涤，向洗涤后的沉淀滴加 1～2 滴稀盐酸无气泡，若是有气泡则要加入阿司匹林让其充分反应，再用乙醇洗涤，最后再用水洗涤，干燥得到产品，称重，计算产率，并测定产物的红外光谱。

五、思考题

1. 进行酯化反应时所用的水杨酸和玻璃器材都必须是干燥的，为什么？
2. 本实验能否用稀硫酸作催化剂？为什么？
3. 在乙酰水杨酸重结晶时，滴加水的标准是什么？为什么这样做？

参 考 文 献

[1] 李梅，梁竹梅，韩莉. 化学实验与生活——从实验中了解化学 [M]. 北京：化学工业出版社，2004.
[2] Williams D A, Walz D T, Foye W C. Synthesis and biological evaluation of tetrakis-μ-acetylsalicylate dicopper（Ⅱ）[J]. J Pharm Sci, 1976, 65：135.

实验 27　废弃食用油制备生物柴油

一、实验目的

① 了解酯化-酯交换-水蒸气蒸馏法制备生物柴油的制备方法。

---

❶ 水杨酸应当是完全干燥的，可在烘箱中 105℃ 下干燥 1h。
❷ 乙酸酐应重新蒸馏，收集 139～140℃ 馏分。
❸ 重结晶时不宜长时间加热，因为在此条件下乙酰水杨酸容易水解。
❹ 加入乙醇的量应恰好使沉淀溶解。若乙醇过量则很难析出结晶。

② 熟悉酯化、常压蒸馏、分液等有机反应的基本操作。

③ 了解用 KOH/乙醇溶液滴定游离脂肪酸含量和液相色谱测定脂肪酸甲脂含量的分析方法。

二、实验原理

废弃食用油的主要成分为甘油三酯，利用废弃食用油制备生物柴油主要是应用酯化反应和酯交换反应。其基本反应原理是：废弃食用油的酸和甲醇在酸催化剂下发生酯化反应，生成相应的脂肪酸甲酯，酯化反应后在室温下加入 KOH 到甲醇溶液。将废弃食用油的大部分甘油三酯和甲醇在碱催化剂下发生醇解酯交换反应，生成相应的脂肪酸甲酯，基本反应式如下：

$$
\begin{array}{c}
\text{CH}_2\text{OCOR}^1 \\
| \\
\text{CHOCOR}^2 \\
| \\
\text{CH}_2\text{OCOR}^3
\end{array}
+ 3\text{CH}_3\text{OH} \xrightarrow{k}
\begin{array}{c}
\text{CH}_2\text{OH} \\
| \\
\text{CHOH} \\
| \\
\text{CH}_2\text{OH}
\end{array}
+
\begin{array}{c}
\text{R}^1\text{COOCH}_3 \\
\text{R}^2\text{COOCH}_3 \\
\text{R}^3\text{COOCH}_3
\end{array}
$$

$$\text{(A)} \qquad\qquad \text{(B)} \qquad\qquad \text{(S)} \qquad\qquad \text{(P)}$$

式中，A 代表甘油三酯；B 代表甲醇；S 代表甘油；P 代表脂肪酸甲酯。

酸值测定原理：游离脂肪酸系弱酸，其离解平衡常数为 1.0×10^{-5}，用 0.1mol/L 氢氧化钾中和时，其滴定 pH 突跃在 8～9.7。因此，以溶剂溶解油脂后，可以用酚酞为指示剂，用碱的水溶液或酒精溶液滴定油脂中的游离脂肪酸。

三、主要仪器与试剂

1. 仪器

分析天平，电热恒温干燥箱，水浴锅，三口烧瓶，分液漏斗，冷凝管，烧杯，搅拌器。

2. 试剂

废弃食用油，无水甲醇（分析纯），浓硫酸（分析纯），氢氧化钾（分析纯），十一酸甲酯（分析纯）。

四、实验步骤

安全预防：甲醇具有麻醉作用，且毒性很强，易挥发，量取及反应过程注意密封，以防泄漏，误入人口。

1. 酯化反应

在酯化装置中加入废弃食用油 20mL，热浴升温至 60℃ 左右，将甲醇和催化剂硫酸 50mL（取 2.5g 浓硫酸先溶解于 50mL 甲醇中）通入酯化装置，摇匀。甲醇与原料在 90℃ 下进行激烈反应，反应时间为 120min。反应产生的水及未反应的甲醇蒸汽经冷凝器冷凝收集。在反应过程中定时取样检测酸值。

2. 酯交换反应

酯化反应完成后，冷却至室温，加入 20mL 甲醇，充分混匀，然后边搅拌边加入 KOH 到甲醇溶液，调至中性后，加入 0.5g 的 KOH。将热浴温度升至 60℃ 进行酯交换反应，反应 120min。

3. 蒸馏

将混合液移入分液漏斗中进行分离，分出甘油层。上层甲酯首先进行常压蒸馏，回收过量的甲醇，然后用适量的稀酸溶液洗涤，再用水洗至水层呈中性，最后进行蒸馏得到生物柴油。最后测定生物柴油的游离酸值和脂肪酸甲脂的含量。

4. 酸值测定分析步骤

称取预处理后的油样 3～5g（准确到 0.001g）于 250mL 锥形瓶中，加入 50mL 中性乙醚-乙醇（2∶1）混合溶剂，摇匀，使油样溶解后，加入 3 滴 0.1% 酚酞，用氢氧化钾标准碱液滴定至出现微红色在 30s 不褪为止，记下消耗的碱液毫升数（V）。

酸值结果表示：

$$酸值 = \frac{Vc \times 56.11}{m}$$

式中　V——滴定所耗氢氧化钾标准溶液的体积，mL；

　　　c——氢氧化钾标准溶液的浓度，mol/L；

　　　m——油样重量，g；

　　56.11——氢氧化钾的摩尔质量，g/mol。

5. 脂肪酸甲脂的含量分析

用气相色谱法检测产物中脂肪酸甲酯的含量。色谱工作参数：氢火焰离子检测器，2m×3mm 的不锈钢填充柱，OV-17 固定相，炉温 250℃，检测器温度 320℃，进样器温度 300℃，进样量为 0.11μL，内标法（内标物：十一酸甲酯）计算脂肪酸甲酯的含量。

五、思考题

1. 本实验中前后两次水浴加热的目的有何不同？

2. 本实验中酯化反应过程中的关键因素是什么？

3. 为什么在酯化反应中用酸进行催化，而在酯交换反应过程中用碱催化？

参 考 文 献

[1] 何一明. 汽车燃料 [J]. 精细石油化工进展，2002，3（11）：13～20.

[2] 谭天伟，王芳，邓立等. 生物柴油的生产和应用 [J]. 现代化工，2002，22（2）：4～6.

[3] 韩德奇，李伟，张晓霞等. 环保型柴油替代燃料的开发和应用 [J]. 石油与天然气化工，2003，32（1）：33～37.

[4] 郭志璜. 生物柴油——绿色环保 [M]. 北京：科技出版社，2002.

第三节　模　块　三

实验28　建筑材料中的氡和放射性分析

一、实验目的

① 了解氡和放射性检测方法和原理。

② 熟悉建筑材料氡和放射性检测分析。

③ 学习使用建材放射性分析仪的使用。

二、实验原理

氡是一种放射性惰性气体，有极强的迁移活动性，被世界卫生组织列为使人致癌的 19 种最重要物质之一。对于 80% 的时间都生活在建筑材料所包围的室内的人类来说，建筑材料中氡和放射性污染问题备受关注，我国国家技术监督局颁布了对应的标准如：GB 676—86《建筑材料用工业废渣放射性物质限制标准》、GB/T 16146—1995《住房内氡浓度控制标准》、GB 6566—2000《建筑材料放射卫生防护标准》以及建筑材料必须符合的 GB 6566—2001《建筑材料放射性核素限量》的规定。

现行的标准（如 GB 6566—2001《建筑材料放射性核素限量》，GB/T 16146—1995《住房内氡浓度控制标准》）对建材制品的氡和放射性的测定，都是将样品粉碎至 200 目之后进行测定，破坏了建材制品原有的形态和结构，测定的结果并不能表征建材制品本来的氡释放真实情况。现行标准没有考虑温度、湿度对氡测定结果的影响。同一个样品氡的释放量由于地区、昼夜和季节等因素的不同，所测得的结果会有巨大的差异。因此，现有的测定方法无法准确地用来对建材原材料及制品氡的释放水平进行测定和评价。而且目前的标准还没有涉及到防氡防辐射建材对氡和辐射屏蔽效果的测定和评估，包括测定装置的设计和测试块的制备方法。

氡的测定方法按测量方法可分为脉冲电离室法、闪烁法、静电捕集法、α 能谱法、γ 能谱法、液体闪烁法等。按采样方式可分为瞬时测量和累积测量。按测定方式分为表面析出法、局部法和密封法等。本次实验选用了密封、直接测量法研究样品的细度与测定结果的相互关系，对样品进行分析。

三、主要仪器与试剂

1. 仪器

复摆型颚式破碎机，粉碎机，冰箱，干燥箱，筛子（孔径分别为 31.5mm、15mm、5mm、0.45mm、0.125mm、0.097mm），氡连续检测仪，建材放射性测定仪。

2. 试验材料试剂

325# 水泥，标准砂，粉煤灰。

四、实验步骤

1. 实验试块的制备

按设计好的水泥、粉煤灰、防氡辐射基元材料比例加适量水调配为砂浆，制备成直径为 44mm、高为 50mm 的圆柱形试块（养护 28 天），用于实验测定，并由实验室准备好。

2. 细度对氡和放射性的测定结果影响

将 5 个试块粉碎成 5 个不同的粒度，过筛，然后放入样品盒内密封 48h，用建材放射性测定仪对制品进行测定，试验细度对建材制品氡和放射性浓度的影响。

3. 分析重现性的测定

对同一水泥试块样品，不进行粉碎，在其他条件相同的情况下进行测定，重复测定 5 次，计算 RSD%。

五、思考题

1. 为什么要试验建材制品细度对氡和放射性的影响？
2. 请回答建材样品氡和放射性测定原理和方法。

参 考 文 献

[1] 宋春生. 室内空气污染的来源及危害 [J]. 福建环境，2001，18（5）：38～40.
[2] 中华人民共和国国家标准. 建筑材料用工业废渣放射性物质限制标准 [S]. GB 676—86. 北京：中国标准出版社，1986.
[3] 中华人民共和国国家标准. 住房内氡控制标准 [S]. GB/T 16146—1995. 北京：中国标准出版社，1995.
[4] 中华人民共和国国家标准. 地下建筑氡及其子体控制标准 [S]. GB 16356—1996. 北京：中国标准出版社，1996.

[5] 中华人民共和国国家标准. 新建低层住宅建筑设计与施工中氡控制导则 [S]. GB/T 17785—1999. 北京：中国标准出版社，1999.

[6] 中华人民共和国国家标准. 建筑材料放射卫生防护标准 [S]. GB 6566—2000. 北京：中国标准出版社，2000.

[7] 中华人民共和国国家标准. 建筑材料放射性核素限量 [S]. GB 6566—2001. 北京：中国标准出版社，2001.

实验 29　电石泥渣分析

一、实验目的

① 学习和设计电石泥渣主成分的系统分析流程。

② 熟悉重量分析法测定二氧化硅和碳渣。

③ 学习铬天青 S 光度法测三氧化二铝和变色酸光度法测二氧化钛。

④ EDTA 容量法测氧化钙，EGTA 容量法测氧化镁。

二、实验原理

电石泥渣是生产乙炔气后的废渣，即由石灰石与焦炭在 1800～2300℃ 反应生成碳化钙（电石），碳化钙水解生成乙炔后排出的废渣。电石泥渣中有大量的氧化钙和少量的硅、铁、铝、钙、镁及碳渣，改性后的电石泥渣可广泛用于材料生产，如水泥、陶瓷、涂料领域等。本实验对电石泥渣中自由水、化合水、氧化钙、氧化镁、二氧化硅、三氧化二硅、三氧化二铝及烧失量等进行了分析。

对试样进行系统分析，105～110℃ 干燥重量法测自由水；用差热分析确定试样中氢氧化钙的实际分解温度，在 580～600℃ 灼烧重量法测化合水，动物胶凝聚的二氧化硅沉淀中，先用重量法测出二氧化硅和碳渣含量，再用氢氟酸挥发除去其中的二氧化硅，再恒重，测出残渣即为碳渣含量，通过差减法测出二氧化硅含量；滤液中用磺基水杨酸分光光度法测三氧化二铁，铬天青 S 光度法测三氧化二铝，变色酸光度法测二氧化钛，EDTA 容量法测氧化钙，EGTA 容量法测氧化镁。通过分析，对电石泥渣各组分的存在形式可作出正确判断。

三、实验仪器及试剂

1. 仪器

热分析仪，电子天平，分光光度计。

2. 试剂

盐酸，动物胶，磺基水杨酸，EDTA、EGTA 等按文献 [1] 的方法进行配制。

四、实验步骤

1. 自由水的测定

取 60mL 称量瓶，洗净，在 105～110℃ 下干燥至恒重，称取约 20g 电石泥沙于称量瓶中，在 60～80℃ 干燥 30min，再在 105～110℃ 干燥 2h，称至恒重。根据干燥减量计算自由水含量。

2. 分析试样中化合水的测定

采用差热分析确定试样中氢氧化钙的实际分解温度，取 30mL 洁净干燥的瓷坩埚置于 580～600℃ 马弗炉中灼烧 2h，称至恒重，称取约 1～2g 干燥后的试样于瓷坩埚中，一起放入 580～600℃ 马弗炉中灼烧 2h，称至恒重。根据烧失减量计算化合水量。

3. 试样中铁铝钙镁硅的测定

电石泥渣分析试样中铁、铝、钙、镁、硅的测定方法及试剂标准参照文献 [1] 进行，分析流程见图 4-10。

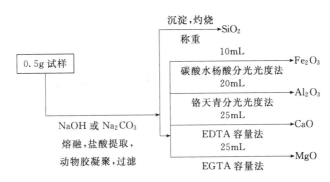

图 4-10　电石泥渣分析流程图

铁、铝、钙、镁的测定也可采用 EDTA 分步滴定，参考文献 [4] 所示方法进行，该方法简便，终点变色更敏锐。

4. 试样烧失量的测定

称取 1.0000g 干燥后的试样，放入已烧至恒重的瓷坩埚中，在高温炉内先低温加热，然后逐渐升高温度至 1000℃灼烧 40min。取出坩埚，在室温下冷却 2min 后，立即放入干燥器中冷却 30min，称重。再灼至恒重，根据灼烧减量计算烧失量。

五、思考题

1. 为何在本实验中测定自由水时要先在 60～80℃干燥，再在 105～110℃干燥？

2. 试述如何评判系统分析结果的可靠性？

参　考　文　献

[1] 岩石矿物分析编写组. 岩石矿物分析（第一分册）（第三版）[M]. 北京：地质出版社，1991.

[2] 中学教师化学手册编委会编. 中学教师化学手册 [M]. 北京：科学普及出版社，1981.

[3] 杭州大学编. 分析化学手册（第二分册）[M]. 北京：化学工业出版社，1982.

[4] 成都科学技术大学分析化学教研组和浙江大学分析化学教研组合编. 分析化学实验（第 2 版）[M]. 北京：高等教育出版社，2001.

实验 30　工业废渣中活性硅、钙、镁的测定

一、实验目的

通过实验，了解并验证测定工业废渣中活性硅、钙、镁的方法。

二、实验原理

硅、钙、镁除提供作物养分之外，还可调整土壤的理化性质，使作物增产。土壤中虽含有大量的硅及中量微量的钙、镁，但这些元素大多以矿物质形式存在，难以被植物吸收，而容易被植物吸收的活性硅、钙、镁较少。近年来，由于化肥结构中高浓度 N、P、K 肥逐步代替了低浓度肥料，使带入土壤中的活性硅、钙、镁减少。随着环境科学的发展、环保工作的重视和工业废渣处理技术的进步，改性工业废渣长效氮肥，被应用于农业生产，工业废渣中活性硅、钙、镁是易溶于水、易被植物吸收的活性元素。因而测定工业废渣中的活性硅、钙、镁可提供这些有效成分的参数。这些活性物质既不能酸溶也不能碱溶，只能用水反复振荡，使其完全溶于水，再调整适当的酸碱度进行测定。

测定硅、钙、镁的方法很多，由于其含量属中量或微量，因此选用钼蓝比色法测定活性

硅，用原子吸收分光光度法测定活性钙、镁相对精确可靠。

三、主要仪器和材料

1. 仪器

电子天平，电动振荡机，分光光度计，原子吸收分光光度计，铂金坩埚超纯水器。

2. 试剂

优级纯碳酸钙，优级纯金属镁，光谱纯二氧化硅，钼酸铵、草酸、硫酸亚铁铵（均为分析纯），钢渣，水泥窑灰工业废渣长效氮肥，土壤。

（1）钼酸铵（10%）　称取 10g 钼酸铵溶于 80mL 水中，加 10mL 3mol/L 的硫酸，摇匀。于试剂瓶中储存。

（2）钼蓝显色剂　将 20g 草酸、15g 硫酸亚铁铵溶于 1.5mol/L 硫酸溶液 1000mL 中摇匀，于试剂瓶中储存。

（3）二氧化硅标准溶液　称取二氧化硅 0.1000g，置于铂坩埚中。加入无水碳酸钠 2.5～3g，摇匀。于 950～1000℃熔融 20～39min。取出冷却，用 400mL 热水提取，搅拌溶解。移入 1000mL 容量瓶中，用水稀释至刻度，摇匀，塑料瓶中存放。

（4）100μg/mL 钙标准溶液　准确称取于 110℃干燥过的碳酸钙 2.497g，滴加 1mol/L 盐酸至溶解完全。赶走二氧化碳后，用去离子水准确地稀释到刻度。

（5）100μg/mL 镁标准溶液　准确称取 1.000g 金属镁，溶解于少量盐酸（6mol/L）中，用去离子水准确稀释至 1L。

四、实验步骤

1. 活性硅钙镁的提取

准确称取 1.0000g 试样置于 150mL 干燥的锥形瓶中，用移液管准确加入 50mL 去离子水。塞紧瓶塞，置于振荡器上振荡 1h。过滤。滤干后将滤纸和样品放回原锥形瓶中，再加 50mL 去离子水。再振荡 1h，过滤。将两次滤液混匀，即为分别测定硅、钙、镁的待测液。

2. 活性硅的测定

标准曲线的绘制：取 0、0.50mL、1.00mL、2.00mL、3.00mL、4.00mL、5.00mL 二氧化硅标准溶液，分别置于 100mL 容量瓶中，用水稀释约 30mL，加 5%盐酸 5mL，10%钼酸铵溶液 2.5mL。放置 5～10min（20～30℃条件下），加入钼酸蓝显色剂 20mL，立即摇匀，用水稀释至刻度，摇匀，5min 后以试剂空白为参比，600nm 波长处测吸光度，绘制工作曲线。

样品测试：准确吸取硅的待测液 10mL，置于 100mL 容量瓶中，用水稀释至 30mL，后续步骤同上（标准曲线绘制）进行显色和吸光度的测定。

3. 活性钙、镁的测定

标准系列的配制：取 0～10.00mL 钙标准溶液和 0～5.00mL 镁标准溶液置于 100mL 容量瓶中，加入 1:1 盐酸 2.0mL 和 10%氯化锶溶液 5.0mL。用水稀释至刻度，摇匀。

样品测试：分别准确吸取钙、镁的待测液 25.00mL，于 30mL 的铂金坩埚中，在低温电热板上加热浓缩至约 20mL，加入 1:1 硫酸 5 滴和氢氟酸 5.0mL，蒸发至白烟冒尽，取下冷却。加入少量水溶解，移入 100mL 容量瓶中，加入 1:1 盐酸 2.0mL 和 10%氯化锶溶液 5.0mL，用水稀释至刻度，摇匀。溶液与标准系列同时放在原子吸收分光光度计上，于波长 422.7nm、285.2nm 处分别测量钙和镁的吸光度。

五、思考题

1. 为什么提取这些活性物质只能用水溶液振荡，而不能酸溶或碱溶？如果用碱溶或酸溶结果会有什么样的偏差？

2．测定这些活性元素的方法除了本实验中使用的以外还有什么其他方法？

3．请写出几种成分的含量计算公式。

参 考 文 献

[1]　张燮编．工业分析化学实验［M］．北京：化学工业出版社，2007．

[2]　岩石矿分析编写组．岩石矿物分析［M］．北京：地质出版社，1991．

实验 31　含铝矿物分析

一、实验目的

① 了解铝土矿和黏土样品的分析流程。

② 熟悉铝土矿和黏土分析中的分离、掩蔽处理方法。

③ 练习和掌握熔融、提取、过滤、烘干、滴定等基本操作。

二、实验原理

铝土矿、高岭土和黏土是常见的含铝矿物。

铝土矿是一种土状矿物，化学成分为 $Al_2O_3 \cdot nH_2O$，含水不定，但多为单水或三水矿物，如一水软铝石、一水硬铝石和三水铝石（$Al_2O_3 \cdot 3H_2O$）。一小部分的氧化铝呈硅酸盐形式。铝土矿常含铁、硅等杂质，硬度为 $1\sim3$，相对密度为 $2.4\sim2.6$。铝土矿是制铝的主要原料。二氧化硅是制取氧化铝的主要有害杂质。因而对铝土矿质量的评价除氧化铝含量外，氧化铝对二氧化硅含量的比值也是一个重要的指标。

一般铝土矿的工业要求是：三氧化二铝的品位应大于 40%，铝硅比值的工业要求要大于 $2\sim3$。

黏土的主要组分是二氧化硅、氧化铝及水，也常含铁及少量的碱金属和碱土金属。

黏土用途很多。根据黏土质量可分作白陶器黏土、耐火黏土、陶器黏土、玻璃化工、砖土和强黏土等类。应根据工业上不同的要求测定不同的组分，以便对黏土的工业利用作出评价。例如耐火黏土，其矿物组成应以高岭土或水云母-高岭土为主，三氧化二铝含量应高于 30%，钙、镁氧化物不得高于 1.5%，氧化钾、钠含量应小于 2%，三氧化二铁应小于 3%。

高岭土主要成分是水铝硅酸盐，其中以高岭石为主，化学成分为（%）：二氧化硅 46.54，三氧化二铝约 39.50，水分约 13.96。高岭土具有强的可塑性、高的耐火性、良好助绝缘和化学稳定性，焙烧后呈白色，是陶瓷工业中的主要原料。

铝土、黏土及高岭土的主要分析项目为三氧化二铝及二氧化硅，也需测定铁、钙、镁、磷和硅等元素。

氢氟酸、硝酸、硫酸的混合酸是分解高岭土、黏土的有效溶剂。但对一水型铝土矿，则不能分解完全，仅在测定钾、钠时使用。

高岭土、黏土易为碳酸钠熔融分解，但是碳酸钠熔融不能使铝土矿分解完全，特别是一水硬铝石。强碱性熔剂过氧化钠、氢氧化钠或氢氧化钾是分解铝土矿最有效的熔剂。熔融可在铂坩埚或镍坩埚中进行，用银坩埚时带下的银不多，对钙、镁、铝的配位滴定没有影响，有利于进行系统分析。氢氧化钠比氢氧化钾对坩埚的侵蚀小，但熔块较难溶于热水，使提取困难。如果加入少许乙醇，熔块即易溶于近沸的水中，容易提取。

分析流程为：试样用氢氧化钠在银坩埚中熔融，盐酸提取，蒸发至湿盐状，在浓盐酸中加动物胶凝聚硅酸。沉淀灼烧，称重，用重量法求出二氧化硅的含量。采用 EDTA 连续滴定法测定滤液中的铁、铝、钙、镁。

三、主要仪器与试剂

1. 仪器

分析天平，台秤，电热高温炉（1000℃），滴定管，烧杯等。

2. 试剂

乙醇，氢氧化钠，盐酸，动物胶，硝酸，氨水，磺基水杨酸钠，EDTA，硫酸铜，二甲酚橙，锌粒，刚果红试纸，乙酸钠，亚硝基红盐，乙酸铵，冰乙酸，二甲酚橙，磷酸二氢铵，亚硝基红盐，酸性铬蓝 K（以上试剂均为分析纯）。

0.003500mol/L 锌标准溶液：称取金属锌粒 4.5766g，置于 250mL 烧杯中，加 1:1 盐酸 50mL，加热至锌粒完全溶解，冷却。移入 2000mL 容量瓶中，用水稀释至刻度，摇匀（此溶液用作标定 EDTA 浓度）。

0.005mol/L EDTA 标准溶液：称取乙二胺四乙酸二钠 18.61g，置于 1000mL 烧杯中，加 300～400mL 水和 4mol/L 氢氧化钠溶液 25mL，加热溶解。必要时补加氢氧化钠使其完全溶解，调节至 pH 7～8，冷却。移入 1000mL 容量瓶中，用水稀释至刻度，摇匀。用锌标准溶液标定。

标定：吸取 0.003500mol/L 锌标准溶液 50.00mL，置于 250mL 烧杯中，加水 50mL。用滴定管加入约 30mL 待标定的 EDTA 溶液，用 4mol/L 氢氧化钠溶液中和至刚果红试纸恰变红，加 pH 5.9 缓冲溶液 10mL 和数滴二甲酚橙指示剂，再用 EDTA 溶液滴定至黄色。另取 pH 5.9 缓冲溶液 10mL，加水至 100mL，用同样方法进行空白试验。

0.02mol/L 硫酸铜标准溶液：称取 5g 硫酸铜（$CuSO_4 \cdot 5H_2O$）溶于 100mL 水中，加 5%硫酸 0.5mL。

硫酸铜对 EDTA 的比值：用移液管移取 0.05mol/L EDTA 标准溶液 25mL 置于 250mL 烧杯中，加水 50mL，加 pH 4.5 缓冲溶液 20mL 及亚硝基红盐指示剂 2mL，用硫酸铜标准溶液滴定至黄绿色。

pH 为 4.5 的乙酸-乙酸铵缓冲溶液：称取乙酸铵 77g 溶于水中，加冰乙酸 58.9mL，用水稀释至 1000mL。

pH 为 5.9 的乙酸-乙酸钠缓冲溶液：200g 乙酸钠溶于水中，加冰乙酸 6mL，用水稀释至 1000mL。

四、实验步骤

安全预防： 使用高温炉时，应阅读使用说明书，在老师指导下操作，防止烧伤。使用酸碱时注意安全。

从铝土矿、高岭土和黏土样品中任选一种进行实验。

1. 二氧化硅

准确称取 0.5g 试样，放于银坩埚中，用少许乙醇润湿，加入氢氧化钠 4g，置于高温炉中，从低温升至 400℃保温 10min，继续升温至 700℃，保持 1min，取出，冷却。将坩埚直立于 250mL 烧杯中，于坩埚中加乙醇 3mL，小心加入近沸的水 15～20mL，迅速加盖表面皿防止跳溅，待剧烈反应停止后，用 1:2 盐酸及水洗净坩埚，立即加入盐酸 20mL，摇匀。置于低温电热板上蒸发至盐类析出，移至水浴上蒸发至湿盐状态。加盐酸 35mL、0.5%动物胶溶液 10mL，搅匀并压碎盐块。置于高温电热板上煮沸，移至低温处保持微沸状态 10min，取下。放置冷却，加沸水 20mL，搅拌使部分盐类溶解。用快速滤纸过滤，滤液用 250mL 容量瓶承接，待与洗液合并后供测定铁、铝、钙、镁等。

沉淀用 1∶4 热盐酸清洗 2～3 次，每次 25mL。将沉淀全部移至滤纸上，再用 1∶4 的盐酸洗涤 4～5 次，最后用盐酸酸化的沸水冲洗沉淀 8～10 次，必要时检查洗液至无铁离子，将沉淀置于已恒重的瓷坩埚中，低温挥发后于 1000℃灼烧至恒重。

2. 三氧化二铁

吸取分离二氧化硅后的滤液 25mL，放入 400mL 烧杯中，加水稀释至约 100mL 左右。以硝酸（1∶1）和氨水（1∶1）调节溶液 pH 值为 1.5～2.0（用精密试纸检验），加热到 70℃，加 2 滴磺基水杨酸钠指示剂溶液（100g/L），在不断搅拌下用滴定管滴加 EDTA 标准溶液，至红色消失为终点。

3. 三氧化二铝

用磷酸盐掩蔽钛，EDTA-硫酸铜容量法间接滴定铝铁含量，减去铁量，即得三氧化二铝含量。

吸取碱熔制备的溶液 25.00mL（相当于 50mg 试样），放入 250mL 烧杯中。加入 0.05mol/L EDTA 标准溶液 25mL，立即搅动溶液以免 EDTA 局部浓度过大而析出。用 1∶3 氨水中和至刚果红试纸变紫，加入 pH 4.5 缓冲溶液 20mL、10% 磷酸二氢铵溶液 10mL，摇匀。用水稀释至 100mL，煮沸 3～5min，在室温下慢慢冷却，加 0.2% 亚硝基红盐溶液 2mL，用硫酸铜标准溶液滴定至黄绿色即为终点。

4. 氧化钙、氧化镁

吸取 50.00mL 溶液，置于 300mL 锥形瓶中，加入氢氧化钠溶液 15mL 及 0.2% 酸性铬蓝 K 指示剂 4 滴，用 0.01mol/L EDTA 标准溶液滴定至溶液由红紫色变为蓝紫色即为终点。由 EDTA 用量计算氧化钙含量。

另吸取 50.00mL 溶液，加入 pH 10 的氨水-氯化铵缓冲溶液 10mL 及 0.2% 酸性铬蓝 K 指示剂 4 滴，用 0.01mol/L EDTA 标准溶液滴定至溶液由红色变为蓝紫色即为终点。用 EDTA 用量计算氧化钙和氧化镁含量，差减得氧化镁含量。

备注：如样品含钛很少，铁、铝、钙、镁的测定也可参考文献［3］所示方法进行，该方法简便，终点变色更敏锐。

五、思考题

1. 请列出本实验几种成分含量的计算公式。
2. 对高岭土样品，铁含量很低，请回答用容量法还是比色法好？有哪些比色方法？
3. 洗涤二氧化硅沉淀时如何检验滤液中有无铁离子？

参 考 文 献

［1］ 岩石矿物编写小组. 岩石矿物分析（第一分册）［M］. 北京：中国地质出版社，1991.
［2］ 陈运本，陆洪彬编. 无机非金属材料综合实验［M］. 北京：化学工业出版社，2007.
［3］ 成都科学技术大学分析化学教研组和浙江大学分析化学教研组合编. 分析化学实验（第 2 版）［M］. 北京：高等教育出版社，2001.

实验32　碳酸盐岩石分析

一、实验目的

① 了解碳酸盐岩石的分析流程和方法。

② 学习和掌握样品中微量硅、铁、铝的光度分析测定方法。

③ 了解和学习分离、掩蔽等干扰消除方法。

二、实验原理

以碱土金属碳酸盐为主要组分的岩石称为碳酸盐岩石，占主要地位的是石灰岩和白云岩。这类岩石主要矿物有：方解石 $CaCO_3$，含 CaO 56%、CO_2 43.9%；白云石 $CaMg(CO_3)_2$，含 CaO 30.4%、MgO 21.7%、CO_2 47.7%；菱镁矿 $MgCO_3$，含 MgO 21.7%、CO_2 52.1%。最常见的石灰岩由方解石组成。白云岩主要由白云石组成，有时含有少量方解石。这类岩石一般都含有少量黏土、石膏以及硅、铁、铝等杂质。

碳酸盐岩石在工业上有广泛的用途。冶金用的石灰岩中，硫、磷为有害元素，铁、硅、铝量高时对冶炼也不利。制造水泥用的石灰岩对镁、钾和钠的含量也有一定要求。耐火材料及化学工业用的白云岩，对铁、铝、锰、硅等含量有一定要求。耐火材料用的菱镁矿，钙、硅量高时为有害元素。

根据不同要求，碳酸盐岩石分析包括简项分析和全分析。简项分析只作氧化钙、氧化镁和酸不溶物或二氧化硅、二三氧化物等项目。全分析通常要求测定二氧化硅、三氧化二铁、三氧化二铝、二氧化钛、氧化钙、氧化镁、氧化锰、五氧化二磷、氧化钾、氧化钠、硫（或三氧化硫）、吸附水、二氧化碳、烧失量以及酸不溶物等项目。

碳酸盐岩石试样一般经高温（950～1000℃）灼烧后，可用盐酸完全分解。因灼烧后生成的钙、镁氧化物即成为试样内所含硅酸盐矿物的很好熔剂，因此酸不溶的硅酸盐杂质经过灼烧，即成为可以用酸分解的钙和镁的硅酸盐。

对于分析要求不高或较纯的碳酸盐岩石试样，也可以不经预灼烧，直接用酸分解。而对于硅酸盐杂质较高的碳酸盐岩石试样（如二氧化硅、铁和铝等杂质大于5%），则应按硅酸盐岩石处理。

本实验采用碱熔，酸提取，用 EDTA 容量法测定钙和镁，钼蓝分光光度法测定硅，磺基水杨酸比色法测定铁，铬天青-S 比色法测定铝。

三、主要仪器与试剂

1. 仪器

分析天平，高温炉，可见分光光度计，其他常规玻璃分析器皿。

2. 试剂

三乙醇胺水溶液 1：4；孔雀绿水溶液 0.1%；甲基橙指示剂 0.1%。

钙指示剂：将 0.2g 钙指示剂与 20g 硫酸钾研磨混匀。

钙黄绿素-酚酞指示剂：将 1g 钙黄绿素与 0.25g 酚酞络合剂、100g 硝酸钾混匀；

EDTA 标准溶液：0.01mol/L 或 0.02mol/L。

10%钼酸铵溶液：10g 钼酸铵溶于 80mL 水，倾入盛有 20mL 3mol/L 硫酸的容器中。

钼蓝显色剂：将 20g 草酸、15g 硫酸亚铁铵溶于 1000mL 1.5mol/L 硫酸溶液中。

二氧化硅标准溶液：称取优级纯二氧化硅 0.1000g，置于铂金坩埚中，加入无水碳酸钠 2.5～3g，搅匀，于 950～1000℃熔融 20～30min，取出，用 400mL 水加热提取，移入

1000mL 容量瓶中，用水稀释至刻度，摇匀，1mL 此溶液含 $100\mu g$ 二氧化硅，上述溶液应储于塑料瓶中（此溶液可使用一个月）。

乙酸-乙酸钠缓冲溶液：68g 三水乙酸钠溶于 470mL 水中，加 30mL 冰乙酸。

0.2% 铬天青 S 水溶液：称取 0.5g 铬天青 S 置于烧杯中，加入少量温水溶解后，过滤于 250mL 容量瓶中，用水稀释至刻度，摇匀。此溶液至少可稳定一个月。

四、实验步骤

1. 样品的碱熔消化

准确称取 0.2g 试样，置于银坩埚中，加数滴乙醇润湿，加入约 1.5g 粒状氢氧化钠或氢氧化钾，于 650～700℃ 熔融 10min，取出，冷却。放入塑料烧杯中，往埚内加入大半埚热水，溶解完后，倒入预先盛有 1:1 盐酸 15mL 及水 40mL 的 100mL 容量瓶中，立即摇匀。用水及 5% 盐酸洗净坩埚。用水稀释至刻度，摇匀。备作硅、铁、铝、钙和镁等组分的测定用。

2. 钙、镁的测定

在 EDTA 配位滴定钙、镁的方法中，最常用的掩蔽剂仍然是三乙醇胺与氰化钾。三乙醇胺掩蔽铁、铝和锰，氰化钾掩蔽银、汞、铜、锌、钴等有色金属离子。

在大量镁存在下滴定钙，可采用糊精作保护胶使氢氧化镁胶状沉淀不析出，以消除其对钙和指示剂的吸附；或者采用少取试样，使滴定溶液中存在的氢氧化镁沉淀的量不足以引起对钙离子和指示剂的严重吸附的简便方法，但此时被滴定的钙量减小，滴定误差将随之增大。

取两份试样溶液，都加入三乙醇胺以掩蔽铁、铝等。将一份溶液的 pH 调至 12.1～13，加钙指示剂，用 EDTA 滴定钙。另一份溶液的 pH 调至 10，以酸性铬蓝 K 为指示剂，用 EDTA 滴定钙、镁含量，减去钙量即得镁量。

（1）氧化钙的测定　准确吸取分离二氧化硅或酸不溶物后的滤液 25.00mL，置于 250mL 锥形瓶中，用水稀释至 100mL。加入 1:4 三乙醇胺溶液 2～3mL，甲基橙指示剂 1 滴，用 20% 氢氧化钾溶液中和至溶液刚变黄色。加入孔雀绿指示剂 1 滴，用 20% 氢氧化钾溶液调至溶液由蓝色变为无色后再过量 5mL，摇匀。加入钙指示剂 0.1g，用 0.01mol/L 或 0.02mol/L EDTA 标准溶液滴定。接近终点时，应缓慢滴定至溶液由紫红色变为纯蓝色。

大量镁存在时可采用糊精作保护胶以消除大量氢氧化镁沉淀对钙离子和指示剂的吸附，其具体方法如下所述。

准确吸取分离二氧化硅或酸不溶物后的滤液 25.00mL 置于烧杯中，加甲基红指示剂 1 滴，用 25% 氢氧化钾溶液中和至溶液刚变黄，再用 1:1 盐酸调至红色，用水稀释至 70mL，加入 1:4 三乙醇胺 2mL、5% 糊精溶液 15mL 和 25% 氢氧化钾溶液 10mL，加少许钙黄氯素-酚酞络合剂混合指示剂，用 0.01mol/L EDTA 标准溶液确定至黄绿色荧光消失为终点。

（2）氧化镁的测定　吸取分离二氧化硅或酸不溶物后的滤液 25mL，置于 250mL 锥形瓶中，用水稀释至约 100mL，加入 1:4 三乙醇胺溶液 2～3mL、甲基橙指示剂 1 滴，用 15% 氢氧化钠溶液调至溶液刚变黄。加入 pH 为 10 的缓冲溶液及酸性铬蓝 K-萘酚绿 B 混合指示剂 6 滴，用 0.01mol/L 或 0.02mol/L 的 EDTA 标准溶液滴定。近终点时应缓慢滴定至溶液由紫红色变为纯蓝色即为终点。此结果为钙、铁含量，减去钙量即得镁量。

3. 二氧化硅的测定

在 0.1～0.3mol/L 盐酸介质中，硅酸根离子与硅钼酸铵生成黄色的硅钼酸配合物。当溶液的酸度为 0.6～1mol/L 时，加入钼蓝显色剂，使之成为硅钼蓝，再进行测定。硅钼蓝的颜色至少可稳定 8h。溶液的酸度和温度对硅钼黄显色影响较大，显色酸度以 0.2～0.3mol/L 为宜，酸度过高显色不完全，酸度过低显色速度减慢。温度以 20～30℃为宜，5～10min 即显色完全。磷、砷、锗与钼酸铵也生成相似的黄色钼酸盐配合物，也可还原成钼蓝，三价铁会降低亚铁的还原电位，使结果偏低。加入酒石酸、柠檬酸或草酸可抑制其磷钼酸的形成和分解砷、锗的黄色钼酸盐而消除其影响，同时也可消除三价铁的影响。钼蓝法测定硅的关键，在于使溶液中的硅酸全部形成正硅酸。正硅酸的形成与溶液的 pH 变化有关，当碱性溶液迅速地倒入稀盐酸溶液中，使溶液的 pH 迅速越过 3～7 范围达到 0.5～2 的微酸性溶液，可大大减少偏硅酸及胶质硅酸的形成。

标准曲线的绘制：取 0、50μg、100μg、200μg、…、500μg 二氧化硅标准溶液，分别置于 100mL 容量瓶中，用水稀释至 30mL。加 5％盐酸 5mL、10％钼酸铵溶液 2.5mL，加 0.004mol/L 高锰酸钾溶液 1 滴，放置 10～20min，加入钼蓝显色剂 20mL，立即摇匀，用水稀释至刻度，摇匀。5min 后在分光光度计上，用空白作参比，于波长 600nm 处测量其吸光度并绘制标准曲线。

吸取上述制备液 10mL，置于 100mL 容量瓶中，用水稀释至 30mL，以下按标准曲线手续进行显色和测定。

4. 三氧化二铁的测定

在 pH 为 8.5～11.5 的氨水介质中，三价铁与磺基水杨酸生成稳定的黄色配合物可借以进行测定。

在强碱性溶液中，磷酸盐、氟化物、氯化物、硫酸根以及硝酸根离子的存在均不干扰。钙、镁、铝、稀土和铍等与磺基水杨酸生成可溶性的无色配合物而消耗试剂，故必须加入过量试剂。锰的干扰可加入盐酸羟胺消除。

本法可测定 0.05％～5％的铁。

标准曲线的绘制：取 0、50μg、100μg、200μg、…、1000μg 三氧化二铁标准溶液，分别置于 100mL 容量瓶中，用水稀释至 40mL。加入 25％磺基水杨酸溶液 10mL，用 1∶1 氨水中和至溶液颜色由紫红色变为黄色并过量 4mL，用水稀释至刻度，摇匀。用分光光度计于 510nm 处测量其吸光度并绘制标准曲线。

吸取上述制备液 10mL，置于 100mL 容量瓶中，加水至约 30mL。加 25％磺基水杨酸溶液 10mL，用 1∶1 氨水中和至溶液由紫红色变为黄色，并过量 4mL，用水稀释至刻度，摇匀，按标准曲线手续进行测定。

5. 三氧化二铝的测定

在 pH 为 4.7 的乙酸-乙酸钠缓冲溶液中，铝与铬天青 S 生成紫色配合物分子，最大吸收波长在 587nm 处。配合物显色很快，5min 即可达到最大吸光度，稳定时间约 1h，应尽快完成测定。

氟与铝生成配合物而产生严重的负误差，必须事先除去。铁的干扰可加抗坏血酸消除，但抗坏血酸用量不能过多，以加 1％抗坏血酸溶液 2mL 为宜，过多的抗坏血酸能破坏铝-铬天青配合物。碱土金属的存在均不影响测定。

大量中性盐使结果偏低，绘制标准曲线时，标准系列中应加入与试样相同数量的空白试液消除其影响。

取 0、20μg、40μg、60μg、…、200μg 二氧化二铝标准溶液，分别置于 100mL 容量瓶中，加入与试样相等量的空白试液，用水稀释至 50mL。加入 0.5％甲基橙指示剂 1 滴，用 5％的氢氧化钠溶液调至黄色，加入 1∶1 盐酸 6 滴，摇匀。加入 1％抗坏血酸溶液 2mL、0.5％磷酸二氢钾溶液 2mL，摇匀。准确加入 0.2％铬天青 S 显色剂 5mL，摇匀。加入乙酸-乙酸钠缓冲溶液 10mL，用水稀释至刻度，摇匀。5min 后，用 2cm 比色皿，以试剂空白溶液作参比，在 587nm 处测量吸光度并绘制标准曲线。

吸取分离硅以后的滤液（相当于 10～20mg 试样）50mL，按标准曲线的绘制手续进行显色和测量。

五、思考题

1. 请写出每个组分含量的计算公式？

2. 比较碳酸盐岩石分析酸溶系统和碱溶系统的优缺点？

3. 请查阅原子光谱法测定本实验中的几个微量元素的分析方案，并与本方法进行比较？

参 考 文 献

[1] 岩石矿物编写小组. 岩石矿物分析（第一分册）[M]. 北京：中国地质出版社，1991.

[2] 陈运本，陆洪彬编. 无机非金属材料综合实验 [M]. 北京：化学工业出版社，2007.

[3] 成都科学技术大学分析化学教研组和浙江大学分析化学教研组合编. 分析化学实验 [M]. 北京：高等教育出版社，2001.

实验 33　原子吸收分光光度法测定枸杞中锌、铁、钙、镁、铜、锰元素的含量

一、实验目的

① 了解原子吸收分光光度计的原理与基本结构。

② 掌握原子吸收法测定枸杞中锌、铁、钙、镁、铜、锰 6 种元素含量的实验方法。

二、实验原理

物质中的原子、分子永远处于运动状态。这种物质的内部运动，在外部可以以辐射或吸收能量的形式表现出来，而光谱就是按照波长顺序排列的电磁辐射。按照外部表现形式，光谱可分为连续光谱、窄带光谱和线光谱。原子吸收采用的光谱属于线光谱，波长区域在近紫外和可见光区。其分析原理是：当光源辐射出的待测元素的特征谱线通过样品的蒸气时，被蒸气中待测元素的基态原子所吸收，由发射光谱被减弱的程度求得样品中待测元素的含量。

原子吸收分光光度计是根据被测元素的基态原子对特征辐射的吸收程度进行定量分析的仪器，测量原理是基于光吸收定律。

$$A = -\lg I/I_0 = -\lg T = KCL$$

式中　A——吸光度；

I_0——入射光强度；

I——透射光强度；

T——透射比；

K——吸光系数；

C——样品中被测元素的浓度；

L——光通过原子化器的光程。

在仪器稳定时：
$$A = KC$$

式中　C——样品中被测元素的浓度；

　　　K——与元素浓度无关的常数；

　　　A——吸光度。

由于 K 值是一个与元素浓度无关的常数（实际上是标准曲线的斜度），只要通过测定标准系列溶液的吸光度，绘制工作曲线，根据同时测得的样品溶液的吸光度，在标准曲线上即可查得样品溶液的浓度。

枸杞系茄科枸杞属植物，是经济价值很高的木本药用植物。枸杞具有补肾养肝、润肺明目、清热解毒、养颜美容、去虚劳、补精气之功效，有独特的营养保健和药用价值。近年来的研究表明，枸杞还具有增强免疫力、抗肿瘤、防衰老、增强造血功能、降低血糖、抑制高血压、升高白细胞调节免疫功能、抗脂肪肝、降低胆固醇防止动脉硬化等方面的药理作用。枸杞的药理作用除了与它含有的多种有机营养成分如糖类、脂肪和脂肪酸、蛋白质、氨基酸等有关外，还与它含有的人体所必需的金属元素有关。据报道，微量金属元素与人体健康有着密切的关系，许多元素在人体生长发育和生命运动、抗衰老、防病治病等方面起到很重要的作用。因此，测定枸杞中金属元素的含量，对于研究枸杞的药理作用具有实用意义。

本实验采用火焰原子吸收分光光度法来测定枸杞中金属元素锌、铁、钙、镁、铜、锰的含量，通过将试液喷入火焰中，使锌、铁、钙、镁、铜、锰等元素原子化，在火焰中形成的基态原子对特征谱线产生选择性吸收，由测得的样品吸光度和校准溶液的吸光度进行比较，确定样品中被测元素的浓度。

三、主要仪器与试剂

1. 仪器

原子吸收分光光度计，锌、铁、钙、镁、铜、锰元素空心阴极灯，电子天平，空气压缩机，鼓风干燥箱。

2. 试剂

枸杞（市售枸杞），硝酸（分析纯），高氯酸（分析纯），二次蒸馏水，6 种元素的标准储备液（国家标准溶液，质量浓度均为 $1000\mu g/mL$，使用时按要求稀释至所需浓度）。

四、实验步骤

安全预防：乙炔是微毒类气体，属危险品，具有弱麻醉作用，高浓度吸入可引起窒息。它极易燃烧爆炸，应避免与空气混合，与明火、高热能或氧化剂、氟、氯等接触，工作现场严禁吸烟，穿防静电工作服，戴一般作业防护手套。乙炔气瓶具有不安全隐患，其运输、储存和使用必须严格执行国务院颁发的《化学危险物品安全管理条例》的有关规定。

1. 设定仪器操作条件

仪器操作条件见表 4-8。

2. 绘制锌、铁、钙、镁、铜、锰工作曲线

用标准储备液配制成实验所需的一系列标准溶液，每一标准溶液需加入 3mL 硝酸，用蒸馏水定容至 50mL，标准溶液浓度见表 4-9。为消除底液吸收光对测定吸光度的影响，在空白溶液中也加入 3mL 浓硝酸。用火焰原子吸收法分别测定其吸光度值，并作出各元素的工作曲线。

表 4-8 测定锌、铁、钙、镁、铜、锰仪器工作参数及测定条件

元素	波长/nm	光谱带宽/nm	灯电流/mA	负高压/V	积分时间/s
Zn	213.90	0.20	5	359	1.0
Fe	248.30	0.20	5	444	1.0
Ca	422.70	0.20	5	307	1.0
Mg	285.20	0.20	5	234	1.0
Cu	324.80	0.20	5	271	1.0
Mn	279.50	0.20	5	433	1.0

表 4-9 各元素标准溶液的质量浓度

元素	质量浓度/(μg/mL)					
Zn	0.00	0.20	0.40	0.60	0.80	1.00
Fe	0.00	0.50	1.00	2.00	3.00	4.00
Ca	0.00	2.00	4.00	6.00	8.00	10.00
Mg	0.00	0.10	0.20	0.30	0.40	0.50
Cu	0.00	0.50	1.00	1.50	2.00	2.50
Mn	0.00	0.25	0.50	1.00	1.50	2.00

3. 样品测定

准确称取 3g 左右枸杞样品置于 100mL 的小烧杯中，加入 HNO_3-$HClO_4$ 的混合消化液（4∶1）30mL，置于电热板上进行消化。待白烟冒尽，样品开始炭化，蒸至近干，停止加热。消化完毕后，往小烧杯中补加 3mL 硝酸，微热使其溶解，溶液成淡黄色，冷却至室温，转移至 50mL 容量瓶中，稀释，定容。用原子吸收分光光度计测定各元素的吸光度值，仪器操作条件见表 4-8。分别在锌、铁、钙、镁、铜、锰元素的工作曲线上查出样品中各元素的质量浓度，按下式分别计算各元素的含量：

$$含量 = \frac{元素质量浓度(μg/mL) \times 样品体积(mL) \times 稀释倍数 \times 10^{-6}}{样品质量(g)} \times 100\%$$

五、思考题

1. 枸杞具有很高的药用价值，其药理作用主要体现在什么方面？人体若缺少微量金属元素会有什么危害？

2. 原子吸收分光光度计主要包括哪几个部分？其分析法的原理是什么？有何优点？

参 考 文 献

[1] 韩金土，余荣珍. 火焰原子吸收光谱法测定枸杞子中的金属元素 [J]. 信阳师范学院学报（自然科学版），2003, 16 (2)：169~171.

[2] 庄晓燕，杨学东，赵燕等. 火焰原子吸收法测定枸杞中 10 种元素的含量 [J]. 数理医药学杂志，2006, 19 (1)：84.

[3] 李昌厚著. 原子吸收分光光度计仪器及应用 [M]. 北京：科学出版社，2006.

实验 34 荧光光度法测定新鲜蔬菜中维生素 B₂ 的含量

一、实验目的

① 了解分子荧光分析法的原理。

② 掌握用荧光法测定维生素 B_2 的原理以及荧光激发和发射最佳波长的确定。

③ 熟悉荧光分光光度计的基本操作方法。

二、实验原理

常温下，处于基态的分子吸收一定的紫外可见光的辐射能成为激发态分子，激发态分子通过无辐射跃迁至第一激发态的最低振动能级，再以辐射跃迁的形式回到基态，发出比吸收光波长长的光而产生荧光。

在稀溶液中，荧光强度 I_F 与物质的浓度 c 有以下关系：

$$I_F = 2.303\phi I_0 \varepsilon bc$$

当实验条件一定时，荧光强度与荧光物质的浓度成线性关系：

$$I_F = Kc$$

这就是荧光光谱法定量分析的理论依据。

维生素 B_2（又称核黄素，简称 V_{B_2}）是机体中许多重要辅酶的组成部分，它在生物氧化中起着重要作用。当人体缺乏 V_{B_2} 时，代谢作用发生障碍。V_{B_2} 易溶于水，在 470nm 蓝光的照射下，发出绿色荧光，荧光峰在 550nm 左右。V_{B_2} 在 pH＝6～7 的溶液中荧光强度最大，在碱性溶液中，V_{B_2} 经光线照射会发生分解而转化为光黄素，光黄素的荧光比核黄素的荧光强得多，故测 V_{B_2} 的荧光时溶液要控制在酸性范围内，且在避光条件下进行。

三、主要仪器与试剂

1. 仪器

荧光分光光度计。

2. 试剂

乙酸溶液（5％），NaOH 溶液（1mol/L），HCl 溶液（1mol/L），$KMnO_4$ 溶液（3％，长时间不用的情况下，在使用前应过滤），H_2O_2［30％（体积）］，冰乙酸，新鲜蔬菜（如菠菜、芹菜、油菜、青蒜等）。

V_{B_2} 标准储备溶液（100mg/L）：准确称取 25mg V_{B_2}，用 5％的乙酸溶液溶解，转移至 250mL 容量瓶中，并用 5％的乙酸溶液稀释至刻度，保存于冰箱中。

四、实验步骤

安全预防：乙酸有刺激性；盐酸具有腐蚀性；氢氧化钠具有强腐蚀性，若溅到皮肤上或眼中，应立即用水冲洗，或用硼酸水冲洗。

1. 标准系列溶液的配制

用吸管移取 V_{B_2} 标准储备溶液 10.00mL 于 100mL 容量瓶中，用 5％的乙酸稀释至刻度，摇匀。吸取该稀释溶液（10.0mg/L）0、0.50mL、1.00mL、2.00mL、3.00mL 和 4.00mL，分别放入六只 100mL 容量瓶中，用 5％的乙酸稀释至刻度，摇匀，此标准系列溶液的质量浓度分别为 0、0.050mg/L、0.10mg/L、0.20mg/L、0.30mg/L 和 0.40mg/L。

2. 样品溶液制备

称取一定量的新鲜蔬菜于 250mL 锥形瓶中，加入 20mL 1mol/L 的 HCl 和 30mL 蒸馏水，在沸水浴中加热 1h，冷却，不断搅拌滴加 1mol/L 的 NaOH，调节 pH 为 6，再用稀

HCl 调节 pH 至 4.5，过滤，用蒸馏水洗涤样品，洗涤液和过滤液合并定量转移至 100mL 容量瓶中，加水稀释至刻度。

3. 工作曲线绘制

取标准系列溶液之一，寻找最佳荧光激发和发射波长。在所确定的波长条件下测定标准系列溶液的荧光强度，绘制荧光强度与浓度的工作曲线。

4. 测定

分别吸取 10.00mL 样品溶液三份，依次置于三只 25.00mL 容量瓶中，加入 1.25mL 冰醋酸，再加入 $KMnO_4$ 溶液（3%）0.5mL，放置 2min，边摇边滴 H_2O_2（30%），使 $KMnO_4$ 刚好褪色，用纯水稀释至刻度，在荧光分光光度计上分别测定其荧光强度。

五、数据处理

1. 在坐标纸上或用 Origin、Excel 等作图软件绘制 $I_F\text{-}c$ 的工作曲线。

2. 根据测定的 $I_{F,x}$，从工作曲线上查出或计算溶液中 V_{B_2} 的 $c_x(mg/L)$。

3. 由下式计算出样品（新鲜蔬菜）中的 V_{B_2} 的含量（mg/100g）。

$$V_{B_2}(mg/100g) = c_x \times 25.00 \times 10^{-3} \times (100/10) \times (1/w_S) \times 100$$

式中，w_S 为新鲜蔬菜的质量，g。

六、思考题

1. 比较荧光分光光度计与紫外-可见分光光度计仪器的结构，分析两种仪器的光路有哪些区别。

2. 如何判断激发峰、发射峰和磷光峰？

3. V_{B_2} 在 pH＝6～7 时荧光最强，本实验为何在酸性溶液中测定？

参　考　文　献

[1] 南京大学《无机及分析化学实验》编写组. 无机及分析化学实验（第 3 版）[M]. 北京：高等教育出版社，2004.

[2] 蔡炳新，陈贻文. 基础化学实验 [M]. 北京：科学出版社，2001.

实验 35　火焰原子吸收分光光度法测定食盐中的铁、锌、铜含量

一、实验目的

① 了解火焰原子吸收分光光度计的原理与基本结构。

② 掌握火焰原子吸收分光光度法测定食盐中铁、锌、铜含量的实验方法。

二、实验原理

火焰原子吸收分光光度计的原理详见实验 33。

铁、锌、铜是人体必需的微量元素，人体铁缺乏会引起缺铁性贫血，影响人体健康和儿童的生长发育及智力开发。缺锌会出现食欲下降、生长迟缓、性发育落后、智能低下等症状，还会降低人体的免疫功能，使人易患病和衰老。缺铜可导致神经系统失调，大脑功能发生障碍，脑细胞中的色素氧化酶减少，活力下降，从而使记忆衰退、思维紊乱、反应迟钝，甚至步态不稳、运动失常等。目前食盐市场上除一般的加碘盐外，陆续出现了添加各种微量元素的保健食盐，如加铁盐、加锌盐、加钙盐以及加多种微量元素的复合盐等。

本实验采用火焰原子吸收光谱法来测定食盐中的铁、锌、铜含量，通过将试液喷入火焰

中，使铁、锌、铜原子化，在火焰中形成的基态原子对特征谱线产生选择性吸收，由测得的样品吸光度和校准溶液的吸光度进行比较，确定样品中被测元素的浓度。

三、主要仪器与试剂

1. 仪器

原子吸收分光光度计，铁、锌、铜元素空心阴极灯，电子天平，空气压缩机。

2. 试剂

食盐，硝酸（优级纯），铁、锌、铜标准溶液（国家标准溶液，质量浓度均为1000μg/mL，使用时按要求稀释至所需浓度），所有实验用水均为超纯水或亚沸去离子水，所用玻璃器械用10％硝酸浸泡过夜，去离子水冲洗干净。

四、实验步骤

安全预防：乙炔是微毒类气体，属危险品，具有弱麻醉作用，高浓度吸入可引起单纯窒息。它极易燃烧爆炸，应避免与空气混合，与明火、高热能或氧化剂、氟、氯等接触，工作现场严禁吸烟，穿防静电工作服，戴一般作业防护手套。乙炔气瓶具有不安全隐患，其运输、储存和使用必须严格执行国务院颁发的《化学危险物品安全管理条例》的有关规定。

1. 设定仪器操作条件

仪器操作条件见表4-10。

表4-10　测定铁、锌、铜仪器工作参数及测定条件

元素	波长/nm	光谱带宽/nm	灯电流/mA	负高压/V	积分时间/s
Fe	248.30	0.2	5	455	1.0
Zn	213.85	0.2	5	368	1.0
Cu	324.75	0.2	5	320	1.0

2. 绘制铁、锌、铜工作曲线

分别取1mL的1000μg/mL铁、锌、铜标准溶液，用1.5％的硝酸定容至100mL，配制成质量浓度均为10.0μg/mL的铁、锌、铜标准使用液。分别吸取上述使用液配制铁、锌、铜的工作曲线溶液，见表4-11。用火焰原子吸收法分别测定其吸光度值，并作出各元素的工作曲线。

表4-11　铁、锌、铜元素工作曲线溶液的质量浓度

元素	质量浓度 /(μg/mL)						
	1	2	3	4	5	6	7
Fe	0.00	0.10	0.20	0.30	0.40	0.50	0.60
Zn	0.00	0.10	0.20	0.30	0.40	0.50	0.60
Cu	0.00	0.10	0.20	0.30	0.40	0.50	0.60

3. 样品的测定

根据食用盐中加入营养剂的量，准确称取食盐0.10～10.0g，加入适量去离子水将其溶解，转移至100mL容量瓶中，再用1.5％硝酸溶液定容。同时制作试剂空白。

用原子吸收分光光度计测定样品中各元素及试剂空白的吸光度值，仪器操作条件见表4-10。将所测样品吸光度值扣除试剂空白值，通过标准曲线查出样品中各元素的质量浓度，按下式分别计算各元素的含量：

$$含量=\frac{元素质量浓度(\mu g/mL)\times样品体积(mL)\times稀释倍数\times10^{-6}}{样品质量(g)}\times100\%$$

五、思考题

1. 铁、锌、铜是人体必需的微量元素，缺铁、缺锌、缺铜对人体有什么危害？

2. 火焰原子吸收分光光度法的分析原理是什么？此法有何优点？

3. 火焰原子吸收分光光度计主要包括哪几个部分？它有哪些技术指标？

参 考 文 献

[1] 欧阳云，张传禄，谢红武. 富集分离火焰原子吸收光谱法测定食盐中铜锌镉铁 [J]. 实用预防医学，2005，12 (5)：1090～1092.

[2] 陈文军，何立峰，杜文雯，等. 火焰原子吸收分光光度法测定食盐中的铁含量 [J]. 微量元素与健康研究，2006，23 (2)：41～42.

[3] 李昌厚著. 原子吸收分光光度计仪器及应用 [M]. 北京：科学出版社，2006.

实验 36　食品中钙、镁、铁含量的测定

一、实验目的

① 了解有关食品样品预处理方法。

② 掌握食品样品中钙、镁、铁的测定及样品中干扰的排除方法。

③ 掌握分光光度计使用方法。

④ 运用所学过的知识设计有关食品样品中钙、镁、铁综合测试方案，提高分析问题和解决问题的能力。

二、实验原理

大豆等干样品经粉碎（蔬菜等湿样品需烘干）、灰化、灼烧、酸提取后，可采用配位滴定法，在碱性（pH=12）条件下，以钙指示剂指示终点，以 EDTA 为滴定剂，滴定至溶液由紫红色变蓝色，计算试样中钙含量。另取一份试液，用氨-氯化铵缓冲溶液控制溶液 pH=10，以铬黑 T 为指示剂，用 EDTA 滴定至溶液由紫红色变蓝色为终点，与钙含量相减得镁含量。试样中铁等干扰可用适量的三乙醇胺掩蔽消除。可用邻二氮菲分光光度法测定铁的含量。

三、主要仪器与试剂

1. 仪器

分析天平，烘箱，蒸发皿，粉碎机，高温炉，瓷坩埚，容量瓶（250mL），移液管，锥形瓶（250mL），烧杯（250mL 和 100mL），滴定管，吸量管，比色管（50mL），比色皿（1cm），分光光度计。

2. 试剂

0.005mol/L EDTA 溶液，20% NaOH，pH=10 氨性缓冲溶液，1∶3 三乙醇胺，1∶1 HCl，钙指示剂（配成 1∶100 氯化钠固体粉末），1g/L 铬黑 T 指示剂（称取 0.1g 铬黑 T 溶于 75mL 三乙醇胺和 25mL 乙醇中），基准 $CaCO_3$，100μg/mL 铁标准溶液，0.15% 邻二氮菲，10% 盐酸羟胺，1mol/L 的 NaAc 溶液。

四、实验步骤

安全预防：盐酸、氢氧化钠具有腐蚀性，避免直接接触；乙醇易燃，避免明火；高温炉在使用中注意避免被灼伤。

1. 试样制备

将蔬菜、豆类、海产品、菌类等食品（任意选择一种试样）洗净、晾干。适量称取可食用部分，放入烘箱于110℃温度下烘干后置于蒸发皿中（豆类用粉碎机粉碎后适量称取，其他干样品可直接称取），在电炉上灰化、炭化完全，置于高温炉中650℃灼烧2h。取出冷却后，加入10mL 1:1 HCl溶液浸泡20min，不断搅拌，静止沉降，过滤，用250mL容量瓶承接，用蒸馏水洗沉淀、蒸发皿数次。定容、摇匀，待用。

2. EDTA溶液的标定

用差减法准确称取0.10~0.12g基准物质$CaCO_3$于小烧杯中，少量水润湿，盖上表面皿，从烧杯嘴处往烧杯中滴加5mL 1:1 HCl溶液，使$CaCO_3$完全溶解。加水50mL，微沸2~3min以除去CO_2。冷却后用水冲洗烧杯内壁和表面皿。定量转移至250mL容量瓶中。定容，摇匀。

用移液管移取钙标准溶液20.00mL于锥形瓶中，加水至100mL，加5~6mL 20%的NaOH溶液，加钙指示剂，用EDTA标准溶液滴定至溶液由红色变为蓝色即为终点，平行实验做3次，计算EDTA标准溶液的浓度。

3. 试样中钙、镁含量测定

试样中钙、镁含量的测定：用移液管移取上述制备液20.00mL于锥形瓶中，加5mL的1:3三乙醇胺，加水至100mL，加15mL pH=10氨性缓冲溶液，4~5滴铬黑T指示剂，用EDTA标准溶液滴定至溶液由紫红色变蓝色为终点。

试样中钙含量的测定：用移液管移取上述制备液20.00mL于锥形瓶中，加5mL中1:3三乙醇胺，加水至100mL，加20% NaOH溶液5~6mL，加钙指示剂，用EDTA标准溶液滴定至溶液由红色变蓝色为终点，平行实验做3次。

钙镁含量减钙含量可得镁含量。

4. 邻二氮菲分光光度法测定试样中铁含量

标准曲线的制作：在6个50mL比色管中，用吸量管分别加入0.00，0.20mL，0.40mL，0.60mL，0.80mL，1.00mL 100μg/mL铁标准溶液，分别加入1.0mL盐酸羟胺，2.0mL邻二氮菲，5.0mL NaAc溶液。每加入一种试剂都要摇匀，用水稀释到刻度，放置10min。用1cm比色皿，以试剂空白为参比，于508nm处，测量各溶液的吸光度。以铁含量为横坐标，以吸光度为纵坐标绘制工作曲线。

试样中铁含量的测定：准确移取适量试样制备液于比色管中，以下按标准曲线操作步骤显色、测定其吸光度值，在工作曲线上查出试样中铁的含量。

五、思考题

1. 如何判断样品已灼烧完全？如何判断加1:1 HCl提取样品时钙、镁、铁已提取完全，提取完成后留下的物质是什么？

2. 请写出有关的成分结果含量计算公式。

参 考 文 献

[1] 王英华，徐家宁，张寒琦等. 推荐一类贴近生活的基础分析化学综合实验 [J]. 大学化学，2006，21 (5)：45~46.

[2]　杨昌举．食品科学概论［M］．北京：中国人民大学出版社，1999.
[3]　武汉大学．分析化学实验（第四版）［M］．北京：高等教育出版社，2001.

实验 37　微波消化原子吸收分光光度法测定生物样品中的锌

一、实验目的

① 学习生物样品的微波消化法。

② 熟悉原子吸收光谱仪的使用和操作。

③ 了解锌和铜的原子吸收分光光度法测定。

二、实验原理

AAS、ICP-AES 等光谱分析有快速、灵敏和精密的特点，但都需要将样品经过分解处理成溶液，而常规的熔融法和酸分解法速度慢，自动化程度低，限制了分析速度。

采用微波与密封增压溶样法相结合，能显著提高溶样效率和速度，其主要优点为：①显著地节省能源；②增温增压，提高了酸分解样品的效率和速度；③极大地缩短了溶样时间；④减少了试剂用量，降低了成本和空白；⑤具有低的交叉污染和挥发损失；⑥降低了污染物质的排放量，有利于环境保护。生物质样品（如人发、茶叶等）的分解一般采用酸分解法，普通方法制样时间一般要半天，而且试剂耗量大，微波消化仅需 10min 左右，其优点非常突出。

微量元素虽然含量微小，但对生物体功能颇大，在造血、成骨、组织呼吸、色素形成以及其他生理代谢过程中，既能起到催化剂和激活剂的作用，又能抑制生物毒素的毒性，促进机体内的抗体形成，提高机体的免疫力。微量元素含量在机体内有恒定水平，当其含量过多或缺乏，或体内控制微量元素的平衡机制失调时都能引起疾病。利用头发中微量元素的含量来评价体内微量元素的代谢和营养状况是医学上通用的方法。茶是我国人民的采用饮料，是补充和供应人体微量元素的重要途径。锌是对人体最有影响的微量元素，号称"智慧元素"，其含量水平与人的智慧有显著关系。

锌的原子吸收光谱测定波长为 213.8nm。

三、主要仪器与试剂

1. 仪器

微波溶样器，原子吸收分光光度计。

2. 试剂

硝酸：分析纯，市售；双氧水：分析纯，市售。

锌标准溶液：取 $1000\mu g/mL$ 的储备液配制成如下系列：0.0、0.5×10^{-6}、1.5×10^{-6}、2.0×10^{-6}、3.0×10^{-6}、4.0×10^{-6}、5.0×10^{-6}。

人发样品：由学生自找（标明来源）；茶叶样品：市售（标明品种和产地）。

四、实验步骤

安全预防：硝酸、双氧水易腐蚀皮肤，硝酸分解产物二氧化氮不能吸入，要在通风橱内进行分解；仔细阅读微波炉使用说明书，注意使用安全，防止射线伤害。

1. 试样分解

称取 0.2000g 烘干并用不锈钢剪刀剪至 2mm 左右的碎发或茶叶于聚四氟乙烯容器中，加 0.5mL 的 HNO_3 及 1.5mL 的 H_2O_2，加盖密封，放入微波炉内的转盘上，以 500W 功率加热反应一定时间，然后取出容器，在流水中冷却至室温，用少量水洗出，定容 50.00mL，待测。

2.原子吸收光谱法测定

标准曲线的制作：作标准曲线，测定标准曲线线性相关系数，线性范围。

3. HNO_3/H_2O_2 混合酸比例和反应时间对消化的影响试验

以样品中有机成分被消化完全，样品液透明无色为判断标准，按表 4-12 设计安排进行实验。

4.样品分析

（1）回收试验　根据样品含量情况，按测定样品液浓度相当的含量加入标准锌溶液，进行加入标准回收试验，计算本法测定的回收率。

（2）RSD 的测定　重复测定 5～6 次，计算相对标准偏差（RSD%）。

（3）样品分析　按选好的测定条件，分析数种样品。

表 4-12　HNO_3/H_2O_2 混合酸比例和反应时间对消化的影响试验

样品重 /g	HNO₃ /mL	H₂O₂ /mL	反应时间/min				
			2	4	6	8	10
0.2000	2	0					
0.2000	0	2					
0.2000	1	1					
0.2000	0.5	1.5					
0.2000	1.5	0.5					

五、思考题

1.为什么以样品液透明无色为溶样完全的判断标准，消化不完全对测定有什么影响？

2.样品残余酸对原子化过程有没有显著影响，如有该如何消除？

3.查阅参考文献，回答锌对人体有什么影响，其合理的人体含量为多少？如何补锌？

实验38　氢化物发生-原子荧光光谱法测定人发中硒、砷、铅、汞元素的含量

一、实验目的

① 了解原子荧光光度计的原理与基本结构。

② 掌握原子荧光光度计测定人发中硒、砷、铅、汞元素含量的实验方法。

二、实验原理

氢化物发生-原子荧光光谱法是基于下列反应，先将分析元素转化为在室温下为气态的氢化物。

$$BH_4^- + 3H_2O + H^+ \longrightarrow H_3BO_3 + 4H_2 \uparrow（过量）$$

反应所生成的氢化物被引入到特殊设计的石英炉中，并在此被原子化。受光源（高效空心阴极灯）的光能激发，原子处于基态的外层电子跃迁到较高能级，并在回到较低能级的过程中辐射出原子荧光。荧光的强度与原子的浓度（即溶液中被测元素的浓度）成正比。

人体内的微量元素含量关系到健康状况，而人发是体内微量元素排泄的渠道之一。硒与人体健康有密切关系，它既是人体所必需的微量元素之一，但过量又可使人中毒。人发中

砷、铅、汞的含量尽管很低，但其却是对人体最具危害的有毒金属元素。一般认为人发中硒、砷、铅、汞含量能较准确地反映人体硒、砷、铅、汞的状况，通过测定其含量，可以了解其在人体内的代谢变化情况，对健康人群体内硒、砷、铅、汞代谢水平作出科学评价，对易受害人群提供预防依据。

本实验采用氢化物发生-原子荧光光谱法来测定人发中硒、砷、铅、汞的含量，通过将测得的样品荧光强度值和校准溶液的荧光强度进行比较，从而确定样品中被测元素的浓度。

三、主要仪器与试剂

1. 仪器

原子荧光光度计，硒、砷、铅、汞空心阴极灯，电子天平，电动搅拌器，烘箱，可调式电热板。

2. 试剂

硝酸、高氯酸、盐酸、硫酸，均为优级纯。

重铬酸钾，分析纯。

高锰酸钾溶液（5%）。

盐酸羟胺（10%）。

铁氰化钾（10g/L）：称取1g铁氰化钾溶于纯水中，并稀释至100mL。

2%硼氢化钾溶液：称取2g氢氧化钠溶于去离子水，溶解后加入8g硼氢化钾，加去离子水稀释至400mL。

质量分数为5%的硫脲-5%抗坏血酸混合液：称取5g硫脲、5g抗坏血酸置于100mL亚沸水中使其溶解。

硒标准储备液：1000μg/mL（国家标准物质研究中心）。

硒标准应用液（100ng/mL）：吸取硒标准储备液1mL于100mL容量瓶中，加2mol/L盐酸溶液至100mL。

砷标准储备液：1000μg/mL（国家标准物质研究中心）。

砷标准应用液（100ng/mL）：准确吸取原液1mL，用体积分数为5%的盐酸定容至100mL，逐级稀释至100ng/mL。

铅标准储备液：1000μg/mL（国家标准物质研究中心）。

铅标准应用液（100ng/mL）：准确吸取原液1mL，用体积分数为1.5%的盐酸定容至100mL，逐级稀释至100ng/mL。

汞标准储备液：1000μg/mL（国家标准物质研究中心）。

汞标准应用液（50ng/mL）：将汞标准储备液逐级稀释成50ng/mL，含5%硝酸介质，0.05%重铬酸钾作保护剂。

四、实验步骤

安全预防：浓酸具有腐蚀性，应避免直接接触，使用时要带橡胶手套，在通风橱内量取。

1. 设定仪器操作条件

仪器操作条件见表4-13。

载气：氩气；

载流溶液：5%盐酸溶液；

还原剂溶液：2%硼氢化钾溶液。

表 4-13　测定硒、砷、铅、汞仪器工作参数及测定条件

元素	负高压/V	灯电流/mA	原子化器高度/mm	载气/(mL/min)	屏蔽气/(mL/min)
Se	300	80	8	400	900
As	300	60	8	400	900
Pb	350	80	8	400	900
Hg	300	80	8	400	900

2. 配制硒、砷、铅、汞工作曲线溶液

（1）硒标准曲线　吸取硒标准应用液（100ng/mL）0.0、0.5mL、1.0mL、2.0mL、4.0mL、6.0mL（相当于硒 0、50ng、100ng、200ng、400ng、600ng）于 25mL 容量瓶中，加 0.5mL 铁氰化钾溶液，用 2mol/L 盐酸溶液定容至刻度。见表 4-14。

（2）砷标准系列　吸取砷标准应用液（100ng/mL）0.0、2.5mL、5.0mL、10.0mL、20.0mL、40.0mL 于 100mL 容量瓶中，加入 6mL 5％硫脲-5％抗坏血酸混合液，用 5％盐酸定容至刻度，混匀，配制成砷的质量浓度为 0.0、2.5ng/mL、5.0ng/mL、10.0ng/mL、20.0ng/mL、40.0ng/mL 的标准系列溶液。见表 4-14。

（3）铅标准曲线　吸取 Pb 标准应用液（100ng/mL）0.0、5.0mL、10.0mL、15.0mL、20.0mL、25.0mL、30.0mL 于 100mL 容量瓶中，以 1.5％（体积）HCl 溶液稀至刻度，摇匀。见表 4-14。

（4）汞标准曲线　吸取汞标准应用液（50ng/mL）0.0、0.5mL、1.0mL、1.5mL、2.0mL、3.0mL、4.0mL 于 100mL 容量瓶中，用含有 0.5g/L $Kr_2Cr_2O_7$ 的 5％HNO_3 溶液稀释至刻度，混匀。浓度见表 4-14。

表 4-14　各元素工作曲线溶液的质量浓度

元素	质量浓度/(ng/mL)						
	1	2	3	4	5	6	7
Se	0.00	2.00	4.00	8.00	16.00	24.00	
As	0.00	2.50	5.00	10.00	20.00	40.00	
Pb	0.00	5.00	10.00	15.00	20.00	25.00	30.00
Hg	0.00	0.25	0.50	0.75	1.00	1.50	2.00

3. 硒、砷、铅、汞工作曲线的测定

用原子荧光光度计分别测定硒、砷、铅、汞元素工作曲线荧光强度，并绘制各元素的工作曲线。仪器操作条件见表 4-13。

4. 样品测定

（1）采样及前处理　用不锈钢剪刀从头枕部剪取 2g 左右发样，要贴近头皮剪取，并弃去发梢。将发样剪成 1cm 左右长放在烧杯里，使用 1％的洗洁精浸泡发样 4h，置于电动搅拌器上搅拌 30min，然后用自来水冲洗除净泡沫，并依次用蒸馏水、亚沸水洗涤，再将洗净的发样置于 100℃烘箱中烘干。

（2）样品测定　开机，设定仪器条件及样品稀释倍数等参数，点燃原子化炉丝，稳定 20min 后开始测定。

① 硒的测定　准确称取烘干后的发样 0.5g 于 50mL 烧杯中，加硝酸、高氯酸(4∶1)混酸 10mL，混匀，烧杯口盖上表面皿至电热板上加热消解。若在消解过程中溶液出现棕色，可加入少许硝酸继续消解，如此反复至溶液澄清成微黄并产生白烟，取下，冷却后

加 10mL 2mol/L 盐酸溶液继续加热并产生白烟，取下冷却，将消解液转移至 25mL 容量瓶中。用 2mol/L 盐酸溶液洗涤烧杯，并转移至容量瓶中，加 0.5mL 铁氰化钾溶液，用 2mol/L 盐酸溶液定容至刻度，混匀。与标准曲线在同条件下上机测定，同时做空白对照。

② 砷的测定　准确称取烘干后的发样 0.5g 于 50mL 烧杯中，加入 HNO₃、HClO₄、H₂SO₄ 混合酸（3∶1∶1）3mL，烧杯口盖上表面皿，放置至人发被硝化成棕色透明液体为止。将溶解后的发样置于电热板上加热（电热板温度 140℃），在约剩余 0.5mL 无色透明液体时取下（若加热过程中溶液始终保持棕色不变或产生棕色糊状物，可加少量混合酸继续加热），稍冷后，加入少量 5% 盐酸溶液溶解，并用体积分数为 5% 的盐酸分多次将消化液转入 100mL 容量瓶中，加入 5mL 5% 硫脲-5% 抗坏血酸混合液，用 5% 盐酸定容至刻度，混匀。与标准曲线在同条件下上机测定，同时做空白对照。

③ 铅的测定　准确称取烘干后的发样 0.5g 于 50mL 烧杯中，加入硝酸 3mL，烧杯口盖上表面皿于中温电热板上加热溶解，至近干时，加入 1mL 高氯酸，继续加热至白烟冒尽。取下冷却，用 1.5% HCl 将试液洗入 100mL 容量瓶并以此溶液定容刻度，混匀。与标准曲线在同条件下上机测定，同时做空白对照。

④ 汞的测定　准确称取烘干后的发样 0.5g 于 50mL 烧杯中，加入浓硝酸 2.0mL，高氯酸 0.5mL，置于电炉上低温消化，逐渐升温到 130℃ 左右。消化到溶液变白，高氯酸开始冒烟取下冷却，加入高锰酸钾溶液（5%）2~3 滴，保持红色，用 5% 硝酸稀释到刻度，混匀。在测定前，加盐酸羟胺（10%）1 滴，使高锰酸钾褪色。与标准曲线在同条件下上机测定，同时做空白对照。

分别在硒、砷、铅、汞元素的工作曲线上查出样品中各元素的质量浓度，按下式分别计算各元素的含量：

$$含量 = \frac{元素质量浓度(\mu g/mL) \times 样品体积(mL) \times 稀释倍数 \times 10^{-6}}{样品质量(g)} \times 100\%$$

五、思考题

1. 人体内的微量元素含量关系到健康状况，请举出 3 种以上对人体有害的微量元素，并简述原因。

2. 通过测定人发中微量元素的含量可以较准确地反映人体的状况，这具有怎样的现实意义？

3. 原子荧光光度计主要包括哪几个部分？其分析法的原理是什么？有何优点？

4. 为何几个元素所对应的样品消化方法不一样？

参 考 文 献

[1] 李凌. 氢化物原子荧光光谱法测定人发中硒 [J]. 上海预防医学杂志，2006，18（12）：627~628.

[2] 王凯，彭珊苗，张杰等. 氢化物发生-原子荧光光谱法测定人发中砷含量 [J]. 中国工业医学杂志，2005，18（6）：331~333.

[3] 郭德济，张毅. 氢化物-无色散原子荧光法测定人发中的铅 [J]. 光谱实验室，1994，11（6）：49~54.

[4] 陆毅伦. 无色散原子荧光测定人发植物中痕量汞 [J]. 理化检验-化学分册，1992，28（5）：294~295.

实验 39 水中碱度物质的形态分析

一、实验目的
① 了解决定水碱度物质的形态及其分析方法。

② 练习通过选择指示剂，用盐酸标准溶液分别滴定总碱度、碳酸根离子、重碳酸根离子的测定方法。

二、实验原理
天然水的碱度是由弱酸的阴离子和有机酸离子水解后所形成的氢氧根离子组成。

水分析常把碱度分为碳酸盐碱度、重碳酸盐碱度、氢氧化物碱度及其他不挥发弱酸盐碱度。

碱度的测定是在水样中加入适当的指示剂，用盐酸标准溶液滴定。用不同的指示剂可分别测出水样中各种碱度。其反应如下（以钠盐代表碱性化合物）：

$$NaCO_3 + HCl \xrightarrow{\text{酚酞指示剂}} NaHCO_3 + NaCl$$

$$NaHCO_3 + HCl \xrightarrow{\text{甲基橙指示剂}} NaCl + H_2O + CO_2$$

$$NaOH + HCl \xrightarrow{\text{酚酞指示剂}} NaCl + H_2O$$

三、仪器和试剂
1. 仪器

锥形瓶，酸式滴定管，胶头滴管，量筒。

2. 试剂

1%酚酞乙醇溶液，0.1%甲基橙溶液，0.05mol/L 盐酸标准溶液，10%的氯化钡溶液。

四、实验步骤
1. 总碱度的测定

取水样 50.00mL 注入 200mL 的锥形瓶中，加入甲基橙溶液指示剂 2 滴，在不断摇动下，用盐酸标准溶液滴定至橘红色不变。计算总碱度，以 $CaCO_3$（mg/L）表示。

2. 不含碳酸根离子时重碳酸根离子的测定

在水样中加入酚酞指示剂后，若不呈现红色，说明水样没有碳酸根离子存在，此时按测定总碱度相同的步骤测定重碳酸根离子，计算重碳酸根离子含量，以 $CaCO_3$（mg/L）表示。

3. 碳酸根离子和重碳酸根离子共存时的测定

取水样 50mL 于 200mL 的锥形瓶中，加 4 滴酚酞溶液，在充分振荡下用盐酸标准溶液滴定至红色消失。记下盐酸溶液的消耗体积（V_1）（此时 pH 为约 8.4，碳酸根变成了什么？重碳酸根有没有反应？）。在此溶液中再加入 2 滴甲基橙指示剂，继续使用盐酸标准溶液滴定至红样呈橘红色为止（此时 pH 为约 4.4）。记下此时盐酸标准溶液的消耗量（V_2）（是由哪些成分消耗的?），计算重碳酸根离子和碳酸根含量，以 $CaCO_3$（mg/L）表示。

4. 氢氧化物碱度的测定

当水样 pH 大于 9 时，则水可能有氢氧化物存在，加入氯化钡溶液，使碳酸根生成碳酸钡沉淀，再用酚酞作指示剂进行测定。取水样 50mL 注入 200mL 的锥形瓶中加入 10%的氯化钡溶液 5mL 及 4 滴酚酞指示剂。在不断振荡下用盐酸标准溶液滴定至红色消失为终点。

氢氧化物碱度，以 $CaCO_3$（mg/L）表示。

五、思考题

1. 为什么步骤 3 中要先加入酚酞指示剂,后加甲基橙指示剂?

2. 步骤 4 中说到当水样 pH 大于 9 时,则水可能有氢氧化物存在,此时水中是否还有重碳酸根离子?

参 考 文 献

[1] 成都科学技术大学分析化学教研组和浙江大学分析化学教研组合编.分析化学实验 [M].北京:高等教育出版社,2001.

[2] 张燮编.工业分析化学实验 [M].北京:化学工业出版社,2007.

实验 40　生活饮用水中阴离子洗涤剂的测定

一、实验目的

① 学习用亚甲蓝分光光度法测定阴离子合成洗涤剂的方法,了解有机萃取的实验条件。

② 学习使用分光光度计、荧光分光光度计。

二、实验原理

亚甲蓝染料在水溶液中与阴离子合成洗涤剂形成蓝色化合物,易为有机溶剂萃取,未反应的亚甲蓝则仍留在水溶液中。根据有机溶剂相的蓝色强度,测定阴离子合成洗涤剂的含量。

阴离子合成洗涤剂有荧光特性,根据这一性质可以通过测定其荧光强度来定量测定其浓度。

三、主要仪器与试剂

1. 仪器

分析天平,250mL 分液漏斗,50mL 比色管,分光光度计,荧光分光光度计,台秤。

2. 试剂

十二烷基苯磺酸钠标准储备溶液:称取 0.5000g 十二烷基苯磺酸钠 ($C_{12}H_{25}C_6H_4SO_3Na$),溶于纯水中,定容至 500mL,此溶液 1.00mL 含 1.00mg 十二烷基苯磺酸钠,用时按需要稀释。

亚甲蓝溶液:称取 30mg 亚甲蓝 ($C_{16}H_{18}ClN_3S \cdot 3H_2O$),溶于 500mL 纯水中,加入 6.8mL 浓硫酸及 50g 磷酸二氢钠 ($NaH_2PO_4 \cdot H_2O$),溶解后用纯水稀释至 1000mL。

酚酞溶液:0.1%。

四、实验步骤

安全预防: 氯仿易燃,避免明火。

1. 亚甲蓝分光光度法

① 吸取 50.0mL 水样,置于 125mL 分液漏斗中(若水样中阴离子合成洗涤剂少于 5μg,应增加水样体积。此时标准系列的体积也应与之一致;若多于 100 μg 时,应减少水样体积,并稀释至 50mL)。

② 另取 125mL 分液漏斗 7 个,分别加入烷基苯磺酸钠标准溶液(1.00mL 含 10.0μg)0、0.50mL、1.00mL、2.00mL、3.00mL、4.00mL 和 5.00mL,用纯水稀释至 50mL。

③ 向水样和标准系列中各加 3 滴 0.1%酚酞溶液,逐滴滴加 4%氢氧化钠溶液,使水

样呈碱性。然后再逐滴滴入 0.5mol/L 硫酸溶液使红色刚褪去。加入 5mL 氯仿及 10mL 亚甲蓝溶液，猛烈振摇半分钟，放置分层。若水相中蓝色耗尽，则应另取少量水样重新测定。

④ 将氯仿相放入第二套分液漏斗中，向原分液漏斗再加入 5mL 氯仿，猛烈振摇半分钟，将氯仿相合并到第二套分液漏斗中。同上述步骤再萃取 1 次（总共萃取 3 次），将氯仿相均合并于第二套分液漏斗中，弃去水相。

⑤ 在分液漏斗颈管内，塞入少许洁净的玻璃棉（用以滤除水珠），将氯仿缓缓放入 25mL 比色管中。

⑥ 各加 5mL 氯仿于分液漏斗中，振荡并放置分层后，将氯仿相也放入 25mL 比色管中，同样再操作一次。最后用氯仿稀释到刻度。

⑦ 于 650nm 波长下，用 3cm 比色皿，以氯仿作参比，测定样品和标准系列溶液的吸光度。

⑧ 绘制校准曲线，从曲线上查出样品管中烷基苯磺酸钠的含量。

2. 荧光分光光度法

① 配制标准系列 0、0.1mg/L、0.2mg/L、0.5mg/L、1.0mg/L、1.5mg/L、2.0mg/L，在 226nm 光激发下，在 302nm 测其荧光强度。

② 以水样洗涤荧光杯 3 次，加入 2mL 水样，插入样品架在 226nm 光激发下，在 302nm 测其荧光强度。

③ 绘制校准曲线，从曲线上查出样品管中烷基苯磺酸钠的含量。

五、思考题

1. 本实验中前一种测定方法有哪些干扰元素？

2. 本实验中两种测定方法的优劣有哪些？

3. 为什么在用亚甲蓝测定阴离子洗涤剂时，溶液必须呈碱性？

参 考 文 献

[1] 生活饮用水规范 [S]. 中华人民共和国卫生部卫生法制与监督司 . 2001：56～57.
[2] 徐宏 . 荧光光度法在生活饮用水中阴离子洗涤剂分析中的应用 [J]. 中国科技信息，2006，(2)：85～86.

第四节 模 块 四

实验41 几种氮缓释材料对氮渗透损失控制的效果

一、实验目的

① 了解缓控氮在农业上的意义。

② 熟悉氮的渗透损失缓释效果评价方法。

③ 掌握硼酸吸收-盐酸中和测定氮的分析方法。

二、实验原理

目前，国内化肥的利用率较低：氮为 30%～35%，磷为 10%～20%，钾为 30%～35%。其中氮的损失较为严重，不仅造成直接经济损失，而且部分地区因施肥不当已引起环境污染，出现湖泊富营养化、地下水和蔬菜中硝态氮尤其是有强致癌性的亚硝酸盐含量超标，从而又引发生态污染。因此，提高化肥利用率、减少因施肥而造成的污染、发展可持续高效农业已成为共同关注的问题。缓释氮肥具有缓溶解、慢释放、不挥发、难淋溶、少固定、利用率高等特点，通常做基肥施用，既省时又省工，并多施用于保肥性能差的砂质土壤或土壤受淋溶作用强烈的多雨地区；控释氮肥是能控制氮肥释放的高技术产品。缓释和控释肥料为解决化肥利用率低的问题，提出了新的思路和途径。目前氮肥缓释主要通过以下三种方式来实现：①物理障碍性因素控制的水溶性肥料，如包膜颗粒肥料和基质复合肥料，包膜颗粒肥料又可进一步划分为有机聚合物包膜肥料（热塑性树脂类）和无机包膜肥料（如硫磺、矿物质包膜）；②微溶有机氮化合物，可进一步划分为生物可降解的微溶有机氮化合物（如脲甲醛和其他脲醛缩合物）和主要以化学降解的化合物（如异丁烯环二脲）；③微溶性的无机化合物，如金属磷胺盐、部分酸化磷酸盐。但上述方法成本都较高，还存在有机物对土壤的二次污染问题。环保性能好且成本低的非金属矿物材料，如膨润土、沸石等有优良的吸氮和保氮功能，常用的水絮凝处理剂聚丙烯酰胺和高效土壤保水型吸水树脂也有很强的吸氮和保氮功能，而这些材料的施用不会带来土壤污染，且能改良土壤的保水和保肥性能，这对广大的干旱缺水地区的土壤改良、增产增收有重要意义。本实验借鉴土壤肥料采用的平衡法（Batch技术）和柱法（流动或混合置换技术），得出不同条件下氮素损失的淋洗曲线，就土壤、膨润土、海泡石、吸水树脂、沸石、聚丙烯酰胺等几种缓释材料，对氮的渗透损失缓释效果进行评价分析。

三、实验仪器与试剂

1. 仪器

三角烧瓶，滴管，酸式滴定管，玻璃棒，60 目土壤筛。

2. 试剂和材料

甲基红：分析纯，市售；溴甲酚绿：分析纯，市售；盐酸：分析纯，市售；氢氧化钠：分析纯，市售；硼酸：分析纯，市售；碳酸氢铵：含氮 17%，市售。

缓释材料：膨润土，海泡石，沸石，土壤，吸水树脂，聚丙烯胺，工业级，市售。

盐酸标准溶液：0.1000mol/L。

定氮混合指示剂：分别称取 0.1g 甲基红和 0.5g 溴甲酚绿指示剂，放入玛瑙研钵中，并用 100mL 95%酒精研磨溶解。

四、实验步骤

1. 缓释材料样品制备

膨润土、海泡石、沸石、土壤在 105℃下干燥，磨细后过 60 目筛，备用；河沙在 105℃下干燥即可；吸水树脂和聚丙烯酰胺样品的处理：称取碳酸氢铵 0.25g 溶于 300mL 蒸馏水中，在不断搅拌下加入吸水树脂或聚丙烯酰胺 1.0g，直到溶解呈透明状。

2. 氮的测定

预先在 100mL 三角烧瓶中加入 1g 固体硼酸，充分摇动，将通过平衡法和柱法得到的洗脱液加入三角瓶中，摇动 1min。滴加 1 滴管氮混合指示剂，随即用 0.1000mol/L 的盐酸标准溶液滴定到微红色即达终点。记下消耗的盐酸毫升数 $V_{盐酸}$，并按下式计算：

$$C_{氮洗脱液} = (V_{盐酸} \times C_{盐酸})/V_{洗脱液}$$

式中　$C_{氮洗脱液}$——洗脱液中氮的浓度，mol/L；

$V_{洗脱液}$——洗脱液的体积，mL。

表 4-15　各种缓释材料的配制

方法	沸石	海泡石	膨润土	吸水树脂	聚丙烯酰胺	土壤
平衡法	称取碳酸氢铵0.01g,加蒸馏水25mL溶解,加沸石10g,每次以25mL蒸馏水洗脱	称取碳酸氢铵0.01g加蒸馏水25mL溶解,加海泡石2.5g,每次以25mL蒸馏水洗脱	称取碳酸氢铵0.01g,加蒸馏水25mL,加膨润土5g,每次以25mL蒸馏水洗脱	称取10g土壤放入烧杯中,倒入30mL吸水树脂溶液将土壤湿润,每次以25mL蒸馏水洗脱	称取10g土壤放入烧杯中,倒入30mL聚丙烯酰铵溶液将土壤湿润,每次以25mL蒸馏水洗脱	称取碳酸氢铵0.01g,加蒸馏水25mL溶解,加土壤10g,每次以25mL蒸馏水洗脱
柱法	称取碳酸氢铵0.01g,加蒸馏水25mL溶解,加沸石10g	称取碳酸氢铵0.01g,加蒸馏水25mL溶解,加海泡石2.5g	称取碳酸氢铵0.01g,加蒸馏水25mL,膨润土5g	称取10g土壤放入烧杯中,倒入30mL吸水树脂溶液将土壤润湿	称取10g土壤放入烧杯中,倒入30mL聚丙烯酰铵溶液将土壤润湿	称取碳酸氢铵0.01g,加蒸馏水25mL溶解,加土壤10g

3. 洗脱曲线的制作

采用平衡法或柱法以洗脱体积为横坐标,洗脱液浓度为纵坐标,作洗脱曲线。见表4-15所列。

(1) 平衡法　模拟水田氮的渗透情况,对应的作物主要为水稻。在150mL烧杯中加入一定体积的蒸馏水,加入一定量碳酸氢铵,溶解,按要求加入缓释材料,搅拌均匀,用表面皿盖好杯口,放置6h。达到交换平衡后,加入一定体积的蒸馏水,搅拌,静置分层后取出上层清液,测其氮浓度,再次加入一定体积的蒸馏水,搅拌,静置分层后取出上层清液,测其氮浓度,重复此项操作直至完成洗脱曲线的制作。

(2) 柱法　模拟非水田的坡地,沙土中氮的渗透情况,对应的作物主要为玉米和小麦。取50mL酸式滴定管为置换柱,下端用两层医用纱布垫底,在小烧杯中加入一定体积的蒸馏水和一定量的碳酸氢铵,溶解,加入一定量的缓释材料,搅拌,呈润湿的土壤状,用表面皿盖好杯口,放置6h,达到交换平衡后,转入置换柱装柱,用蒸馏水淋洗,收集洗脱液,测定其氮浓度,制作洗脱曲线。

五、思考题

1. 根据洗脱曲线讨论缓释材料对氮渗透损失的控制。
2. 洗脱速度对洗脱有怎样的影响?

参 考 文 献

[1] 张民,史衍玺,杨守祥等. 控释和缓释肥的研究现状与进展 [J]. 化肥工业, 2001, 28 (5):27~31.
[2] 张维理,林葆,李家康. 西欧发达国家提高化肥利用率的途径 [J]. 土壤肥料, 1998, (5):3~9.
[3] 徐明岗. 土壤离子吸附 [J]. 土壤肥料, 1998, (1):3~6.
[4] 中科院南京土壤所. 土壤理化分析 [M]. 上海:上海科技出版社, 1983.

实验42　电化学合成聚苯胺电致变色膜

一、实验目的

① 了解聚苯胺电致变色膜的电化学制备方法。
② 熟悉电化学装置的操作方法。
③ 了解有机物紫外吸收光谱的测定方法。

二、实验原理

电化学法制备聚苯胺是在含苯胺的电解质溶液中，选择适当的电化学条件，使苯胺在阳极上发生氧化聚合反应，生成黏附于电极表面的聚苯胺薄膜或是沉积在电极表面的聚苯胺粉末。聚苯胺的形成是通过阳极偶合机理完成的。在酸性条件下，聚苯胺链具有导电性质，保证了电子能通过聚苯胺链传导至阳极，使增长继续。只有当头头偶合反应发生，形成偶氮结构，才使得聚合停止。聚苯胺链的形成是活性链端（—NH₂）反复进行上述反应，不断增长的结果。聚苯胺电致变色膜有 4 种不同的存在形式，它们分别具有不同的颜色。苯胺能经电化学聚合形成绿色的叫做翡翠盐的聚苯胺导电形式。当膜形成后，聚苯胺电致变色膜的 4 种形式都能得到，并可以非常快地进行可逆的电化学相互转化。可通过改变外加电压实现翡翠绿和翡翠基蓝之间的转化，也可以通过改变 pH 值来实现。

三、主要仪器与试剂

1. 仪器

150mL 烧杯两只，导电玻璃（工作电极，正极，实验中浸入电解池中的导电玻璃面积均为 1cm²），铂丝（对电极，负极），2 节 1.5 V 电池，可变电阻器（0～1×10⁵Ω），万用表，紫外分光光度计。

2. 试剂

聚苯胺，浓 HNO₃，KCl，HCl。

四、实验步骤

安全预防：浓 HNO₃ 易挥发、有毒，操作时要注意通风。

① 50mL 3.0mol/L HNO₃ 溶液：量取浓 HNO₃ 36.80mL 稀释至 50.00 mL。

② 0.10mol/L HNO₃ 和 0.50mol/L KCl 混合溶液：量取 3.0mol/L 的 HNO₃ 31.50mL，稀释至 45.00mL，再加入 KCl 1.700g，混合均匀。

③ 烧杯中加 40.00mL 的 3.0mol/L HNO₃ 和 3.00mL 苯胺，混合均匀。

④ 连接电路，调节可变电阻器的电阻值。

⑤ 闭合电路，将电解液在磁力搅拌下通电 20～30min 后断电；在导电玻璃制成的工作电极表面形成一层浅绿色的聚苯胺电致变色膜。

⑥ 将得到的表面形成一层浅绿色薄膜的导电玻璃取出、干燥，然后采用紫外分光光度计来考察其对紫外的吸收情况。

五、思考题

1. 在其他实验条件不变的前提下，分别改变通电时间、酸的浓度、酸的类型、盐的浓度、盐的类型以及加在电化学池上的电压对聚苯胺电致变色膜有何影响？

2. 聚苯胺电致变色膜的紫外吸收光谱中为什么会出现相应的峰值？

3. 电化学反应时是否需要搅拌？

参 考 文 献

[1] 牛林，魏丰华. 电解质溶液组成对聚苯胺电化学合成的影响 [J]. 山东大学学报，2002，37（1）：66～73.

[2] 夏都灵. 聚苯胺导电膜电致变色机理研究 [J]. 电子科技大学学报，2000，29（6）：669～672.

[3] 孙克非，薛豫盂. 电致变色材料——聚苯胺膜的制备及显色 [J]. 开封大学学报，2000，14（1）：36～38.

[4] 张其锦. 聚苯胺的电化学合成实验 [J]. 大学化学，1998，13（4）：41～43.

实验 43　天然高分子改性材料流变特性研究

一、实验目的

① 了解淀粉接枝共聚改性的方法。

② 掌握黏度计的使用。

③ 掌握淀粉溶胶的流变学特性。

二、实验原理

大多数天然淀粉（Starch）是由葡萄糖单元构成的，分为直链淀粉和支链淀粉。淀粉分子中存在大量羟基，因而吸水性很强，在热水中糊化后可形成高黏度的淀粉糨糊，具备非牛顿流体的特征，属于假塑性流体，即有剪切变稀的性质，符合方程：$d = kD^n$，其中 d 为剪切应力，k 为稠度系数，D 为剪切速率，n 为流动指数。

淀粉分子中活泼的羟基可进行酯化、交联、接枝共聚等多种改性。本实验通过用醋酸乙烯酯（VAc）接枝共聚改性淀粉，其原理可用下面的化学方程表示：

1. 链的引发

$$_4HN-O-\underset{O}{\overset{O}{S}}-O-O-\underset{O}{\overset{O}{S}}-O-NH_4 \longrightarrow 2\ _4HN-O-\underset{O}{\overset{O}{S}}-O^+ (R^+)$$

$$R^+ + Starch \longrightarrow Starch^+ + 2RH$$

2. 链的延伸

$$Starch^+ + VAc \longrightarrow \cdots\cdots \longrightarrow Starch\text{-}g\text{-}VAc$$

三、主要仪器与试剂

1. 主要仪器

三口烧瓶，电子天平，恒温水浴，移液管，增力电动搅拌器，黏度计，电热鼓风干燥箱，傅立叶红外光谱仪。

2. 试剂

玉米淀粉，醋酸乙烯酯，过硫酸铵，无水乙醇。

四、实验步骤

1. 接枝共聚改性淀粉的制备

将装有电动搅拌器的三颈烧瓶置于恒温水浴中，向三颈烧瓶中加入 200mL 纯水和 14g 玉米淀粉，在搅拌均匀后通入氮气 10～20min，预热至 70℃后加入引发剂过硫酸铵 0.1187g，30min 后缓慢滴加单体（醋酸乙烯酯）6.66mL，70℃恒温反应 3h。

2. 流变学特性的研究

用黏度计分别测试接枝改性前后玉米淀粉在 70℃、60℃、50℃、40℃、30℃、20℃时的黏度值，并绘制温度黏度曲线。

3. 红外光谱测定

反应后的接枝共聚产物中加入无水乙醇，将析出的沉淀在 80℃下真空干燥至恒重即得玉米淀粉的接枝共聚产品。取少量的接枝改玉米性淀粉和未改性玉米淀粉分别和溴化钾混合研磨压片后在傅里叶红外光谱下测定其波数在 4000～400cm^{-1} 内的红外光谱图。

五、思考题

1. 反应过程中通入氮气的作用是什么？

2. 分析所测得的黏度曲线，对照改性前后玉米淀粉黏度有何变化，并解释温度对黏度的影响？

3. 测试所得产品的红外光谱图有何作用，并对所得的红外光谱图进行分析？

参 考 文 献

[1] 邓宇. 淀粉化学品及应用 [M]. 北京：化学工业出版社，2002. 178～234.

[2] 孙载坚. 接枝共聚合 [M]. 北京：化学工业出版社，1992.

[3] 孙建平，陈兴华，胡友慧. 物理变性淀粉的接枝共聚反应及应用性能 [J]. 现代化工，2000，20 (5)：35～38.

实验44 彩色固体酒精的制备及燃烧热测定

一、实验目的

① 了解彩色固体酒精的制备原理、用途，掌握其制备方法。

② 了解燃烧热的定义、氧弹量热计的结构、工作原理，学会用氧弹量热计测定固体酒精的燃烧热。

二、实验原理

固体酒精制备过程中涉及的主要化学反应式为：

$$C_{17}H_{35}COOH + NaOH \Longrightarrow C_{17}H_{35}COONa + H_2O$$

反应后生成的硬脂酸钠是一个长碳链的极性分子，室温下在酒精中不易溶，在较高的温度下，硬脂酸钠可以均匀地分散在液体酒精中，而冷却后则形成凝胶体系，使酒精分子被束缚于相互连接的大分子之间，呈不流动状态而使酒精凝固，形成固体酒精。

三、主要仪器与试剂

1. 仪器

三颈烧瓶（150mL），回流冷凝管，电热恒温水浴锅，天平，电动搅拌器，氧弹量热计，贝克曼温度计或数字精密温度/温差测量仪，容量瓶。

2. 试剂

硬脂酸（化学纯），酒精（工业品，90％），氢氧化钠（分析纯），酚酞（指示剂），硝酸铜（分析纯），苯甲酸（分析纯），棉纱，引火丝，氧气钢瓶。

四、实验步骤

安全预防：酒精易燃，避免明火。

1. 彩色固体酒精的制备

用蒸馏水将硝酸铜配成10％的水溶液，备用。将氢氧化钠配成8％的水溶液，然后用工业酒精稀释成1：1的混合溶液，备用。将1g酚酞溶于100mL 60％的工业酒精中，备用。分别取5g工业硬脂酸、100mL工业酒精和两滴酚酞置于150mL的三颈烧瓶中，水浴加热，搅拌，回流。维持水浴温度在70℃左右，直至硬脂酸全部溶解后，立即滴加事先配好了的氢氧化钠混合溶液，滴加速度先快后慢，滴至溶液颜色由无色变为浅红又立即褪掉为止。继续维持水浴温度在70℃左右，搅拌，回流反应10min后，一次性加入2.5mL 10％硝酸铜溶液再反应5min后，停止加热，冷却至60℃，再将溶液倒入模具中，自然冷却后得嫩蓝绿色的固体酒精。

2. **固体酒精的燃烧热测定**

利用氧弹法测定所制彩色固体酒精的燃烧热。

五、思考题

1. 固体酒精燃料性能如何评价？
2. 固体酒精制备，常用的固化剂有哪些？
3. 提高固体酒精产品质量有什么措施和方法？

参 考 文 献

[1] 郑静，汪敦佳，王国宏.固体酒精的制备 [J].湖北师范学院学报（自然科学版），2005，25（2）：67～69.
[2] 楚伟华，方永奎，李雪峰等.优质固体酒精的研制与性能实验 [J].山东化工，2005，34（4）：11～13.
[3] 罗澄源，向明礼等编.物理化学实验（第四版）[M].北京：高等教育出版社，2004.

实验 45 二氧化钛的制备与光催化降解梯恩梯

一、实验目的

① 了解光催化剂的催化原理。
② 掌握溶胶-凝胶法制备二氧化钛（TiO_2）的方法。
③ 掌握紫外可见分光光度计的基本原理和操作方法。

二、实验原理

光催化法是 20 世纪 70 年代发展起来的新型处理技术，它是以某些半导体为催化剂，利用光催化法来降解环境污染物。具有工艺简单、成本较低、可以在常温常压下使大多数不能或难于生物降解的有毒有机物氧化分解，其中用的最多的催化剂是二氧化钛（TiO_2）。

TiO_2 根据其晶体结构，可分为三种：锐钛矿型（Anatase）、金红石型（rutile）和无定型 TiO_2。目前研究认为锐钛矿型结构的 TiO_2 具有广阔的光催化应用前景。锐钛矿型的禁带宽度（也称带隙，E_g）为 3.2 eV，相当于波长为 387.5nm 的光子的能量。当 TiO_2 受到波长小于等于 387.5nm 的光子能量时，价带（Valence Band，VB）中的电子就会被激发到导带（Conduction Band，CB），形成高活性电子 e^-，同时在价带上产生相应的空穴 h^+，并在电场作用下分离并迁移到粒子表面。

$$TiO_2 + h\nu \longrightarrow TiO_2(e^-, h^+)$$

光生空穴具有很强的得电子能力，可夺取半导体颗粒表面的有机物或体系中的电子，使原本不吸收光的物质被活化而氧化；而导带上的光生电子又具有强还原性。即光生空穴和光生电子起氧化剂和还原剂的作用，空穴与表面吸附的 H_2O 和 HO^- 离子反应生成羟基自由基（HO·）。

$$H^+ + H_2O \longrightarrow HO· + H^+$$
$$h^+ + OH^- \longrightarrow HO·$$

羟基自由基具有 402.8 MJ/mol 反应能，远远高于有机化合物中各类化学键能，如：C—C(83)、C—H(99)、C—N(73)、C—O(84)、H—O(111)、N—H(93)，因此可将各种有机物分解为无害的 CO_2 和 H_2O。电子与 TiO_2 表面的氧起反应，生成超氧离子（$O_2·^-$），超氧离子是强还原剂，能使有机物分解。超氧离子与水反应，生成过羟基（OOH·）和双氧水（H_2O_2）。

$$e^- + O_2 \longrightarrow O_2·^-$$
$$O_2·^- + H_2O \longrightarrow OOH· + OH^-$$

$$OOH\cdot + OOH\cdot \longrightarrow H_2O_2 + O_2$$
$$H_2O_2 + O_2^- \longrightarrow OH\cdot + OH^- + O_2$$

梯恩梯（TNT）为致毒、致癌物质，人类若吸入 TNT，轻者会引起肝脏病（中毒性肝炎）、再生障碍性贫血及白内障，重者可导致死亡；当水中 TNT 含量达 1mg/L 时，鱼类就会死亡；若 TNT 浸入土壤，会与土壤中的几种主要化合物相互作用，使土壤中有机物的浓度增高，对环境造成深远危害。研究表明，使用 TiO_2 光催化降解 TNT，处理过的废水能达到国家一级排放标准 0.5mg/L。

三、仪器与试剂

1. 仪器

紫外可见分光光度计，电热恒温水浴箱，真空干燥器，马弗炉，电磁搅拌器，光催化反应仪，电子天平，精密 pH 试纸（0.5～5.0），烧杯，分液漏斗（50mL），具塞比色管（50mL）。

2. 试剂

钛酸丁酯（分析纯），无水乙醇（分析纯），硝酸（分析纯），聚乙二醇 2000（PEG2000，分析纯），乙醚（分析纯），2.5g/L 氯代十六烷基吡啶溶液（溶解 0.5g 氯代十六烷基吡啶于水中，并稀释至 200mL。该溶液储存在棕色玻璃磨口瓶中，常温下可稳定一个月），100g/L 亚硫酸钠溶液（溶解 10g 无水亚硫酸钠于水中，并稀释至 100mL。该溶液有效期 3 天），梯恩梯标准储备液［准确称取经乙醇精制的工业梯恩梯于 1000mL 烧杯中，加入预热至 70℃ 的水约 800mL，置温度低于 75℃ 的水浴中，边加热边搅拌，直至完全溶解。取出，冷却至室温后移入 1000mL 棕色容量瓶中，以水稀释至刻线摇匀。暗处低温（2～5℃）保存，有效期 5 天］，梯恩梯标准使用液（取梯恩梯标准储备液 50mL，于 250mL 棕色容量瓶中，以水稀释至刻线，摇匀。临用时现配），实验用去离子水。

四、实验步骤

安全预防：乙醇易燃，避免明火；硝酸具有腐蚀性，TNT 有毒，避免直接接触；TNT 能发生爆炸反应，注意防护。

1. TiO_2 的制备

室温下，将 10mL 钛酸丁酯缓慢滴入搅拌的 40mL 无水乙醇中，形成 A 液。继续搅拌 30min 后，将 3mL 去离子水加入到 15mL 无水乙醇中，形成滴加液，并逐滴加入 A 液中，同时用稀硝酸调节溶液的 pH 值至 3～4 之间，然后加入适量聚乙二醇 2000，搅拌直至形成透明的溶胶。70℃ 恒温水浴 3h，然后在 100℃ 下真空干燥，最后置于马弗炉中 490℃ 下煅烧 4h，除去有机模板，即可得到 TiO_2 微粒。制备流程如图 4-11 所示。

2. TNT 的光催化降解

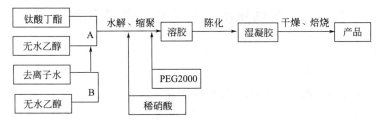

图 4-11　溶胶-凝胶法制备 TiO_2 的工艺流程

TNT 的降解在光催化反应仪中进行。实验中待处理 TNT 废水样是以纯品 TNT 与蒸馏水配制而成，浓度为 80mg/L，将上步所得 TiO_2 微粒研磨后以悬浮态对此水样进行处理，反应前将悬浮体系搅拌 10min。以单纯紫外光作用 TNT 作为参比。分别于 2h、4h、6h、8h、10h、12h、24h 取水样一次进行测定。

（1）样品吸光度的测定　吸取 25.00mL 试样（梯恩梯含量大于 4mg/L 的试样，应先进行稀释），移入 50mL 分液漏斗中，加 15.0mL 乙醚，剧烈振动 2min。静置分层后，将水相弃去；醚相移入 50mL 比色管中，以 2mL 乙醚洗涤分液漏斗，洗涤后的乙醚并入 50mL 比色管中。然后将比色管置于水浴中（温度不超过 40℃），蒸发至无醚气味。取出，沿壁加入无水乙醇 2mL，加水约 10mL，摇匀。加 3mL 亚硫酸钠溶液，混匀。加 5mL 氯代十六烷基吡啶溶液，以水稀释至 25mL 刻线处，摇匀。放置 15min。用 30mm 比色皿，于 466nm 波长处，以试剂水溶液作参比，测定其吸光度。

（2）校准曲线的绘制　吸取梯恩梯标准使用液 0，0.50mL，1.00mL，3.00mL，5.00mL，7.00mL，10.00mL 分别置于 50mL 分液漏斗中，加水至 25mL，按测定样品吸光度的步骤进行操作，记录吸光度。以吸光度为纵坐标，对应的梯恩梯含量（mg）为横坐标，绘制校准曲线。

五、数据处理

TNT 含量按下式计算：

$$c = \frac{m}{V} \times 1000$$

式中　c ——TNT 含量，mg/L；

　　　m ——标准曲线查得 TNT 含量，mg；

　　　V ——试样的体积，mL。

六、思考题

1. TNT 废水的危害有哪些？

2. 在制备 TiO_2 时，加入适量聚乙二醇 2000 的作用是什么？

3. 光催化降解的原理是什么？

参 考 文 献

[1]　徐如人，庞文琴. 无机合成与制备化学 [M]. 北京：高等教育出版社，2001.

[2]　高濂，郑珊，张青红. 纳米氧化钛光催化材料及应用 [M]. 北京：化学工业出版社，2002.

[3]　武汉大学化学系. 仪器分析 [M]. 北京：高等教育出版社，2001.

[4]　GB/T 13903—92，水质梯恩梯的测定分光光度法 [S].

实验 46　生物质废弃物热解特性的热重分析

一、实验目的

① 了解生物质在热解过程的基本变化规律。

② 熟悉综合热分析仪的仪器结构、分析原理及使用。

③ 学会分析热重（TG）微分曲线图，并利用热重（TG）微分曲线确定热解反应动力学模型。

二、实验原理

热解是生物质气化、燃烧等热化学过程的初始步骤，是在无氧或缺氧环境中进行的释放气、固和液相产物的复杂热化学过程。采用综合热分析仪，可以模拟生物质的热解过程，生物质主要由纤维素、半纤维素和木质素构成，生物质热解过程可以看作是这三种主要化学成分的热解过程的叠加，通过热解过程的仪器自动绘制的失重微分曲线图，可以反映生物质的热解特性，以及初步确定生物质热分解的动力学参数。

确定热解反应动力学模型的计算及方程模拟。

采用 Doyle 法求解热解反应动力学参数，该方法计算简单，应用较多。该方法的表达式为：

$$\ln[-\ln(1-\alpha)] = \ln\frac{AE}{\beta R} - 2.315 - 0.4567\frac{E}{RT}$$

式中　A——指前因子，mol^{-1}；

　　　E——活化能，J/mol；

　　　β——升温速率，K/min；

　　　R——气体常数，J/(K·mol)；

　　　T——温度，K。

选取不同升温速率、不同温度的失重率代入方程可得到热分解动力学参数 E、A，将 E、A、β 值代入一级速率方程，方程式如下：

$$\frac{d\alpha}{dT} = \frac{A}{\beta}e^{\frac{E}{RT}(1-\alpha)}$$

式中　α——失重率。

得到了不同升温速率下的生物质热解反应动力学模型。

三、主要仪器与试剂

1. 仪器

烧杯，综合热分析仪，研钵，分析天平。

2. 试剂

氮气，废弃稻秆，废弃稻壳，木屑。

四、实验步骤

安全预防：综合热分析仪采用高压氮气，并且炉子温度较高，注意不能在高温时将炉盖打开，高温时不要关闭控制气体。

1. 废弃稻秆的预处理

将废弃稻秆在烧杯内充分搅拌、洗涤、晾干后，在研钵内磨细。

2. 废弃稻秆的热重实验

取磨细的废弃稻秆 14mg±1mg，加入综合热分析仪中，通入高压高纯氮气，流量为60mL/min，保证能及时将热解气相产物带走，以避免二次反应。选用升温速率为 10K/min、20K/min、30 K/min，加热终温为 973 K，分别测得三种不同升温速率下废弃稻秆的失重微分曲线图。

3. 图线处理分析及热分解动力学模型的确定

依据三种不同升温速率下废弃稻秆的失重微分曲线图，分析废弃稻秆的热分解特性，并计算热分解动力学参数，得到热分解反应动力学模型。

五、思考题

1. 废弃稻秆中的纤维素、半纤维素和木质素成分能否通过热重分析得到大致含量？

2. 为何废弃稻秆的热分解反应动力学参数及模型计算中，可以采用 Doyle 法求解？有何理论依据？

3. 废弃稻秆的热分解如何分区？

参 考 文 献

[1] 沈兴. 差热、热重分析与非等温固相反应动力学 [M]. 北京：冶金工业出版社，1995.
[2] 段佳，罗永浩，陆方等. 生物质废弃物热解特性的热重分析研究 [J]. 工业加热，2006，35 (3)：10～13.

实验 47　载体电催化剂的制备、表征及电催化反应性能研究

一、实验目的

① 学习电催化剂的制备方法。

② 初步掌握电催化剂的表征及电催化反应性能研究。

二、实验原理

电催化研究在电化学能量产生和转换、电解和电合成等工业部门得到大量的实际应用。自 20 世纪 60 年代以来，对有机小分子的电催化氧化研究一直非常活跃。研究表明，有机小分子解离吸附及其产物的氧化过程是一个对电极表面结构极其敏感的过程。在碳或氧化物为载体的表面沉积催化物质可显著提高电催化剂利用率，降低成本。铂具有较高的催化活性，因此对载体上沉积铂从而制备实用型催化剂的研究一直受到重视。有机小分子氧化不仅可作为直接燃料电池的阳极反应，而且在电催化机理研究中也占有非常重要的位置。电催化反应和异相化学催化不仅存在相似之处，还具有电催化自身的重要特性，最突出的表现为反应速率受电位的影响。由于电极/溶液界面上的电位可在较大范围内随意地变化，从而能够方便、有效地控制反应速率和反应选择性。典型的电催化反应有析氢反应、有机物分子的电氧化反应等。

电极材料及其表面性质主要决定了电极反应速率与机理。因此，讨论如何寻找合适的催化剂和反应条件以便减少过电位引起的能量损失和改善电极反应的选择性是一个很值得研究的问题。大量事实证明，电极材料对反应速率有明显的影响，反应选择性不但取决于反应中间物的本质及其稳定性，而且取决于电极界面上进行的各个连续步骤的相对速率。电催化活性取决于催化剂本身的化学组成和颗粒尺寸及形状。催化剂微观结构对不同反应的影响也不尽相同。有些反应被称为结构敏感的反应，有些被称为结构不明显的反应。此外，电极经过修饰可达到调节电催化活性和选择性的目的。本实验采用恒电流和循环伏安法在玻碳表面沉积铂金属膜，再通过金属离子的修饰研制高性能载体电催化剂，从而进一步研究其对有机小分子的电催化氧化的性质。

三、主要仪器与试剂

1. 仪器

电化学工作站，电化学电解池，铂片辅助电极，SCE 或 Ag/AgCl 参比电极，玻碳工作电极，电极抛光布，Al_2O_3 抛光粉。

2. 试剂

0.5mol/L 硫酸溶液，0.1mol/L CH_3OH＋0.5mol/L 硫酸溶液，Sb^{3+}、Bi^{3+}、Pb^{2+} 金属离子。

四、实验步骤

安全预防：浓硫酸具有危险性，避免直接接触。稀释浓硫酸是放热的过程，必要时应及时用冷水冷却。只能将浓硫酸缓缓倒入水中，不能倒反。倒时应用玻璃棒不断搅拌。

（一）载体电催化剂（电极）的制备

1. 玻碳电极（GC，Φ＝4.0mm，聚四氟乙烯材料包封制成）表面用1～6号金相砂纸研磨，以超声波水浴清洗除去表面研磨杂质，然后改用 $0.5\mu m$ 的 Al_2O_3 研磨粉在研磨布上继续研磨，直至得到光亮的镜面，再经超声波清洗、备用。

2. 电解质为 0.5mol/L 的 H_2SO_4 溶液，研究电极为 GC，辅助电极为 Pt 片电极，参比电极为饱和甘汞电极（SCE）。在电化学工作站上进行循环伏安检测，电位扫描区间 $-0.25\sim1.25V$，扫描速率 50mV/s，记录极化曲线。

3. 在含有 Pt 离子的溶液中，采用恒电流或循环伏安法在玻碳基底上沉积制备 Pt/GC 电极，通过控制沉积时间或者电位扫描圈数以控制沉积层的厚度。

4. 选用 Sb^{3+}、Bi^{3+}、Pb^{2+} 等金属离子对电极进行化学修饰，制备 M-Pt/GC 电极。通过电极表面的修饰技术，控制不同的修饰物种及其覆盖度 θ，以改善其电催化活性和选择性。

（二）载体电催化剂的表征及其在有机小分子氧化中的电催化特性

1. 将制得的载体电催化剂（GC 或 Pt/GC）分别作为研究电极，在 0.5mol/L H_2SO_4 电解质溶液中，以 Pt 片电极为辅助电极，饱和甘汞电极为参比电极。选用$-0.25\sim1.25V$ 的电位扫描区间和 50mV/s 扫描速率，在电化学工作站上进行循环伏安检测，记录极化曲线。并比较与讨论所得结果。

2. 将分别采用恒电流和循环伏安法沉积后并通过表面修饰技术制备的修饰电极（M-Pt/GC）置入 0.5mol/L 的 H_2SO_4 溶液中，采用循环伏安技术进行电化学表征。比较与讨论不同修饰物种和不同覆盖度 θ 对电催化活性和选择性的影响。

3. 在 0.1mol/L 的 CH_3OH＋0.5mol/L 的 H_2SO_4 溶液中，分别采用 GC 和 Pt/GC 以及经过 Sb 修饰的 Pt/GC 电极，选取一定的电位扫描区间和扫描速率，对甲醇电催化氧化的循环伏安特征进行研究。

4. 观察比较不同电催化剂和不同扫描速率时循环伏安曲线的差别，并以峰电流值和峰电位值对 v 作图，观察其变化情况。

五、思考题

1. 在研制载体电催化剂过程中，哪些主要因素必须考虑？控制电流沉积和控制电位沉积有何差异？何谓表面修饰技术？

2. 玻碳（GC）与载体电催化剂（Pt/GC）电极在 0.5mol/L H_2SO_4 或者 0.1mol/L CH_3OH＋0.5mol/L H_2SO_4 溶液中的循环伏安曲线是否一致？为什么？

3. 通过循环伏安法可获得哪些主要的实验参数？其物理意义是什么？

4. 与本体金属电催化剂相比较，载体电催化剂有哪些优缺点？

参 考 文 献

[1] 浙江大学，南京大学，北京大学，兰州大学主编. 综合化学实验 [M]. 北京：高等教育出版社，2001.
[2] 杨辉，卢文庆. 应用电化学 [M]. 北京：科学出版社，2001.

实验48　电极过程的循环伏安法研究

一、实验目的

① 学习循环伏安法判断电极过程可逆性的方法。

② 采用循环伏安法研究偶联有化学反应的电子转移过程的机理。

二、实验原理

电化学反应涉及到电子转移步骤，由此产生能够通过所谓的偶联化学反应迅速与介质组分发生反应的物质。循环伏安法的最大作用之一是可用于定性判断这些和电极表面反应偶联的均相化学反应。它能够在正向扫描中产生某种物质，在反向扫描以及随后的循环伏安扫描中检测其变化情况，这一切可在几秒或更短的时间之内完成。此外，通过改变电位扫描速率，可以在几个数量级范围内调节实验时间量程，由此可以估计各种反应速率。

对于电活性物质乙酰氨基苯酚（APAP）而言，其氧化反应机理可表示如下：

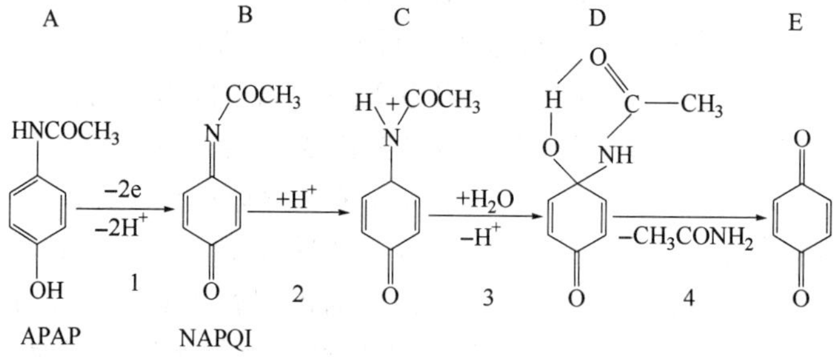

乙酰氨基苯酚经过一个两电子、两质子的电化学过程，氧化为 N-乙酰基-对-亚氨基苯醌（NAPQI）。其后所涉及到的 NAPQI 的随后化学反应与介质 pH 值有关，改变介质的 pH 值以及循环伏安实验的电位扫描速率，可以研究 NAPQI 所涉及的化学反应。在 pH≥6 时，NAPQI 以稳定的未质子化的形式（B）出现。在较高酸性条件下，NAPQI 质子化（步骤 2）后生成一个不太稳定、具有电化学活性的物质（C），C 变成（步骤 3）其水合物的形式（D），D 在检测电位下电化学上为非活性。水合 NAPQI(D) 最后转变成苯醌（步骤 4）。在较强的酸性介质中，用循环伏安法可以观察到苯醌的还原。

三、主要仪器与试剂

1. 仪器

电化学工作站，电化学电解池，铂辅助电极，SCE 或 Ag/AgCl 参比电极，玻碳工作电极，电极抛光布，抛光粉。

2. 试剂

pH 2.4 磷酸氢二钠-柠檬酸缓冲溶液 500mL：0.2mol/L Na_2HPO_4 溶液（$Na_2HPO_4 \cdot 12H_2O$，71.60g/L）31mL 与 0.1mol/L 柠檬酸溶液（$C_6H_8O_7 \cdot H_2O$，21.01g/L）469mL 混合而得。

pH 6.4 磷酸氢二钠-柠檬酸缓冲溶液 500mL：0.2mol/L Na_2HPO_4 溶液（$Na_2HPO_4 \cdot 12H_2O$，71.60g/L）346mL 与 0.1mol/L 柠檬酸溶液（$C_6H_8O_7 \cdot H_2O$，21.01g/L）154mL 混合而得。

1.8mol/L 硫酸，3.0×10^{-2} mol/L 乙酰氨基苯酚储备液 200mL（保存在冰箱中），含乙酰氨基苯酚的药片。

四、实验步骤

安全预防：浓硫酸以及高氯酸具有危险性，避免直接接触。浓硫酸的稀释是一个放热的过程，必要时应及时用冷水冷却。只能将浓硫酸缓缓倒入水中，不能倒反。倒时应用玻璃棒不断搅拌。高氯酸为强氧化剂，与有机物、还原剂、易燃物如硫、磷等接触或混合时有引起燃烧爆炸的危险。建议操作人员佩戴过滤式防毒面具（全面罩）或自给式呼吸器，穿聚乙烯防毒服，戴橡胶手套。远离火种、热源，工作场所严禁吸烟。防止蒸气泄漏到工作场所空气中。避免与酸类、碱类、胺类接触。

① 将玻碳工作电极表面抛光成镜面，超声清洗后，在 1mmol/L 铁氰化钾溶液（介质为 1mol/L KCl）中扫描至氧化还原峰的峰电位差在 75mV 以内。

② 配制 3.0mmol/L 乙酰氨基苯酚溶液，介质为 pH 2.4 的磷酸氢二钠-柠檬酸缓冲溶液。设置电位扫描范围为 1.0～−0.2V（vs. Ag/AgCl）。扫描前向溶液通入氮气 5min。以 0.0V 作为起点正向扫描。记录扫描速率为 50mV/s、100mV/s、250mV/s 以及 500mV/s 时的循环伏安图。在每次记录之间搅拌溶液，然后使溶液静止 2min。

③ 在下面两种溶液中重复以上步骤：① 3.0mol/L 乙酰氨基苯酚溶液，介质为 pH 为 6.4 的磷酸氢二钠-柠檬酸缓冲溶液；② 3.0mmol/L 乙酰氨基苯酚溶液，介质为 1.8mol/L 硫酸溶液。

④ 在 25mL 容量瓶中加入准确称量的含乙酰氨基苯酚的药片以及适量的 pH 为 2.4 的磷酸氢二钠-柠檬酸缓冲溶液，振荡至药片溶解，然后用 pH 为 2.4 缓冲溶液稀释至刻度。用移液管和容量瓶将 5.00mL 的此溶液稀释至 50.00mL。用 pH 为 2.4 缓冲溶液适当稀释乙酰氨基苯酚储备液，制备浓度范围为 0.1～5.0mmol 的 6 份乙酰氨基苯酚标准溶液（包括已制备好的 3mmol/L 溶液）。在同样条件下记录 6 份标准溶液和稀释的药片溶液的循环伏安图。

五、数据记录及处理

① 分别写出在 3 种支持电解质中所得到的循环伏安图上每个峰所代表的电极反应。

② 以峰电流对乙酰氨基苯酚的浓度作图，绘制乙酰氨基苯酚标准溶液的标准曲线。

③ 确定稀释的药片溶液中乙酰氨基苯酚的浓度并计算药片中乙酰氨基苯酚的质量分数。将实验值和药瓶签上的标示值进行比较。

六、思考题

1. 电活性物质发生电化学反应后所生成的物质再发生化学反应的电极机理被称为 EC 机理。EC 机理表示如下：

电极反应（E）：$O + ne \longrightarrow R$

化学反应（C）：$R \longrightarrow$ 产物（速率常数为 k）

画出下列情况下的循环伏安图（假设电极反应是可逆的）：

(1) 速率常数 k 为零。

(2) 速率常数 k 很大，相对于扫描速率而言，化学反应瞬时发生。

(3) k 为以上两种情况下的中间值。

2. 解释为什么电极过程机理中所涉及的化学反应愈快，需要的扫描速率愈快。

3. 当扫描速率很快时（>100V/s），可以预料会遇到什么问题。

参 考 文 献

[1] 陈培榕，李景虹，邓勃. 现代仪器分析实验与技术［M］. 北京：清华大学出版社，2006.

[2] 武汉大学化学与分子科学学院实验中心编. 仪器分析实验［M］. 武汉：武汉大学出版社，2005.

实验 49　氨基甲酸铵的制备和分解平衡

一、实验目的

① 掌握氨基甲酸铵的制备方法。

② 用等压法测定一定温度下氨基甲酸铵的分解压力，并计算此分解反应的平衡常数。

③ 根据不同温度下的平衡常数，计算等压反应热效应 $\Delta_r H_m^{\ominus}$、标准反应吉布斯自由能变化 $\Delta_r G_m^{\ominus}$ 和标准熵变 $\Delta_r S_m^{\ominus}$。

二、实验原理

干燥的氨和干燥的二氧化碳接触后，只生成氨基甲酸铵。

$$2NH_3(g) + CO_2(g) \Longrightarrow NH_2CO_2NH_4(s)$$

在一定温度下氨基甲酸铵的分解反应为：

$$NH_2CO_2NH_4(s) \Longrightarrow 2NH_3(g) + CO_2(g)$$

在实验条件下可把氨和二氧化碳看成是理想气体，分解反应的标准平衡常数可表示为：

$$K^{\ominus} = \left(\frac{p_{NH_3}}{p^{\ominus}}\right)^2 \cdot \left(\frac{p_{CO_2}}{p^{\ominus}}\right)$$

式中，p_{NH_3}，p_{CO_2} 分别表示 NH_3 和 CO_2 的分压；$p^{\ominus}$ 表示标准压力，通常选为 100 kPa。设平衡总压是 p，则 $p_{NH_3} = \frac{2}{3}p$；$p_{CO_2} = \frac{1}{3}p$。代入上式，得：

$$K^{\ominus} = \frac{4}{27}\left(\frac{p}{p^{\ominus}}\right)^3$$

因此，测得给定温度下的平衡总压后，即可计算出平衡常数 $K^{\ominus}$。当温度变化的范围不大时，$\Delta_r H_m^{\ominus}$ 可视为常数，则标准平衡常数 $K^{\ominus}$ 与温度的关系为：

$$\ln K^{\ominus} = \frac{-\Delta_r H_m^{\ominus}}{RT} + C$$

作 $\ln K^{\ominus} - 1/T$ 图，应为一直线，由直线斜率 $-\Delta_r H_m^{\ominus}/R$ 即可求得实验温度范围内的 $\Delta_r H_m^{\ominus}$。

根据 $\Delta_r G_m^{\ominus} = -RT\ln K^{\ominus}$，可求得给定温度下反应的 $\Delta_r G_m^{\ominus}$，可进一步根据 $\Delta_r G_m^{\ominus} = \Delta_r H_m^{\ominus} - T\Delta_r S_m^{\ominus}$ 近似计算出 $\Delta_r S_m^{\ominus}$。

三、主要仪器与试剂

1. 仪器

液体石蜡鼓泡瓶，固体氢氧化钾干燥管，浓硫酸洗气瓶，聚乙烯薄膜袋，稀硫酸洗气瓶，恒温槽，等压计，真空泵，数字式低真空测压仪。

2. 试剂

氨气（钢瓶），二氧化碳气体（钢瓶），硅油。

四、实验步骤

安全预防：注意钢瓶使用规范，防止气体泄漏；用真空泵对系统抽气时，因为氨有腐蚀性，同时当氨与二氧化碳一起吸入泵内时将会生成凝结物，以致损坏泵和泵油，因此在真空泵前应装吸附浓硫酸的硅胶干燥塔，用来吸收氨。

1. 氨基甲酸铵的制备

如图 4-12 所示，安装制备装置。

先开启 CO_2 钢瓶，控制 CO_2 流量，在浓硫酸洗气瓶中看到正常鼓泡即可；然后开启

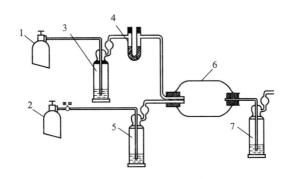

图 4-12 氨基甲酸铵制备流程

1—氨钢瓶；2—二氧化碳钢瓶；3—液体石蜡鼓泡瓶；4—固体氢氧
化钾干燥管；5—浓硫酸洗气瓶；6—聚乙烯薄膜袋；7—稀硫酸洗气瓶

NH_3 钢瓶，使 NH_3 流量比 CO_2 大一倍，可从液体石蜡鼓泡瓶中的气泡估计其流量。如果 CO_2 和 NH_3 的配比适当，反应又很完全（从反应器表面能感到温热），可由尾气鼓泡瓶看出此时尾气的流量接近于零。通气约 1h，能得到 $200 \sim 400g$ 白色粉末状氨基甲酸铵产品，装瓶备用。

2. 氨基甲酸铵分解平衡测定

（1）安装测量装置 如图 4-13 所示，安装好测量装置。

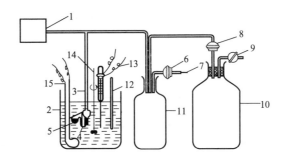

图 4-13 等压法测分解压装置图

1—数字式低真空测压仪；2—恒温槽；3—等压计；4—硅油液封；
5—氨基甲酸铵；6,8,9—旋塞；7—毛细管；10,11—缓冲瓶；
12—普通温度计；13—接触温度计；14—搅拌器；15—加热器

（2）系统检漏 关闭旋塞 6，打开旋塞 8，缓慢打开旋塞 9，使系统与真空泵相连，抽气 $4 \sim 5min$ 后，关闭旋塞 9，从真空测压仪上观察系统是否不漏气。若系统漏气则应分段检查，直至不漏气为止。

（3）测定不同温度下氨基甲酸铵的分解压力

① 系统检漏完毕后，缓慢打开旋塞 6，使系统压力与外压相等；取下样品管（图 4-13），装入样品；用滴管把适量硅油装入等压计 U 形管中（作为液封），重新连接好反应系统。接通恒温槽加热电源及搅拌器，恒温至 $25℃$。

② 关闭旋塞 6，打开旋塞 8，缓慢打开旋塞 9，使系统与真空泵相连，将体系中的空气抽出。约 10min 后，关闭旋塞 9 和 8，停止抽气。再缓慢开启旋塞 6，使空气通过毛细管缓缓进入体系，直至等压计 U 形管两臂硅油液面齐平时，立即关闭旋塞 6。若在 5min 内系统

压力保持不变，则读取此时恒温槽温度、大气压力及真空测压仪读数。

重复抽气步骤②一次，再次读取真空测压仪读数。如两次测定结果相差小于 2mmHg，就可在另一温度下测定分解压。

③ 调整恒温槽温度为 30℃。升温过程注意观察 U 形管液面的变化，小心开启旋塞 6，从毛细管 7 缓缓放入空气，至等压计 U 形管两臂硅油液面齐平保持 5min 不变，即可读取恒温槽温度、大气压力及真空测压仪读数。

④ 用相同方法继续测定 35℃、40℃、45℃、50℃时氨基甲酸铵的分解压。

（4）实验后处理实验完毕后，缓缓开启旋塞 6，放入空气使系统与大气相通。断开所有仪器电源，拆卸仪器；将等压计洗净、烘干备用。

五、数据记录及处理

室温：_____ 大气压：_____

1. 将测得数据及计算结果列入表 4-16。

表 4-16 不同温度下氨基甲酸铵的分解压及数据处理结果

恒温温度 t/℃	25	30	35	40	45	50
分解压 p/mmHg						
分解压 p/Pa						
$K^{\ominus}$						
$\ln K^{\ominus}$						
$1/T$						
$\Delta_r H_m^{\ominus}$/(kJ/mol)						
$\Delta_r G_m^{\ominus}$(298K)/(kJ/mol)						
$\Delta_r S_m^{\ominus}$(298K)/(kJ/mol)						

根据表 4-16 数据作 $\ln K^{\ominus}$-$1/T$ 图，计算氨基甲酸铵在实验温度范围内的等压反应热效应 $\Delta_r H_m^{\ominus}$ 以及 25℃时的标准反应吉布斯自由能变化 $\Delta_r G_m^{\ominus}$（298K）和标准熵变 $\Delta_r S_m^{\ominus}$（298K）。

2. 将实验结果与文献值（见表 4-17 所列）进行比较、分析。

表 4-17 氨基甲酸铵分解压文献值

恒温温度 t/℃	25	30	35	40	45	50
分解压 p/mmHg	88.0	128.0	178.5	247.0	340.0	472.0

六、思考题

1. 在什么条件下才能用测总压的办法测定化学反应的平衡常数？

2. 在实验装置图 4-13 中，安置两个缓冲瓶和使用毛细管放气的目的是什么？

3. 在调整 U 形管液面时，如果发现空气进入装样小球 5，应如何处理？

4. 如何选择等压计的封闭液？

参 考 文 献

[1]　Richards R R. NH₄HCO₃: A stimulant for learning [J], Chem Educ, 1983, 60（7）: 555～556.

[2] 东北师范大学等校. 物理化学实验 [M]. 北京：高等教育出版社, 1990.

[3] 罗澄源等. 物理化学实验（第四版）[M]. 北京：高等教育出版社, 2005.

[4] 复旦大学等. 物理化学实验（第三版）[M]. 北京：高等教育出版社, 2004.

实验50 1,3,5-三氨基-2,4,6-三硝基-苯的红外光谱模拟计算

一、实验目的

通过本实验了解红外光谱产生的原理，学会用 Gaussian 程序计算体系的红外光谱。

二、实验原理

分子的振动能级差较转动能级差大，当发生振动能级跃迁时，不可避免地伴随有转动能级的跃迁，所以无法测量纯粹的振动光谱，而只能得到分子的振动-转动光谱，这种光谱称为红外吸收光谱。红外吸收光谱也是一种分子吸收光谱。当样品受到频率连续变化的红外光照射时，分子吸收某些频率的辐射，并由其振动或转动运动引起偶极矩的净变化，产生分子振动和转动能级从基态到激发态的跃迁，使相应于这些吸收区域的透射光强度减弱。记录红外光的百分透射比与波数或波长的关系曲线，就得到红外光谱。

Gaussian 程序在构型优化基础上，通过进一步计算能量的二阶导数，可求得力常数，进而得到分子的红外光谱，此过程可通过 Gaussian 程序中的频率分析来实现。频率分析的计算可采用 Hartree-Fock（HF）方法、密度泛函方法（DFT）、二阶 Moller-Plesset 方法（MP2）和全活化空间自洽反应场（CASSCF）方法等。需注意的是，频率分析只能在优化好的结构上进行，所采用的基组和理论方法，必须与得到该几何构型的完全相同。频率分析的最小基组为 6-31G*，一般情况下要得到很可靠的结果需采用较大的基组。

三、计算机与软件

计算所需软件主要为 Gaussian 公司的 Gaussian 程序及其相应的作图软件 GaussView 等。计算机内存要求在 256M 以上，可以在 PC 机或工作站上进行。

四、实验步骤

① 在 B3LYP/6-31G* 水平上对模型分子进行构型优化。构型优化和频率分析使用的方法和基组一定要保持一致。倘若不一样，在进行频率分析时，所输入的构型不会被认为是稳定构型。

② 在模型分子稳定的构型基础上进行频率计算，即在命令行添加关键词 FREQ。倘若无需计算 RAMAN 光谱，加上 FREQ＝NORAMAN 可节省很多时间。

③ 查看输出结果。频率分析首先计算输入结构的能量，然后计算频率。Gaussian 程序提供每个振动模式的频率、强度、拉曼活性、极化率，同时还提供振动的简正模式。

五、数据处理

① 找出五个最强的振动模式，通过分析其简正坐标进行归类。简正坐标的分析可采用 GaussView 程序。

② 用 GaussView 程序对 IR 计算结果图形化，得模拟的红外谱图。

③ 通过文献查找 TATB 的实验红外光谱，将计算所得的红外光谱与之进行对比，讨论所用方法计算频率的精度。

六、思考题

1. 用 Gaussian 程序计算红外光谱时需注意什么问题？

2. 判断分子是否具有红外活性的规则是什么？

3. 通过计算发现 TATB 主要有几种振动模式？对应的频率是多少？和实验值对比误差为多少？造成误差的原因是什么？

参 考 文 献

[1] Frisch A，Frisch M J，Truchs G W. Gaussian 03 User's Refrence，2004.

[2] Foresman J B，Frisch A. Exploring Chemistry with Electronic Structure Methods [M]，Gaussian, Inc. Pittsburgh, PA，2002.

[3] 周公度，段连运. 结构化学基础 [M]. 北京：北京大学出版社，2002.

[4] Gibbs T R，Popolato A. Explosive Property Data [M]. California：University of California Press，1980.

实验51 2,6-二氨基-3,5-二硝基-1 氧吡嗪（LLM-105）生成热的计算

一、实验目的

① 掌握设计等键反应计算生成热的方法。

② 利用 Gaussian03 程序计算 2,6-二氨基-3,5-二硝基-1 氧吡嗪（LLM-105）分子的生成热。

二、实验原理

生成热是化合物的基本热力学性质，是其含能高低的标志，也是计算高能化合物爆轰性能（如爆速和爆压）的必备参数。由于炸药的易爆炸性和不稳定性，在实验上测定其生成热是很困难甚至是危险的。因此从理论上预测、计算高能化合物的生成热，对含能材料的分子设计和优品炸药的筛选具有重要理论意义。基团加和法、参数化的 PM3、AMI、MNDO 和 MINDO/3 等半经验分子轨道方法能直接迅速的给出生成热，但精确度不高。常用的计算生成热的理论方法有两种：一种是已知孤立原子的生成热，利用量子化学方法计算出原子化能，再预测分子的气相生成热，这种方法在从头算的 G2、BAC-MP4 等水平上可以精确预测大量的有机和无机分子的气相生成热。但从头算方法计算电子相关能需要昂贵的计算机资源，不适合大分子；另一种是结合实验和计算数据，设计等键反应来精确预测分子的生成热。

本次实验在不破坏苯环结构的情况下设计如下等键反应（温度为 298K）：

$$C_4H_4N_6O_5 + 4CH_4 + HNO_2 = 2CH_3NO_2 + 2CH_3NH_2 + C_4H_4N_2 + HNO_3 \tag{1}$$

此等键反应的反应热为：

$$\Delta_r H^\ominus(298K) = \sum \Delta_f H^\ominus(p) - \sum \Delta_f H^\ominus(r) \tag{2}$$

$\Delta_f H^\ominus(p)$ 和 $\Delta_f H^\ominus(r)$ 分别表示在 298K 下生成物和反应物的生成热。参照物 CH_4、CH_3NH_2、CH_3NO_2、HNO_2、HNO_3、$C_4H_4N_2$ 气相生成热的实验数据已知，算出等键反应的反应热，即可得到 LLM-105 的生成热。反应热可根据下面的方程得到：

$$\Delta_r H^\ominus(298) = \sum E(298K, p) - \sum E(298K, r) + \Delta(PV)$$
$$= \sum E(0K, p) - \sum E(0K, r) + \Delta ZPE + \Delta H_T + \Delta nRT \tag{3}$$

其中，$\sum E(0K, p)$ 指生成物在 0K 时总能量之和，$\sum E(0K, r)$ 指反应物在 0K 时总能量之和，ΔZPE 是生成物和反应物零点能之差，ΔH_T 是温度校正项，$\Delta(PV)$ 在理想气体情况下等于 ΔnRT，方程(1)中 $n=0$ 故此项为零。以上值均可用 G03 程序包计算得到。

三、计算机与软件

计算所需软件主要是 Gaussian 公司的 Gaussian03 程序和 GaussView 程序。LLM-105 分子初始构型由 GaussView 程序获得，采用 Gaussian03 程序包进行几何构型全优化和频率计算。计算机内存要求在 256M 以上，可以在 PC 机或工作站上完成。

四、实验步骤

1. 用 GaussView 程序构建 LLM-105 分子的初始结构。

2. 用 Gaussian03 程序对初始结构进行构型优化，并用优化后的构型进行频率分析，从输出文件中找出反应物和生成物的 ZPE、H_T、以及 0K 时的能量 $E(0K)$。

3. 利用 Gaussian03 计算结果结合方程（3）计算 LLM-105 的生成热。

五、思考题

1. 什么是生成热，计算含能材料的生成热有什么意义？

2. 如何在频率分析的结果中找到反应物和生成物的 ZPE、H_T、以及 0K 时的能量 $E(0K)$？

<h2 style="text-align:center">参 考 文 献</h2>

［1］ Rice B M，Pai S V. Predicting Heats of Formation of Energetic Materials Using Quantum Mechanical Calculations [J]. Combustion and Flame，1999，118（3）：445～448.

［2］ Ventura O N，Kieninger M，Denis P A and Cachau R E. Density Functional Computational Thermochemistry：Isomerization of Sulfine and Its Enthalpy of Formation [J]. Journal of Physical Chemistry A，2001，105（43）：9912～9916.

［3］ Ventura O N，Kieninger M. The FO₂ radical：a new success of density functional theory [J]. Chem. Phys. Lett.，1995，245（4）：488～497.

［4］ 肖继军，张骥，肖鹤鸣. 共轭和笼状体系精确生成热的计算 [J]. 含能材料，2002，10（3）：136～138.

［5］ 肖鹤鸣，陈兆旭. 四唑化学的现代理论 [M]. 北京：科学出版社，2000.

［6］ Chen P C，Chieh Y C，Tzeng S C. Density Functional Calculations of the Heats of Formation for Various Aromatic Nitro Compounds [J]. Journal of Molecular Structure（Theochem），2003，634（1）：215～224.

<h2 style="text-align:center">实验 52　苯的构型优化</h2>

一、实验目的

① 用 Gaussian 程序优化构型的方法。

② 用密度泛函（DFT）方法得到苯的最稳定构型。

二、实验原理

构型优化是 Gaussian 程序的常用功能之一。构型优化过程是建立在能量计算基础之上的，即寻找势能面上的能量极小值，而这个极小值，对应的就是分子的稳定的几何形态。对于势能面上的所有的极小值和鞍点，其能量的一阶导数，也就是梯度，都为零，这样的点被称为稳定点。所有的成功的优化都在寻找稳定点，虽然找到的并不一定就是所预期的点。几何优化由初始构型开始，计算能量和梯度，然后决定下一步的方向和步长，其方向总是向能量下降最快的方向进行。大多数的优化也计算能量的二阶导数，来修正力矩阵，从而表明在该点的曲度。

1. 构型优化过程说明

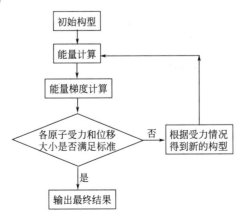

2. 构型优化的输入

确定初始构型的坐标，选定优化方法及基组，添加关键词 OPT 即可。关于 OPT 的选项请参考《Gaussian 03 User's Refrence》。

3. 构型优化说明

① 要缩短构型优化时间，需尽可能给出较为准确的初始构型，例如采用 X 衍射实验结果等。

② 对于较大体系的构型优化，为了缩短机时，可采用分步优化的方法，即首先采用分子动力学和半经验方法，然后再采用从头算或密度泛函等方法。开始用较小的基组，然后用较大的基组。该方法尤其适合于初始构型不太确定的情形。

③ 构型优化涉及到多变量的优化过程，其最终的结果受初始构型的影响较大，往往不能保证所得的优化构型对应于能量极小点。为了保证得到的构型为稳定构型，通常需在构型优化的基础上进行频率计算，若计算结果存在明显虚频，则得到的构型并非对应于能量极小点。

三、计算机与软件

计算所需软件主要为 Gaussian 公司的 Gaussian 程序及其相应的作图软件 GaussView 等。计算机内存要求在 256M 以上，可以在 PC 机或工作站上进行。

四、实验步骤

① 用相关软件（GaussView、HyperChem 等）构造体系的初始结构，分别用分子动力学和半经验方法进行初步优化，得到初始构型的坐标。

② 选择密度泛函（B3LYP）方法和 6-31＋G(d) 基组，添加关键词 OPT，编写 Gaussian 输入文件。

③ 用 Gaussian 程序进行优化，检查优化输出文件，查看优化部分的计算，包括优化的次数，变量的变化，收敛的结果等。在得到每一个新的几何构型之后，都要计算单点能，然后再在此基础上继续进行优化，直到四个收敛标准同时得到满足，而最后一个几何构型就被认为是最优构型。注意，最终构型的能量是在最后一次优化计算之前得到的。在得到最优构型之后，在输出文件中寻找 "Stationmay point found"，其下面的表格中列出的就是最后的优化结果以及分子坐标，随后列出分子有关性质。

五、数据处理

① 在输出文件中找到最稳定构型的分子坐标，并用相关软件（ChemOffice、GaussView、HyperChem 等）图形化。

② 在输出文件中找到最稳定构型对应的结构参数（键长、键角、二面角），标注在第一步所得的图形中，并结合实验数据进行讨论，分析其结构特征，说明计算结果的精度。

附：苯分子具有平面的正六边形结构，各个键角都是 120°，六无环上碳碳之间的键长均为 1.4010Å，它既不同于一般的单键（C—C 键长 1.5410Å），也不同于一般的双键（C═C键长 1.3310Å），而是一种介于单键和双键之间的独特的键。

六、思考题

1. 如何判断优化后的构型为最稳定构型？

2. 简述用 Gaussian 程序做构型优化时需注意的问题。

参 考 文 献

[1] Frisch A，Frisch M J，Truchs G W. Gaussian 03 User's Refrence. 2004.

[2] Foresman J B，Frisch A. Exploring Chemistry with Electronic Structure Methods [M]. Gaussian，Inc. Pittsburgh，PA，2002.

第五章　设计研究实验

爱因斯坦曾在《论教育》中谈到："发展独立思考和独立批判的一般能力，应当始终放在首位。如果一个人掌握了他的学科基础理论，并且学会了独立地、批判性的思考和工作，那么他必定会找到自己的道路，而且比那种主要以获得细节知识为其培训内容的人来，他一定会更好地适应进步和变化。"设计研究实验的开设可以达到这样的目的。

所谓设计研究实验，是指学生根据实验课题要求，通过查阅相关文献，自行设计实验方案和步骤，并独立完成的一种具有一定创新性的实验。

设计研究实验着重培养学生进行科学研究工作的能力，包括查阅文献资料的能力、根据具体要求设计实验的能力、在实践中发现问题和解决问题的能力，以及总结、归纳的能力，撰写论文的能力等等，其中优秀的应能在正式学术刊物或学术会议上发表。

设计研究实验选题广泛，一般涉及几门相关课程的理论知识，所确定的课题与生活、生产实际有较大联系。相对于传统的"验证性实验"，它是一种较高层次的实验训练，是为培养独立从事科学研究工作能力、鼓励学生的创新精神而设计的。

根据情况，设计研究实验的题目可以是教师指定，也可以学生自带题目。设计研究实验的选题主要采用以下几种方法。

① 结合化学教学选择课题。当今课改的重要任务就是要提高学生的实践能力和创新精神，适当增加一些探索性实验，有利于提高学生的探索欲望，培养学生的创新能力。

② 结合当前的研究热点选择课题。通过对一些热点课题的研究开阔学生的视野，增强将来作为科技工作者的责任感和使命感。

③ 结合日常生活选择研究课题。社会生活中的问题无处不在，我们引导学生从自己身边开始思考，提出问题，并筛选确定研究课题。

④ 结合当地生产实践选择研究课题。我们结合当地经济建设的实际情况，提出一些生产实际中的问题，让学生大胆探索、积极创新。

设计研究实验的组织实施及对学生的要求如下所述。

1. 准备阶段

设计研究实验的目的是让学生掌握科学研究的方法。教师在教学过程中，要不厌其烦地指导学生，调动学生的积极性，主动参与科学研究活动。培养学生搞科研的兴趣和能力，在亲自参与的过程中，去体会科研工作所带来的乐趣。做好设计研究实验，要求师生都要进行充分的准备工作。

学生选择某一课题后，按照该课题的提示、参考材料和实验要求，收集相关资料；然后学生反复推敲，自己设计研究实验方案。实验方案应充分体现绿色化学的思想，注意安全预防。设计实验装置，应用有关的原理，选择所需要实验器材，安排合理的实验步骤，明确待测量，设计数据记录的表格，探讨实验数据的处理方法，以及怎样发现化学规律；指导教师认真审核学生的设计，再组织学生讨论、辨析，对合理的加以肯定，不恰当的指出问题所在，对无法完成的方案阐明其原因。各种方案在一一论证以后，只要条件许可，都可组织学生自己动手操作，进行实际研究。

2. 实验阶段

根据学生设计方案，相同的可以合为一组。学生按照自己设计的实验方案及步骤独立进行实验，思考和分析实验过程中出现的现象。在表格的设计及数据的记录时，强调学生要有严谨细致的科学实验态度，既要有实验技巧，又要尊重实验事实。实验过程中出现问题，老师和学生要及时分析讨论和纠正，分析讨论偏离预想结果的现象，对实验方案或步骤进行微调，通过反复实验，提高研究结论的可信度或实用性。

3. 总结阶段

对所得实验结果按要求进行数据处理，科学地分析实验数据，对数据中误差较大的，要认真寻找误差的原因，并通过撰写实验报告或论文阐述实验及实验结果。论文的格式一般以化学杂志的化学论文为借鉴，由题目、作者、摘要、前言、实验、结果及讨论、结论、参考文献等组成。

通过这样的实验，原来十分抽象、模糊的概念变得实在、清晰，原来支离破碎的知识在这里变成了有机整体，这些都可在实验报告或论文中得到体现。

第一节　模　块　一

实验 53　氧化钙基红色荧光粉的制备及性能分析

一、实验背景

近年来，随着荧光粉在交通安全标志、紧急突发事件的照明设施、航空及汽车的仪表显示、工艺美术涂料等众多领域越来越广泛的应用，荧光粉的研究逐渐引起人们的重视。尽管荧光粉通过这十余年来的研究和应用已取得了巨大的进展，特别是在绿色和蓝色荧光粉的制备工艺方面已逐渐趋向成熟，但红色荧光粉的研究进展较慢，这主要由于早期的红色荧光粉余辉时间短，遇水易分解等缺点使它的应用受到限制。

针对这一情况，各国研究人员对红色荧光粉进行了大量的研究，并取得了一定的成果。分析国内外的相关研究报道，可按发光机制和激活剂的不同将红色荧光粉分为以下三类：第一类是稀土元素激活的碱土硫化物；第二类是稀土元素激活的碱土钛酸盐；第三类是稀土元素激活的碱土氧化物。研究结果表明，不同基质的红色荧光粉在发光亮度、余辉时间、稳定性等方面具有一定的差异。目前，研究进展较大的是改善碱土金属硫化物系红色荧光粉，但它的稳定性较差，必须进行工艺后处理才能得到应用。然而，以 CaO 为发光基质的红色荧光粉则具有良好的稳定性。

因此，选用石灰石为原料，以稀土元素铕（Eu）为激活剂，以碱金属元素（X）作为敏化剂，通过高温固相法，合成一种掺杂了稀土和碱金属元素的氧化钙基的红色荧光粉。这是一种工艺简单且原料低廉的稀土荧光粉的合成方法。

二、实验目的与要求

① 查阅相关文献，了解发光材料的分类及其合成方法，了解稀土发光材料的发光机理，熟悉发光材料的相关概念。

② 要求以石灰石和氧化铕为主要原料，混入一种碱金属元素（Li、Na、K 等）碳酸盐，通过高温固相法，合成一种氧化钙基红色荧光粉。

③ 在实验方案中，要求学生根据相关资料和正交实验确定最佳合成条件，包括稀土元素铕和碱金属元素含量以及混合物的煅烧温度。

④ 对所制备荧光粉进行分析：发光性能、粒径分布、晶相结构、表面形貌等。

⑤ 了解荧光分析可采用的仪器及其使用方法。包括荧光光度计、综合热分析仪、粒度分布仪、X 射线衍射仪、扫描电子显微镜。

⑥ 根据实验方法及实验结果写一篇小论文。

参 考 文 献

[1] 张中太，张俊英. 无机光致发光材料及应用 [M]. 北京：化学工业出版社，2005.

[2] 李建宇. 稀土发光材料及其应用 [M]. 北京：化学工业出版社，2003.

[3] 康明. 掺杂 ZnO 红色光致发光材料的研究 [D]. 四川大学，2005.

[4] 杨定明. 纳米级稀土发光材料的制备及发光性能研究 [D]. 四川大学，2005.

实验 54　氨基酸水杨醛席夫碱铜配合物的合成及表征

一、实验背景

席夫碱配体由于含有亚甲胺基基团，其杂化轨道上的 N 原子具有孤对电子，赋予该类化合物重要的化学与生物学上的意义，当与金属配位形成席夫碱（Schiff）类配合物时具有良好的生理活性，如抑菌、杀菌、抗肿瘤、抗病毒等，在配位化学发展中占有十分重要的地位。水杨醛是人们研究最早也是研究最多的一类席夫碱前体。氨基酸是生物体内最基本单元，将其引入药物分子，可增加药物的脂溶性，促进细胞对药物的吸收，同时降低药物的毒性。由氨基酸与水杨醛形成的席夫碱含有多个强电负性 N、O 配位原子，是具有多种配位原子和生物、化学活性的配体，强配位能力和多样的配位模式，过渡金属配合物对生物无机和医药有重要意义，由它形成的配合物可能具有更好的抗肿瘤活性以及生物相溶性，且通过研究此类配体与他们的配合物，有助于了解生物体内金属离子与蛋白质的结合情况，因此研究氨基酸席夫碱与他们的配合物具有重要的理论和现实意义。

席夫碱的合成是一种缩合反应，涉及加成、重排、消去等过程，反应物立体结构及电子效应起着重要作用，因此在设计反应体系时，溶剂的选择、介质的酸度、反应温度等均需视具体体系而定。而配合物的合成同样涉及方法的选择，温度、浓度以及酸度等的控制。

要得知产物是否跟预计的一致，应进行产物成分分析，主要包括金属和非金属含量，可采用仪器和化学分析方法测定等。为了理解物质构效间关系，需对合成的物质进行结构表征。一般物相分析中能获得单晶的可用 X 射线单晶衍射仪，粉末可采用 X 射线粉末衍射仪，研究配体与中心原子的成键情况可采用红外光谱仪，产物热稳定性可采用热重-差热等研究，确定产物中离子属于外配还是内配可通过测试其摩尔电导率，而其他一些物理性质如熔点、溶解度、稳定性等也应尽量测试。

二、实验目的与要求

① 查阅相关文献，选择一种可行的化学方法制备一种氨基酸水杨醛席夫碱，以其与过渡金属铜盐合成配合物并设计详细实验方案（包括所选用的化学制备法，选择合适的含铜试剂及辅助试剂）。

② 根据实验方案进行实验，制备氨基酸水杨醛席夫碱以及与过渡金属铜配合物。

③ 给出详细成分分析和结构表征可采用的仪器及方法。

④ 写一篇论文。

实验 55　超重力法制备纳米粉体材料

一、实验背景

自 20 世纪 60 年代以来，空间技术的迅速发展给人类提供了开发利用空间环境的需要和条件。英国帝国化学工业公司（ICI）于 1983 年开发成功了高强度气-液传质设备 Higee（High Gravity Rotary Device），引起了工业界的密切关注。

超重力技术是指利用旋转装置产生一种特殊环境即超重力环境，其加速度比地球的重力加速度（9.8m/s）大得多。在超重力环境下，不同大小分子间的分子扩散和相间传质过程均比常重力场下要快得多，不仅使整个反应过程加快，气体的线速度也得到大幅度的提高，使单位设备体积的生产效率得到 1～2 个数量级的提高，从而使得往往高达几十米的巨大设备变成高不过两米的超重力机。因此，超重力工程技术被认为是强化传质和多相反应过程的一项突破性技术，被誉为跨世纪的技术，超重力机也被誉为"化学工业的晶体管"。超重力技术近年来已取得了巨大的进展，广泛的应用于环保、化工、材料、能源等领域。

利用超重力机可实现高强、高速微观混合。使用一台液液气组合反应型超重力机就可以制备纳米碳酸钙、碳酸锶、碳酸锂、钛酸钡、硫酸钡、二氧化硅、氧化锌、氧化锆、氢氧化铝、氢氧化镁等纳米材料。超重力法制备的纳米材料具有粒子尺寸可控、粒径分布窄、工艺简单、生产效率高、成本低、工程放大容易，通用性强等优点。

二、实验目的与要求

① 查阅相关文献，熟悉液液气组合反应型超重力机结构、工作原理，掌握使用方法。

② 任意选择一种纳米粉体材料，如碳酸钙、碳酸锶、碳酸锂、钛酸钡、硫酸钡、二氧化硅、氧化锌、氧化锆、氢氧化铝、氢氧化镁等，设计出实验方案，进行实验。

③ 对制备的纳米粉体材料用激光粒度分析仪、扫描或透射电子显微镜、X 射线衍射仪等进行表征。

④ 写一篇论文。

参 考 文 献

[1]　陈建峰主编. 超重力技术及应用 [M]. 北京：化学工业出版社，2002.

实验 56　纳米氧化锌的制备及分析

一、实验背景

纳米 ZnO 是一种面向 21 世纪的新型高功能精细无机产品，由于颗粒尺寸的细微化，比表面积急剧增加，使得纳米氧化锌产生了其本体块状材料所不具备的表面效应、小尺寸效应和宏观量子隧道效应等。因而，纳米氧化锌在磁、光、电、化学、物理学、敏感性等方面具有一般氧化锌产品无法比拟的特殊性能和新用途，在橡胶、涂料、油墨、颜填料、催化剂、高档化妆品以及医药等领域展示出广阔的应用前景。

纳米氧化锌的制备方法很多，按研究的学科可分为物理法、化学法和物理化学法。按照物质的原始状态又可分为固相法、液相法和气相法。

物理制备法是指采用光、电技术使材料在真空或惰性气体中蒸发，然后使原子或分子形成纳米微粒；或用球磨、喷雾等以力学过程为主获得纳米微粒的制备方法。物理法包括机械粉碎法和深度塑性变形法。机械粉碎法是采用特殊的机械粉碎、电点火花爆炸等技术将普通级别的氧化锌粉碎至超细。

化学制备法各组分的含量可精确控制，并可实现分子、原子水平上的均匀混合，通过工艺条件的控制可获得粒度分布均匀、形状可控的纳米微粒材料。因此，它是目前采用最多的一种方法，纳米氧化锌的制备也不例外。化学制备方法又可分为化学沉淀法、化学气相沉积法、水解法、热分解法、微乳液法、溶胶凝胶法、溶剂蒸发法等多种方法。

二、实验目的与要求

① 查阅相关文献，选择一种可行的化学方法制备纳米氧化锌并设计详细实验方案（包括所选用的化学制备法，选择合适的含锌的试剂及辅助试剂）。

② 根据实验方案进行实验，制备氧化锌微粉。

③ 了解微粉分析可采用的仪器及方法原理，如粒度分布仪、X 射线衍射仪、透射电子显微镜。

④ 对所制备的微粉进行分析：粒径分布，晶相结构，表面形貌和粒径大小。

⑤ 根据实验方法及实验结果写一篇小论文。

实验 57　聚羧酸系混凝土减水剂的合成

一、实验背景

现代混凝土减水剂技术的发展，是现代混凝土技术发展的关键，并对于混凝土技术发展具有决定性的作用，所以混凝土技术的创新与发展一直是混凝土外加剂行业发展的重点与热点。一般认为，减水剂的发展分为以下三个阶段：以木钙为代表的第一代普通减水剂阶段、以萘系为主要代表的第二代高效减水剂阶段和目前以聚羧盐为代表的第三代高性能减水剂阶段。

聚羧酸系高性能减水剂是一类分子结构为含羧基接枝共聚物的表面活性剂，分子结构呈梳形，主要通过不饱和的单体在引发剂作用下共聚而获得，主链系由含羧基的活性单体聚合而成，侧链系由含功能性官能团的活性单体与主链接枝共聚而成，具有高减水率并使混凝土拌合物具有良好流动性保持效果的减水剂。

聚羧酸系减水剂不是一种定型产品，而是具有一定共性的系列产品，因分子结构不同而对混凝土性能的改善程度稍有不同。所以，对于聚羧酸系减水剂的性能特点不能一概而论。现阶段大致分类如下：

按主链所采用原材料不同分为：丙烯酸、甲基丙烯酸系和马来酸酐、马来酸系等。

按所用活性单体等原材料品种多少不同分为：二元、三元等共聚物。

按表面活性剂的性质不同分为：非离子性减水剂和阴离子型减水剂。

按制备工艺不同分为：一步法产品和二步法产品。

按用途不同分为：预拌大流动性混凝土用和预制混凝土制品用。

聚羧酸系减水剂理想的分子结构应该是呈梳型的、线型的，疏水基团与亲水基团相间，主链较短、数量少、侧链较长、数量多，且主链上带有多个活性疏水基团，侧链带有极性很强的亲水性活性大单体。

二、实验目的与要求

① 查阅文献资料，了解聚羧酸系减水剂结构特点、主要作用机理、发展与研究现状。

② 确定一种聚羧酸系减水剂，设计合成方法，进行实验。

③ 对合成的聚羧酸系减水剂进行结构分析和性能考察。

④ 写一篇论文。

参 考 文 献

[1] 郭延辉，郭京育主编．聚羧酸系高性能减水剂及其应用技术 [M]．北京：机械工业出版社，2005．

实验58 防氡建筑功能涂料的配制

一、实验背景

天然放射性铀、钍衰变都有氡同位素产生，是环境中氡和放射性的主要来源，天然石材及建筑材料（含工业废渣）本身是由天然的岩石、砂、土及各种矿石生产而来，因而能够释放出一定量的氡；地下核试验地下工程、国防工事、坑道、掩体、人防工程等区域，这些区域大多是在地下开凿建造而成，都会有大量的氡产生；随着核工业和核技术的广泛应用，放射性污染日益增加，并不可避免地进入环境，同时来自于住宅地基以下的岩石和局部构造断裂的氡析出量较大。国际癌症研究机构（IARC）已经确认，氡是产生肺癌的重要原因之一。美国环保局已将氡列为最危险的致癌因子，原子核反应产生的大量 α、β、γ、X 射线和中子射线能够诱发癌症、白血病和多发性骨髓癌、大胸恶性肿瘤、甲状腺技能紊乱、不育症、流产和生育缺陷等多种人类绝症以及诱发植物的基因变异，危害农作物的生长，而且其潜伏期长，短时间内无法得知，进一步加大了其危害性和治理难度。

据报道，埃及采用天然纤维材料用于防氡辐射，用炉灰水泥作为建筑物内墙的预涂料，对氡具有良好的屏蔽作用。有关的报道中，利用含沸石分子筛的装置可吸附空气中的氡气；采用聚烯烃与不少于20％的碳粉混合制备防氡板吸收氡气；采用聚乙烯醇、氯偏乳液、环氧树脂的防氡涂料，防氡效果可达80％以上。

二、实验目的与要求

① 查阅相关文献，选择一种可行的方法制备防氡建筑功能涂料并设计详细实验方案（包括所选用的工艺流程，选择合适的防氡功能基元材料及辅助材料）。

② 根据实验方案进行实验，制备防氡建筑功能涂料。

③ 了解氡测试仪器方法原理，熟悉测试操作流程，对所制备的涂料进行防氡功能测试。

④ 根据实验方法及实验结果写一篇小论文。

参 考 文 献

[1] 董发勤，徐光亮，邓跃全等．多功能生态涂料 [P]．中国：CN 02133820.5．
[2] 董发勤，朱桂平，邓跃全等．新型生态环保涂料 [J]．材料导报，2003，17 (9)：36～38．
[3] 朱桂平，徐光亮，邓跃全等．防氡抗菌复合建筑涂料的研究 [J]．装饰装修材料，2004，(3)：41～43．
[4] 董发勤，朱桂平，徐光亮等．符合生态建筑的新型环保涂料 [J]．现代化工，2006，26 (1)：67～70．
[5] 何登良，邓跃全，董发勤等．环保型防氡防辐射建筑材料研究进展 [J]．材料导报，2005，19 (9)：79～83．

[6] 张强，邓跃全，古咏梅等．建材制品中测定氡的影响因素及其在防氡建材分析中的应用 [J]．核技术，2007，30 (3)：236~240.

实验 59　钛酸铝高温陶瓷的制备

一、实验背景

钛酸铝（Al_2TiO_5，简称 AT）具有熔点高（1850~1870℃）、热膨胀系数低（RT 约 1000℃、$\alpha < 2.0 \times 10^{-6}/℃$）、热导率低、弹性模量低、抗热震和抗冲击性能优异等特点。这些特点使其成为目前唯一同时具备高熔点和低膨胀的材料。

Al_2TiO_5 在 750~1280℃温度范围内易于分解为母相氧化物 α-Al_2O_3 和金红石型 TiO_2。由晶体结构知，Al^{3+} 在钛酸铝中以铝氧八面体形式存在。由于 Al^{3+}/O^{2-} 离子半径比值为 0.38，而八面体结构仅当 $r^+/r^- = 0.412~0.732$ 是稳定的。故当钛酸铝受热时，由于 Al^{3+} 摆脱 O^{2-} 的束缚而离开原处的位置，使八面体产生畸变，从而导致其分解。

Al_2TiO_5 在分解时存在如下动力学平衡：

$$\beta\text{-}Al_2TiO_5 \Longrightarrow Al_2O_3 + TiO_2$$

钛酸铝材料有两大致命的弱点：

① 在 750~1280℃钛酸铝会分解为刚玉和金红石，从而使其失去其低膨胀的特点。

② 钛酸铝晶体在三轴方向的热膨胀系数差异很大，导致其在冷却过程中出现微裂纹，使力学强度降低。

因此，要使钛酸铝得到实际应用，就必须抑制其热分解，并且提高其强度。当前，通常使用添加剂和复合相的方法来抑制钛酸铝的热分解和提高其力学强度。

二、实验目的与要求

① 查阅文献资料，了解钛酸铝高温陶瓷发展和研究现状。

② 了解稳定钛酸铝晶型的方法，选择合适的添加剂，采用正交设计实验方法制定实验方案，进行实验。

③ 利用 X 射线衍射仪、扫描电子显微镜、高温热膨胀仪、万能试验机等对制备的钛酸铝高温陶瓷试样进行微观结构分析和性能测试。同时，对试样进行吸水率、显气孔率、体积密度的测定。

④ 写一篇论文。

参 考 文 献

[1] 陈运本，陆洪彬编．无机非金属材料综合实验 [M]．北京：化学工业出版社，2007.

实验 60　不同形貌碳酸钡的制备

一、实验背景

碳酸钡是重要的基本化工原料之一，也是最为重要的钡盐之一。它广泛应用于制备黑白和彩色显像管玻壳、电容器、PTC 电子元件、压敏电阻、光学玻璃、陶瓷、搪瓷、蓄电池、釉料、微波介质材料和磁性材料等领域。碳酸钡粒子的形貌有球状、针状、线状、柱状、片状和哑铃状等，不同形貌的粒子有着不同的用途。例如，片状碳酸钡容易与二氧化钛混合，得到均匀性好，烧结温度低的材料；柱状碳酸钡分散性好，聚集现象少，很少出现过度烧结现象，适合烧制重质陶瓷；球状碳酸钡多用于 PTC 热敏电阻元件的生产，可使电容器具有高的介电常数和温度特性，从而使其具有小型化、高频率、大容量等特点；针状碳酸钡常用作塑料、橡胶和涂料的填料；而絮状碳酸钡具有防尘防火的功能等。

制备和控制碳酸钡粒子形貌的方法很多，有超重力技术法、模板技术法、微乳液法、固相合成法、均相沉淀法和共沉淀法等。

二、实验目的与要求

① 查阅文献，了解碳酸钡制备和产业化发展现状，设计实验方案任意制备一种形貌的碳酸钡粒子。

② 根据实验方案提出实验所需仪器和试剂并进行实验制备出碳酸钡粉体。

③ 了解 X 射线衍射仪和扫描电子显微镜的工作原理、使用方法和用途，并利用这些仪器对实验制备出的碳酸钡粉体进行表征。

④ 利用所学知识对实验结果进行分析讨论，尝试对碳酸钡粒子形貌的形成机理进行解释。

⑤ 写一篇论文。

参 考 文 献

[1] HUO Ji-Chuan, LIU Shu-Xin, YANG Ding-Ming, etc. Control on Crystal Forms of Ultrafine Barium Carbonate Particles and Study on its Mechanism. Chinese Journal Of Structural Chemistry, 2005. 24 (11): 1290~1297.

[2] 霍冀川，李良庆，王海滨等. 碳酸钡粒子粒度与形貌控制研究进展：形貌控制. 硅酸盐通报，2007，26 (3)：519~522.

实验61 玻璃的制备

一、实验背景

玻璃的制备可分为：玻璃成分设计、玻璃的熔制和玻璃成型与退火。

1. 玻璃成分设计

玻璃科学的基础理论和发展为玻璃成分设计提供了重要理论基础。玻璃成分设计应遵循的主要原则如下所述。

① 必须根据玻璃制品所需的理化性能、工艺性能以及玻璃性质和成分的关系，参考现有玻璃的成分，确定主要氧化物含量，选择适宜的氧化物系统。

② 应该使玻璃具有较小的析晶倾向，具有较低的析晶温度。

③ 必须满足预定的熔制、成型要求。

2. 玻璃的熔制

玻璃的熔制是玻璃制备的关键环节，是一个相当复杂的过程，它包括一系列物理的、化学的、物理化学的现象和反应。

物理过程：指配合料加热时水分的排除，某些组成的挥发，多晶转变以及单组分的熔化过程。

化学过程：指各种盐类被加热后结晶水的排除，盐类的分解，各组分间的互相反应以及硅酸盐的形成等过程。

物理化学过程：包括物料的固相反应，共熔体的产生，各组分生成物的互溶，玻璃液与炉气之间、玻璃液与耐火材料之间的相互作用等过程。

玻璃熔制过程分为五个阶段：硅酸盐的形成、玻璃的形成、玻璃的澄清、玻璃液的均化、玻璃液的冷却。这五个阶段不是严格按照顺序依次完成的，一个阶段尚未结束，另一个阶段就已经开始。

3. 玻璃成型和退火

实验室内玻璃的成型方法有浇块、压片、拉棒、拉管、吹泡等多种方法，最常用的方法是浇块。把浇铸的玻璃样品趁热放入退火炉中退火处理。

二、实验目的与要求

① 查阅文献资料，学会在实验室条件下进行玻璃成分的设计、原料的选择、配料计算和配合料的制备等，制定出玻璃制备实验方案，进行实验。

② 了解玻璃熔制设备，掌握玻璃熔制方法。

③ 观察熔制温度、保温时间和助熔剂含量对熔化过程的影响。

④ 根据实验结果分析玻璃成分、熔制制度是否合理。

⑤ 写出实验报告。

参 考 文 献

[1]　刘新年，赵彦钊. 玻璃工艺综合实验 [M]. 北京：化学工业出版社，2005.

实验62　无水三氯化铬的制备

一、实验背景

三氯化铬是合成其他铬盐的重要原料，在无机合成和有机合成中有重要的作用，是合成饲料添加剂的主要成分。

通常，三氯化铬是以水合物的形式存在，并以六水合物最为常见。许多反应是在水溶液中进行的，市售的 $CrCl_3 \cdot 6H_2O$ 即可直接使用。然而有些合成反应只能用无水卤化物才能完成，也有许多研究工作必须在无水条件或非水体系中进行，因而掌握无水三氯化铬的制备方法和实验操作技术是非常必要的。

无水三氯化铬是紫色叶状结晶，在950℃升华，1300℃以上分解，易溶于水，属于过渡金属卤化物。虽然过渡金属卤化物的水合物广泛存在，试图简单地用水合物加热脱水的方法来制备无水卤化物，往往由于强烈的水解倾向而无法实现。因此，制备无水卤化物必须寻求其他方法。

通常，制备无水过渡金属卤化物的方法有以下几种：直接卤化法、氧化物转化法、水合盐脱水法、置换反应、氧化还原反应、热分解法。各种制备方法各有利弊，比如：直接卤化法制备方法简单，操作简便，是制备无水卤化物的常用方法，但需严格控制合成温度；氧化物转化法仅局限于制备氯化物和溴化物等。

对于无水三氯化铬，常用的制备方法如下：由含水氧化铬制备、由含水 $CrCl_3$ 制备、由含水 $CrCl_3$ 与亚硫酰二氯反应制备、$CrCl_3 \cdot 6H_2O$ 在减压下的热分解。

二、实验目的与要求

① 查阅相关文献，了解无水过渡金属卤化物的制备方法，选择适当的制备无水三氯化铬的方法，并设计详细实验方案。

② 根据设计方案进行实验，制备无水三氯化铬。

③ 了解无机化合物产品的鉴定方法，并选择合适的鉴定方法对所制备的无水三氯化铬

进行分析，计算产率。

④ 根据实验过程和结果写出相应的实验报告。

参 考 文 献

[1] 陆晓明，张宝军，王斯晗等. 无水氯化铬（Ⅲ）的合成方法 [J]. 天津化工，2002，(3)：12～14.
[2] 杜志强主编. 综合化学实验 [M]. 北京：科学出版社，2005.
[3] 王尊本. 综合化学实验 [M]. 北京：科学出版社，2003.

实验 63　双乙酸钠的合成

一、实验背景

双乙酸钠，简称 SDA，又称二醋酸一钠。化学式为 $NaH(CH_3COO)_2$，无水物相对分子质量为 142.09，白色吸湿性晶体，略有醋酸气味，易溶于水（1g/mL）和乙醇，150℃分解，熔点为 96℃。SDA 是继丙酸盐类和富马酸酯类之后开发研制和应用的粮食、食品及饲料防霉剂的新品种。1989 年我国批准为食品添加剂，1994 年研制成功并投放市场，是目前国家批准使用的食品、饲料、粮食防霉剂之一，也是一种新型高效防霉防腐、保鲜、增加营养和适口性的多功能添加剂，适用于所有粮食及其加工食品和水果、蔬菜、鱼、肉、禽蛋食品、饮料、饲料，并在工业、农业、畜牧业、染料、日化、医药等方面具有广泛用途。20世纪 80 年代以来，SDA 在美国、德国、瑞典、日本、意大利、加拿大、印度等国将其大量用于食品和粮食的防霉保鲜，联合国粮农组织（FAO）和世界卫生组织（WHO）批准 SDA作为防霉剂使用。

双乙酸钠的合成方法有：乙酸和乙酸钠反应法，乙酐和乙酸钠法，乙酐和氢氧化钠反应法，乙酸、乙酐和碳酸钠反应法，乙酸和碳酸钠反应法，乙酸、乙酐和乙酸钠反应法，乙酸和氢氧化钠反应法等，不同的合成工艺各有其优缺点。

二、实验目的与要求

① 查阅相关文献，比较各种合成方法的工艺特点，选择一种可行的方法制备双乙酸钠并设计详细实验方案。

② 根据实验方案进行实验，制备双乙酸钠，并用正交实验法确定最佳工艺条件。

③ 根据实验方法及实验结果写一篇小论文。

参 考 文 献

[1] 钟国清. 食品饲料添加剂双乙酸钠合成新工艺 [J]. 四川师范大学学报，1994，17 (5)：94～97.
[2] 钟国清. 双乙酸钠的合成和应用研究 [J]. 兽药与饲料添加剂，2000，(2)：30～32.
[3] 田华，杨云峰，高林. 双乙酸钠的合成研究 [J]. 食品科技，2004，(5)：37～39，46.
[4] 王立志. 双乙酸钠的生产工艺开发 [J]. 精细化工，2002，19 (3)：152～154.

实验 64　固相法制备非晶态金属硼化物纳米材料

一、实验背景

非晶态合金纳米颗粒作为一类新型功能材料，由于其组成原子排列具有长程无序、短程有序的结构特点，它由有序结构的原子簇混乱堆积而成，在热力学上属于亚稳态，因而具备一些晶态合金所没有的化学性能、磁性能、力学性能、电性能、耐腐蚀性能以及优异的催化性能。非晶态合金可以在组成变化很宽的范围内制成各种样品，从而在较大范围内调变其电子性质，以此来制备合适的催化活性中心。这些特点使得非晶态合金催化剂具有较高的表面活性和不同的选择性，在催化领域内的应用也日益受到重视。非晶态合金催化剂将是有望开发的一种高效、环境友好的新型催化剂。由于非晶态合金纳米颗粒具有一些特殊的物理化学性质，近年来在很多催化加氢合成反应中得到了应用。非晶态的金属硼化物纳米颗粒可用于烯烃、二烯烃的选择性催化加氢，甲苯、硝基苯的催化加氢，羰基加氢，葡萄糖加氢制山梨醇等，其催化效率比常用的雷尼镍催化活性高 5～10 倍。如用纳米铂黑催化剂，乙烯氢化反应温度将从 600℃降至室温；纳米级 Co-B 非晶态合金是一种有良好应用前景的高效和环境友好催化剂，在乙腈加氢反应中具有较高的催化活性和较长的使用寿命，有望代替 Raney Ni 而成为腈类加氢反应的新一代催化剂。

非晶态金属硼化物纳米合金材料的制备方法有：机械合金化法，溶液还原法，超声波法，脉冲电沉积法，静高压合成法，激光汽化器控制浓度法，氢等离子体-金属反应法，溶剂热还原法等。溶液还原法是一种简单的合成方法，可在室温下进行，对合成的要求也不高，用这种方法可以合成一些非晶态纳米金属硼化物，所得颗粒较小，且分散性好；但产率不高，且反应温度、反应物的浓度、反应物添加方式和速度、还原剂的选择以及修饰剂的用量、溶液 pH 值、反应时间等因素，均对产物的结构和组成产生较大的影响。此外，通过用金属无机盐和硼氢化钾粉末直接在室温下进行固固相反应，很容易制备出一些金属硼化物非晶态合金纳米颗粒。

二、实验目的与要求

① 查阅相关文献，选择一种可行的室温固相化学反应方法制备非晶态硼化物纳米材料，并设计详细实验方案。

② 根据实验方案进行实验，用室温固相法制备一种非晶态硼化物纳米材料。

③ 了解非晶态合金纳米材料的分析表征方法、可采用的仪器，如粒度分布仪、X 射线衍射仪、透射电子显微镜等。

④ 根据实验方法及表征结果写一篇小论文。

参 考 文 献

[1] 钟国清，蒋琪英. 室温固相反应制备非晶态 Co-B 纳米合金，现代化工，2005，(7)：44～46.

[2] Li Hexing, Chen Xingfan, Wang Minghui, et al. Selective hydrogenation of cinnamaldehyde to cinnamyl alcohol over an ultrafine Co-B amorphous alloy catalyst [J]. Applied Catalysis A，2002，225（1～2）：117～130.

[3] Liu M L, Zhou H L, Chen Y R, et al. Room temperature solid-solid reaction preparation of iron-boron alloy nanoparticles and Mossbauer spectra [J]. Materials Chemistry and Physics，2005，89（2～3）：289～294.

第二节　模　块　二

实验65　牛奶中酪蛋白和乳糖的分离及纯度测定

一、实验背景

牛奶是一种乳状液，主要由水、脂肪、蛋白质、乳糖和盐组成。

牛奶中的主要蛋白质有酪蛋白、白蛋白、球蛋白、乳蛋白等，酪蛋白是含磷蛋白质的复杂混合物。蛋白质是两性化合物，当调节牛奶的 pH 值达到酪蛋白的等电点（pH＝4.8）时，蛋白质所带正、负电荷相等，呈电中性，此时酪蛋白的溶解度最小，会从牛奶中沉淀出来，以此分离酪蛋白。因酪蛋白不溶于乙醇和乙醚，可用此两种溶剂除去酪蛋白中的脂肪。用双缩脲法测定酪蛋白的含量。在碱性溶液中双缩脲与铜离子结合形成复杂的紫红色复合物，而蛋白质及多肽的肽键与双缩脲的结构类似，也能与铜离子在碱性环境中形成紫红色复合物，其最大吸收光波长为 540nm。该复合物颜色的深浅与蛋白质的浓度成正比，而与蛋白质的分子量及氨基酸组成无关。

乳糖是一种二糖，它由 D-半乳糖分子 C' 上的半缩醛羟基和 D-葡萄糖分子 C_4 上的醇羟基脱水通过 β-1,4 苷键连接而成。乳糖是还原性糖，绝大部分以 α-乳糖和 β-乳糖两种同分异构体形态存在，α-乳糖的比旋光 $[\alpha]_D^{20}=+86°$，β-乳糖的比旋光 $[\alpha]_D^{20}=+35°$，水溶液中两种乳糖可互相转变，因此其水溶液有变旋光现象。乳糖也不溶于乙醇，当乙醇混入乳糖水溶液中，乳糖会结晶出来，从而达到分离的目的。不同浓度的乳糖溶液具有不同的旋光度，其旋光度与浓度成正比。因此，可通过测定溶液的旋光度确定乳糖的纯度。

二、实验目的与要求

① 查阅相关文献，学习从牛奶中分离提取酪蛋白和乳糖的原理及操作方法，并设计出实验方案，进行实验。

② 了解分光光度计和旋光仪的工作原理，掌握其使用方法，测定从牛奶中分离提取的酪蛋白和乳糖的纯度。

③ 写一篇论文。

参 考 文 献

[1] 周夏衍，夏春兰，楚延锋等 . 牛奶中酪蛋白和乳糖的分离及纯度测定 ［J］. 大学化学，2006，21（3）：50～52.

实验66 蜂蜜中掺假检测

一、实验背景

蜂蜜及其产品的掺假是较为严重的现象之一，可以说也是一个国际上存在的问题。在我国，由于某地发生过掺假事件，曾一度影响我国蜂蜜出口，不仅造成了巨大经济损失，还影响了我国对外贸易的声誉。蜂蜜中常见的掺假物有饴糖、蔗糖、转化糖、面粉、糊精、食盐、明矾、尿素、硫酸铵、羧甲基纤维素、奶粉、炼乳、毒蜜、幼虫体及沙泥等。

二、实验目的与要求

① 查阅文献资料，了解蜂蜜的质量标准及其主要理化指标，制定蜂蜜中蔗糖、淀粉类物质、羧甲基纤维素、明矾等掺假物的检测方案。

② 了解每种识别掺假方法的原理。

③ 对分别掺有蔗糖、淀粉类物质、羧甲基纤维素、明矾的四个未知蜂蜜试样进行分析检测，鉴定出蜂蜜试样中含有的掺假物。

④ 写出检测实验报告。

参 考 文 献

[1]　谢音，屈小英. 食品分析［M］. 北京：科学技术文献出版社，2006.

实验 67　淀粉的化学或生物变性

一、实验背景

淀粉在自然界中分布很广，是高等植物中常见的组分，也是碳水化合物储藏的主要形式。在大多数高等植物的所有器官中都含有淀粉，这些器官包括叶、茎（或木质组织）、根（或块茎）、球茎（根、种子）、果实和花粉等。除高等植物外，在某些原生动物、藻类以及细菌中也都可以找到淀粉粒。

淀粉的品种很多，一般按来源分为如下几类。禾谷类淀粉：这类原料主要包括玉米、米、大麦、小麦、燕麦、荞麦、高粱和黑麦等；薯类淀粉：原料主要包括甘薯、木薯、马铃薯、山药、葛根等；豆类淀粉：这类原料主要有蚕豆、绿豆、豌豆和赤豆等；其他淀粉：植物果实（如香蕉、芭蕉、白果等）、基髓（如西米、豆苗、菠萝等），一些细菌、藻类中亦有淀粉。

淀粉化学或生物变性是利用化学或酶方法，改变淀粉的天然性质，增加其某些功能性或引进新的特性，使其更适合于一定应用的要求。化学或生物变性，主要有：①使淀粉分子量下降，如酸解淀粉、氧化淀粉、焙烤糊精等；②使淀粉分子量增加，如交联淀粉、酯化淀粉、醚化淀粉、接枝淀粉等；③生物变性（酶法变性）。各种酶处理淀粉如 α, β, γ-环糊精、麦芽糊精、直链淀粉等；④复合改变性。采用两种以上处理方法得到变性淀粉，如氧化交联淀粉、交联酯化淀粉等。

二、实验目的与要求

① 查阅文献资料，了解淀粉的化学组成、分子结构，化学或生物变性淀粉制备方法及用途。

② 确定一种淀粉的化学或生物变性方法，设计实验方案，进行实验。

③ 利用现代分析技术，如红外光谱、紫外-可见光谱、色谱、差热分析、扫描电子显微镜等，对变性淀粉进行表征。

④ 对变性淀粉有关指标进行分析。

⑤ 写一篇论文。

参 考 文 献

[1]　张燕萍主编. 变性淀粉制造与应用［M］. 北京：化学工业出版社，2001.

实验 68　芦荟多糖的提取和含量测定

一、实验背景

芦荟属百合科多年生常绿肉质草本植物，品种多达 500 种以上，药用品种主要有库拉索芦荟、木立芦荟、中华芦荟、好望角芦荟和皂质芦荟等。芦荟在医药工业、日用工业、美容化妆和食品保健等各个领域应用广泛，是一种具有较高经济价值的药用植物。

芦荟的主要化学成分有蒽醌类化合物、糖类、氨基酸和各种有机酸、矿物质、维生素、酶和多肽等。芦荟多糖是一大类具有不同生理功能的大分子化合物，主要由甘露糖、半乳糖、葡萄糖、木糖、阿拉伯糖、鼠李糖组成，其中以甘露糖、半乳糖、葡萄糖含量居多。芦荟叶肉中黏性物质以甘露糖为主。据报道，芦荟多糖具有杀菌、消炎、抗突变、抗衰老、抗溃疡、抗内毒素、抗辐射、抗艾滋病病毒、抗肿瘤和调节免疫等多种药理作用。

二、实验目的与要求

① 查阅文献资料，了解芦荟研究与综合利用现状。

② 选取芦荟叶肉，采用正交设计实验提取芦荟多糖，确定最佳提取工艺条件。

③ 测定芦荟多糖的含量，利用现代分析技术尝试对芦荟多糖进行分子结构分析。

④ 写一篇论文。

参 考 文 献

[1] 易美华主编．生物资源开发利用 [M]．北京：中国轻工业出版社，2003．

实验 69 绿色植物天然色素提取、色谱分离和光谱测定

一、实验背景

由于合成色素的安全性日益引起人们的关注，因此目前各国使用合成色素的品种和数量日趋减少，而天然色素不仅使用安全，而且有些还具有一定的营养和药理作用（β-胡萝卜素），所以很有必要开发安全可靠的天然色素。

绿色植物如菠菜的茎、叶中含有叶绿素（绿）、胡萝卜素（橙）和叶黄素（黄）等多种天然色素。

叶绿素是植物进行光合作用时所必需的催化剂，植物中的叶绿素是由蓝绿色的叶绿素 a（$C_{55}H_{72}O_5N_4Mg$）和黄绿色的叶绿素 b（$C_{55}H_{70}O_6N_4Mg$）组合而成，叶绿素 a 与叶绿素 b 的质量比为3:1，一般得到的叶绿素混合物再进行分离，可得到叶绿素 a 和叶绿素 b。叶绿素 a 易溶于乙醚、乙醇、丙酮、氯仿、二硫化碳、苯，难溶于冷甲醇，几乎不溶于石油醚。乙醇溶液呈蓝-绿色，有深红色荧光。叶绿素 b 易溶于无水乙醇、乙醚，难溶于石油醚、汽油、冷甲醛。乙醚溶液呈明亮的绿色，溶于其他有机溶剂时，一般呈绿色至黄-绿色，有红色的荧光。

胡萝卜素（$C_{40}H_{56}$）是具有长链结构的共轭多烯，有 α、β、γ 三种异构体，其中 β-胡萝卜素的含量最多，也最重要。β-胡萝卜素是由 2 分子维生素 A 在链端失水而形成的，在生物体内在 β-受体酶的作用下可分解为维生素 A，所以 β-胡萝卜素又称为维生素 A 元，具有与维生素 A 相似的生理活性，可用于治疗夜盲症，也可作为食品色素添加剂。β-胡萝卜素溶于二硫化碳、苯、氯仿，略溶于乙醚、石油醚或橄榄油等植物油，极微溶于乙醇、甲醇，几乎不溶于水、丙二醇、甘油、酸或碱。

叶黄素（$C_{40}H_{56}O_2$）是胡萝卜素的羟基衍生物，其在绿叶中的含量约是胡萝卜素的 2 倍，它最早从蛋黄中分离。叶黄素具有强抗氧化能力，可预防各种疾病（包括癌症），色泽鲜艳，可广泛用于食品、化妆品、烟草及药品等的着色。叶黄素易溶于沸腾甲醇，溶于油脂和脂性溶剂，不溶于水。

二、实验目的与要求

① 查阅文献资料，了解叶绿素、胡萝卜素、叶黄素的结构、性质及光谱数据。

② 掌握色谱分离的原理和操作方法，选择一种绿色植物设计实验方案，通过薄层色谱

和柱色谱对绿色植物天然色素进行分离。

③ 对分离的天然色素进行紫外光谱测定。

④ 写一篇论文。

参 考 文 献

[1] 项斌，高建荣主编. 天然色素 [M]. 北京：化学工业出版社，2004.

实验70　微波法从果皮中提取果胶

一、实验背景

微波是一种频率在 300MHz～300GHz（即波长 1mm～1m）的电磁波，位于电磁波谱的红外辐射和无线电波之间。它具有电磁波的反射、透射、干涉、衍射、偏振以及伴随着电磁波的能量传输等波动特性，还具有高频特性，热特性及非热特性。

果胶物质是一种植物胶，存在于果蔬类植物（如橘皮、柠檬皮、香蕉皮、柚子皮、西瓜皮、南瓜皮、脐橙皮等）组织中，是构成植物细胞的主要成分之一。果胶具有乳化、增稠、稳定、胶凝、抗菌、止血、消肿、解毒、止泻、降血脂、抗辐射等作用，广泛应用于食品、纺织、印染、烟草、冶金、医药等领域。

果胶物质是复杂的高分子聚合物，平均相对分子质量大约在 50000～180000 之间。分子中有半乳糖醛酸、乳糖、阿拉伯糖、葡萄糖醛酸等，但基本结构是半乳糖醛酸以 α-1,4 苷键聚合形成的聚半乳糖醛酸。

二、实验目的与要求

① 查阅文献资料，学习微波知识及用途，掌握微波炉的操作使用方法。

② 了解果胶提取工艺方法研究及发展现状。

③ 选择一种果皮原料设计实验方案，在微波条件下提取果胶，并通过正交实验确定最佳工艺条件。

④ 写一篇论文。

参 考 文 献

[1] 易美华主编. 生物资源开发利用 [M]. 北京：中国轻工业出版社，2003.
[2] 金钦汉著. 微波化学 [M]. 北京：科学出版社，1999.

实验71　马铃薯毒素检测

一、实验背景

马铃薯由于储藏不当，发芽或表皮发黑绿色等，食后常发生中毒。其毒性成分为马铃薯毒素，又称为龙葵毒素、龙葵碱、茄碱，是由葡萄糖残基和茄啶组成的一种弱碱性糖苷，属生物碱类物质，广泛存在于马铃薯、番茄及茄子等茄科植物中。龙葵碱在马铃薯中的含量一般在 0.005％～0.01％之间，在马铃薯储藏过程中含量逐渐增加，马铃薯发芽后，其幼芽和芽眼部分的龙葵碱含量高达 0.3％～0.5％。龙葵碱对胃肠道黏膜有较强刺激性和腐蚀性，对中枢神经有麻痹作用，对红细胞有溶血作用。其中毒作用主要通过抑制胆碱酯酶的活性而引起。

二、实验目的与要求

① 查阅文献资料，了解马铃薯的营养成分是什么？如何预防龙葵碱中毒？生物碱是一类什么样的物质？

② 设计马铃薯毒素检测实验方案，进行实验。

③ 写出实验报告。

参 考 文 献

[1] 张水华.食品分析实验［M］.北京：化学工业出版社，2006.

实验72 食醋中氨基酸含量的测定

一、实验背景

食醋，古代称为酢、苦酒和"食总管"，是一种发酵的液态调味品，其滋味酸、甜、鲜、咸、香较为复杂，但色调柔和而浓厚，在我国已有 2000 多年的食用历史。

食醋根据原料可分为粮食醋、果醋；按生产工艺可分为酿造醋、配制醋；按醋酸含量可分为普通食醋和高浓度醋。

粮食醋是以淀粉质（各种谷类或薯类）原料制成的酿造醋，主要有米醋、高粱醋、麦芽醋等。果醋是以水果为原料制成的酿造醋，主要有苹果醋和葡萄醋，是以苹果汁和葡萄汁为原料，先经乙醇发酵，后经醋酸发酵制作而成。酿造食醋是以粮食、水果为原料，通过微生物发酵酿造而成，其营养价值和香醇味远远超过配制食醋。配制食醋也称合成醋，是以合成醋酸为主要原料调制而成，或者用合成醋酸和酿造醋混合调制而成。高浓度醋是指醋酸含量（以醋酸计）为 9％～25％的酿造醋。而普通食醋的醋酸含量（以醋酸计）仅为3.5％～6.5％。

醋可以开胃，促进唾液和胃液的分泌，帮助消化吸收，使食欲旺盛，消食化积；醋有很好的抑菌和杀菌作用，能有效预防肠道疾病，流行性感冒和呼吸道疾病；醋可软化血管，降低胆固醇，是高血压等心血管病人的一剂良方；醋对皮肤、头发起到很好的保护作用；醋能消除疲劳，促进睡眠，并能减轻晕车晕船的不适症状；醋可以减少胃肠道和血液中的酒精浓度，起到醒酒的作用；醋还能预防中暑。

食醋中除含有醋酸外，还含有乳酸、葡萄糖酸、琥珀酸、氨基酸、糖分、钙、磷、铁、维生素 B_2 等一些营养成分。

二、实验目的与要求

① 查阅文献资料，了解食醋的生产过程工艺及著名食醋品牌。

② 熟悉氨基酸自动分析仪工作原理，掌握其使用方法。

③ 选择 3 个以上品牌食醋样品，设计实验方案，进行氨基酸含量的测定。

④ 写出实验报告。

参 考 文 献

[1] 樊兰瑛，郭常莲.山西食醋产业现状与发展趋势［J］.山西农业科学，2006，34（1）：86～88.

实验 73 食物中铅、镉、铬、砷、汞等有毒元素的测定

一、实验背景

人体是由化学元素组成的，构成地壳的 90 多种元素在人体内几乎均可找到。但是，人体所必需的元素只不过有 25 种。大量研究表明，元素与人的健康、疾病、长寿、智力、美容等相关，它对人的生命过程起着调控作用。元素在生物体中尽管以不同形式存在（包括各种化合物或配体），但它们在生命代谢过程中既不能分解也不能转化为其他元素。人体中的元素可分为必需元素和有毒元素。必需元素是在生物体内维持其正常生命活动所不可缺少的元素，确定有 11 种必需的常量元素（氢、碳、氮、氧、钠、镁、磷、硫、氯、钾、钙）和 14 种必需的微量元素（氟、硅、钒、铬、锰、铁、钴、镍、铜、锌、硒、钼、锡和碘）。有毒元素，即对生物体有害的元素，如汞、铅、镉等。对于必需元素也有一个最佳的健康浓度或含量。有的微量元素有较大的恒定值，如锌；有的在最佳浓度和中毒浓度之间有一个狭窄的安全限度，如铜和硒。即使是有益的必需元素，在工业生产中也可变为有毒的化合物，如铬。元素不像某些维生素那样能在人体内自行合成，必须通过膳食、服用（或注射）药物、呼吸及皮肤渗透等从外界摄入。

二、实验目的与要求

① 查阅文献资料，了解铅、镉、铬、砷、汞等元素对人体的危害作用。

② 选择一种食物试样，在铅、镉、铬、砷、汞五个元素中，任意确定三种元素为检测对象，制定出检测实验方案，并进行实验。

③ 写出实验报告。

参 考 文 献

[1] 迟锡增主编. 微量元素与人体健康. 北京：化学工业出版社，1997.

实验 74 高效液相色谱法测定饮料中的山梨酸和苯甲酸

一、实验背景

山梨酸和苯甲酸作为防腐剂，具有抑制细菌生长和繁殖的作用，广泛用于饮料、果汁、蜜饯、果酒、食醋、酱油等的防腐，但它们的过量食用会对人体的肝脏造成损害。

山梨酸 [己二烯-(2,4)-酸] 作为防腐剂，毒性较苯甲酸低。ADI 为 $0 \sim 25mg/kg$。山梨酸微溶于冷水，易溶于乙醇和乙醚，沸点 228℃，$M(C_6H_8O_2) = 112.13g/mol$（山梨酸），$M(C_6H_7O_2K) = 150.22g/mol$（山梨酸钾）。山梨酸由水蒸气蒸馏可与杂质分开，而得澄清的山梨酸馏液，在紫外光区有最大吸收峰。

苯甲酸又称安息香酸，其钠盐、钾盐可用作防腐剂，其毒性较山梨酸大，ADI 为 $0 \sim 5mg/kg$。苯甲酸微溶于水，易溶于乙酸，具有酸性，沸点 249.2℃，100℃ 即开始升华，$M(C_7H_6O_2) = 122.12g/mol$。

二、实验目的与要求

① 查阅文献资料，了解饮料中山梨酸和苯甲酸的测定方法。

② 熟悉高效液相色谱仪的基本原理及分析流程，掌握高效液相色谱仪操作方法。

③ 选择一种饮料样品，设计分析方案，测定山梨酸和苯甲酸含量。

④ 写出实验报告。

参 考 文 献

[1] 谢音，屈小英主编. 食品分析 [M]. 北京：科学技术文献出版社，2006.

实验75 冲泡对茶叶微量元素的溶出影响

一、实验背景

茶叶是我国人民的主要饮料，富含微量元素，是补充人体所需微量元素的主要途径之一。茶叶因品种和产地不同，所含微量元素的种类和含量又不同，因此应根据人体微量元素缺乏情况而选择性的饮用茶叶，长期饮用一种茶叶会导致某些元素摄入过量而另一些摄入不足，造成微量元素失衡，对人体健康有不利影响。

茶叶的冲泡一般采用泡和煮的方式，而以开水冲泡居多，加水比例和冲泡次数对微量元素的溶出有显著影响。

茶叶中的微量元素除钙、镁、磷以外，对人体最有影响而又从普通食物和饮用水难以获得的元素有锌、铜、锰、硒等。

茶叶中微量元素测定简便有效的方法是原子光谱法，其中 ICP-AES 和 AAS 最有效。茶叶和茶水样品消化有灰化后残渣酸溶（干法）和氧化性直接消化法（湿法），采用的氧化性酸为硝酸和双氧水，其消化完全的标志为溶液呈透明状，少量的白色残渣，一般消化时间为2～4h 或更长。

二、实验目的与要求

① 查阅相关文献，选择一种可行的试验开水冲泡对茶叶微量元素溶出影响的详细实验方案（包括所选用的试验流程、测定方法和仪器试剂）。

② 根据实验方案，对数种茶叶进行实验。

③ 了解微量元素分析可采用的仪器及方法原理，如 AAS、ICP-AES 等。

④ 根据实验方法及实验结果写一篇小论文。

实验76 常见阴离子的分离和鉴定

一、实验背景

常见阴离子有 CO_3^{2-}、SO_3^{2-}、SO_4^{2-}、PO_4^{3-}、$S_2O_3^{2-}$、Cl^-、Br^-、I^-、S^{2-}、NO_2^-、NO_3^-、SiO_3^{2-}、AsO_4^{3-}、AsO_3^{3-}、Ac^-。

应用元素及其化合物的性质进行混合液中离子的分离和鉴定。阴离子的分析没有严密的系统分析方案。因为一种样品不可能存在很多种阴离子，可以通过一些已知条件进行推测，再通过初步试验进行归纳分析，从而确定阴离子的存在范围。阴离子分析一般按下列步骤进行：预先推测，初步试验，鉴定可能存在的离子。预先推测要结合样品的实际情况进行；初步性质试验一般包括试液的酸碱性试验，与酸反应产生气体的试验，各种阴离子的沉淀性质，氧化还原性质等试验。

二、实验目的与要求

① 查阅文献资料，熟悉常见阴离子的基本性质、分离方法和鉴定方法。

② 设计实验方案，分别对已知和未知阴离子混合液进行分离与鉴定。

a. 已知阴离子混合物的分离与鉴定（任意选择一组混合液进行实验）。

ⓐ S^{2-}、$S_2O_3^{2-}$、SO_3^{2-}、PO_4^{3-} 混合液。

ⓑ I^-、Br^-、Cl^- 混合液。

ⓒ Cl^-、CO_3^{2-}、PO_4^{3-}、SO_4^{2-} 混合液。

b. 未知阴离子混合液的分离与鉴定。

配制含有 6 种阴离子的未知液进行分离与鉴定。

③ 写出实验报告。

参 考 文 献

[1] 李朴，古国榜. 无机化学实验（第二版）[M]. 北京：化学工业出版社，2005.
[2] 北京师范大学无机化学教研室等. 无机化学实验（第三版）[M]. 北京：高等教育出版社，2001.
[3] 李方实，刘宝春，张娟. 无机化学与化学分析实验 [M]. 北京：化学工业出版社，2006.
[4] 张桂珍，于韶梅，张燕明. 无机化学实验 [M]. 北京：化学工业出版社，2006.

实验 77　常见阳离子的分离和鉴定

一、实验背景

常见阳离子有 NH_4^+、K^+、Na^+、Mg^{2+}、Ca^{2+}、Ba^{2+}、Sr^{2+}、Sn^{2+}、Sn^{4+}、Co^{2+}、Ni^{2+}、Ag^+、Pb^{2+}、Hg^{2+}、Hg_2^{2+}、Bi^{3+}、Fe^{2+}、Fe^{3+}、Cr^{3+}、Al^{3+}、Mn^{2+}、As^{3+}、As^{5+}、Sb^{3+}、Sb^{5+}、Cu^{2+}、Zn^{2+}、Cd^{2+}。

离子的分离和鉴定要依据离子的基本性质和这些性质之间的相似性和差异性。常见阳离子的氯化物、氢氧化物、碳酸盐、硫酸盐和硫化物的溶解性及配合物的形成，是离子分离和鉴定的重要基础。

二、实验目的与要求

① 查阅文献资料，熟悉常见阳离子的基本性质、分离方法和鉴定方法。

② 设计实验方案，分别对已知和未知阳离子混合液进行分离与鉴定。

a. 已知阳离子混合物的分离与鉴定（任意选择一组混合液进行实验）。

ⓐ Ag^+、Pb^{2+}、Ba^{2+}、Ni^{2+}、Zn^{2+}、Fe^{3+} 混合液。

ⓑ Fe^{3+}、Co^{2+}、Ni^{2+}、Mn^{2+}、Al^{3+}、Cr^{3+}、Zn^{2+} 混合液。

ⓒ Ag^+、Pb^{2+}、Hg^{2+}、Cu^{2+}、Bi^{3+}、Zn^{2+} 混合液。

b. 未知阳离子混合液的分离与鉴定。

配制含有 6 种阳离子的未知液进行分离与鉴定。

③ 写出实验报告。

参 考 文 献

[1] 李朴，古国榜. 无机化学实验（第二版）[M]. 北京：化学工业出版社，2005.
[2] 北京师范大学无机化学教研室等. 无机化学实验（第三版）[M]. 北京：高等教育出版社，2001.
[3] 李方实，刘宝春，张娟. 无机化学与化学分析实验 [M]. 北京：化学工业出版社，2006.
[4] 张桂珍，于韶梅，张燕明. 无机化学实验 [M]. 北京：化学工业出版社，2006.

实验78 铁矿石中铁元素的形态分析

一、实验背景

分析样品中元素的存在形态（包括价态、化合物、物相等）有重要意义，铁矿石中铁的形态有三氧化二铁、氧化亚铁、全铁、可溶性铁等，铁矿石中铁的测定通常采用重铬酸钾容量法，在盐酸介质中，用 $SnCl_2$ 作还原剂，将试剂中的 Fe^{3+} 还原为 Fe^{2+}，过量的 $SnCl_2$ 用 $HgCl_2$ 除去，在硫磷混合酸存在的条件下，以二苯胺磺酸钠作指示剂，用 $K_2Cr_2O_7$ 标准溶液滴定 Fe^{2+}，至溶液呈现稳定的紫色即为终点。

其反应式为：

$$2Fe^{3+} + Sn^{2+} + 6Cl^- \Longrightarrow 2Fe^{2+} + SnCl_6^{2+}$$
（黄色）　　　　　　（无色）

$$Sn^{2+} + 4Cl^- + 2HgCl_2 \Longrightarrow SnCl_4 + Hg_2Cl_2$$
（白色丝光状）

$$6Fe^{2+} + Cr_2O_7^{2-} + 14H^+ \Longrightarrow 6Fe^{3+} + 2Cr^{3+} + 7H_2O$$

全铁的测定要求样品分解完全，一般采用酸溶或碱熔法；亚铁的测定要尽可能减少空气对亚铁的氧化作用，试样研磨不能太细，一般为 80～100 目，风干或 60℃ 下烘干，试样的存放时间不要太长，试样的分解一般采用酸溶法，常用的溶剂有盐酸、盐酸-氟化钠、盐酸-氢氟酸、氢氟酸-硫酸等，分解过程中使用 CO_2 气氛；可溶性铁的测定是能溶于盐酸的含铁矿物，用一定量的盐酸处理后直接用重铬酸钾容量法测定。

二、实验目的与要求

① 查阅相关文献，选择一种可行的分析铁矿石中铁形态的详细实验方案（包括所选用的试验流程、测定方法和仪器试剂）。

② 根据实验方案对铁矿石中铁元素的形态进行分析。

③ 学习重铬酸钾容量法测定铁的注意事项和要领。

④ 根据实验方法及实验结果写一篇小论文。

实验79 水体中主要污染物的测定

一、实验背景

在世界经济高速发展的今天，人们在获取高额经济利益的同时，对我们赖以生存的自然环境进行了无情的破坏。据统计，全世界每天约有 5000 亿吨的污水未经处理被排入江河湖海中，40% 的河流遭到污染。据世界卫生组织报告，世界人口的 20% 难以得到清洁的饮用水，近 50% 无法得到卫生的饮用水。全世界 80% 的疾病与 30% 的死亡率和饮用受到污染的水有关。世界上传播最广的疾病中有一半都是直接或间接通过水传播的。因此，水源与饮用水的污染问题已成为世界各国科学家关注和研究的热点。目前，我国已成为世界上污染水排放量最大、增加速度最快的国家之一。由于污水处理能力较低，有近半数以上的未经处理的污水直接或间接排入水体中，严重污染了水源。有 80% 以上的城市水域受到不同程度的污染，有近 70% 的水源不符合国家规定的水源标准。而与此同时，水资源的浪费、水土的流失、水体的污染也正威胁着人类的生存与发展。这其中，尤以水体污染最为严重。

水体中的主要污染物按其存在状态可分为悬浮物质、胶体物质和溶解物质三类：①悬浮物质主要是泥砂和黏土，大部来源于土壤和城镇街道径流，少量来自洗涤废水；②胶体物质主要是各种有机物，水体中有机物的生物部分，总大肠菌群是检验致病微生物是否存在和水体污染状况的指标之一；水中溶解氧浓度是衡量水中有机物的非生物部分污染程度的重要指标之一，溶解氧浓度 DO 越低，有机物污染越严重，当 DO≤4 时，鱼类生存就会受到影响，甚至死亡。有机物污染的另两种更常用的指标是化学需（耗）氧量 COD 和生化需（耗）氧量 BOD。COD 表示利用化学氧化剂氧化水样中的有机物所需（耗）的氧量，单位是 mg/L。BOD 表示利用微生物氧化水样中全部的有机物过程所消耗的溶解氧的量，单位是 mg/L。这两种指标越高，表示水体污染程度越深；③溶解物质主要是一些完全溶于水的盐类（氯化物、硫酸盐、氟化物等）和溶解气体（二氧化碳、硫化氢等）。

我国水体污染量大而广的主要污染是耗氧的有机物，危害最大的是重金属和生物难降解的有机物。

二、实验目的与要求

① 查阅相关文献，选择一种可行的化学或仪器分析方法测定某水体中一种或多种污染物的含量，并设计详细实验方案（包括采样方法、样品的预处理、实验步骤、结果处理等）。

② 根据实验方案进行实验。

③ 了解水体污染物分析可采用的仪器及方法原理，如原子吸收分光光度仪、原子发射分光光度仪、紫外-可见分光光度仪、气相色谱和高效液相色谱等。

④ 了解水体样品的采样方法，掌握水样的预处理技术。

⑤ 对所得实验数据进行分析，与相关国家标准比较。

⑥ 写出实验报告。

参 考 文 献

[1] 奚旦立，孙裕生，刘秀英. 环境监测（第三版）[M]. 北京：高等教育出版社，2004.

实验80 中药材中有效成分的分离提取及含量测定

一、实验背景

中药是中医防治疾病的物质基础，药材的质量直接关系着千百万人民身体健康和生命的安危，也是能否保证中医疗效的重要标志。一种中药材含有多种有效成分，通常各化学组分结构比较复杂，种类多样且在药材中含量不高，所以必须采取适当的分离方法使之完全分离和定量测定，而多味药材组成的复方的成分测定，分离方法的选择就更加重要了。

中草药有效成分的提取方法有溶剂提取法、水蒸气蒸馏法和升华法等。分离和纯化方法有溶剂萃取、沉淀、盐析、透析、结晶、重结晶和分步结晶、层析等。与传统中药有效成分提取分离方法相比，新型分离技术如超临界流体萃取技术、大孔树脂吸附法、半仿生提取法、酶工程技术、超微粉碎技术、高速离心分离技术、超声提取技术、高速逆流色谱分离技术、分子印迹分离技术等具有明显的优越性。

随着科学技术的发展，中草药及其制剂的各种质量分析方法越来越多地被报道出来，并成为许多生产中草药制剂的企业或厂家用于控制产品质量的方法之一。中草药及其制剂分析中常用的方法，包括高效液相色谱法、气相色谱法、薄层扫描法和比色及分光光度法。运用此类高新技术研究现代中药，是中药现代化的重要途径，必将为中药现代化研究注入新的活力。

二、实验目的与要求

① 查阅相关文献，选择一种可行的化学或仪器分析方法测定某中药材中一种或多种有效

成分的含量，并设计详细实验方案（包括采样方法、样品的预处理、实验步骤、结果处理等）。

② 根据实验方案进行实验。

③ 了解中药材分析可采用的仪器及方法原理，如紫外-可见分光光度仪、气相色谱、高效液相色谱、薄层色谱等。

④ 对所得实验数据进行分析。

⑤ 根据实验方法及实验结果写一篇小论文。

实验 81　葛根素制剂中葛根素的含量测定

一、实验背景

葛根是纯天然植物，又名鹿霍、黄斤、鸡齐。含有丰富的营养、药理及生理活性成分，其可利用成分为淀粉、异黄酮等。葛根淀粉（葛粉）内含有人体需要的十多种氨基酸和十多种微量元素，富含的"硒"元素，具有一定的防癌抗癌之功效。葛粉是一种纯天然保健食品，也是食品开发的重要优质原料，对口腔溃疡、急慢性口腔炎、胃炎、长期低烧、脑动脉硬化、冠心病等患者能有效地发挥食疗和辅助防治的效果。葛根还含有异黄酮，如葛根素、大豆苷元、葛根苷类（A、B、C）等，其中以葛根素为主要成分。

由于葛根中提取的葛根素在降血脂、血压、血糖方面有较好疗效，是治疗心绞痛、心脑血管疾病，防止脑血栓，延缓衰老等药品和保健食品的重要原料，可用以生产针剂、片剂、胶囊等药品，所以，葛根是重要的医药原料。葛花具有解酒、止渴的作用。1998 年 3 月，葛根被国家卫生部认定为药、食两用植物，我国古代药物学专著《神农本草经》、《本草纲目》对葛根的功用均有记载。此外，利用高新生物技术，葛根还可生产系列食品：葛根低聚糖、营养葛奶、葛根黄酮茶等。

葛根集药用、食用、生态、绿化等功能于一体，市场前景美好，开发潜力巨大。

二、实验目的与要求

① 查阅相关文献，选择一种可行的化学或仪器分析方法测定葛根素制剂中葛根素（如葛根素注射液、冠心通脉灵片、肠胃宁片、麝香心脑通胶囊、感冒清热颗粒等）的含量，并设计详细实验方案（包括样品的预处理、实验步骤、结果处理等）。

② 根据实验方案进行实验。

③ 了解葛根素制剂中测定葛根素含量可采用的仪器及方法原理。

④ 对所得实验数据进行分析。

⑤ 写出实验报告。

实验 82　硅酸盐水泥熟料中 SiO_2、Fe_2O_3、Al_2O_3、CaO、MgO、K_2O 和 Na_2O 含量的测定

一、实验背景

水泥的质量主要取决于熟料的矿物组成和结构，而后者又取决于化学组成。因此，控制合适的熟料化学组成是获得优质水泥熟料的中心环节。

硅酸盐水泥熟料，即国际上的波特兰水泥熟料（简称水泥熟料），是一种主要含 CaO、SiO_2、Al_2O_3、Fe_2O_3 的原料按适当配比磨成细粉烧至部分熔融，所得以硅酸钙为主要矿物成分的水硬性胶凝物质。

硅酸盐水泥熟料的主要化学成分及其控制范围大致如下：CaO，60%～68%；SiO_2，18%～24%；Al_2O_3，4.0%～9.5%；Fe_2O_3，2.0%～5.5%。

水泥中的 MgO 含量过高时，其中未化合的游离 MgO 水化速度缓慢且体积会发生膨胀，这会造成硬化后的水泥石结构遭到破坏。因此要控制水泥中 MgO 的含量。国家标准规定水泥中氧化镁的含量不宜超过 5.0%。如果水泥经压蒸安定性实验合格，则水泥中氧化镁的含量允许放宽到 6.0%。

钾、钠在水泥中是一种有害成分，不论是对水泥生产工艺或者是在施工建筑中（碱－集料反应）都是如此。水泥中碱含量按 $Na_2O+0.658K_2O$ 计算值来表示。若使用活性骨料，用户要求提供低碱水泥时，水泥中碱含量不得大于 0.60% 或由供需双方商定。

二、实验目的与要求

① 了解重量法测定水泥熟料中 SiO_2 含量的原理和方法。

② 掌握配位滴定法的原理，特别是通过控制试液的酸度、温度及选择适当的掩蔽剂和指示剂等，在铁、铝、钙、镁共存时直接分别测定它们的方法。

③ 学习火焰光度法或原子吸收分光光度法的原理，了解火焰光度仪或原子吸收分光光度计的结构，并掌握其使用方法，测定水泥熟料中的 K_2O 和 Na_2O 含量。

④ 查阅文献资料，制定水泥熟料中 SiO_2、Fe_2O_3、Al_2O_3、CaO、MgO、K_2O 和 Na_2O 含量的测定方案，进行实验。

⑤ 写出实验报告。

参 考 文 献

[1] 周正立，梁颐，周宇辉编著. 水泥化验与质量控制实用操作技术手册 [M]. 北京：中国建材工业出版社，2006.
[2] 沈威，黄文熙，闵盘荣. 水泥工艺学 [M]. 武汉：武汉工业大学出版社，1991.

第三节　模　块　三

实验83　废电池的综合利用

一、实验背景

电池是一种通过电化学反应获得能量的电源。我国主要电池种类包括普通锌锰电池、碱性锌锰电池、镍镉电池、铅酸蓄电池、镍氢电池、锂电池等。电池中含有的主要污染物质包括重金属以及酸、碱等电解质溶液。其中重金属主要有汞、镉、铅、镍、锌等。汞、镉、铅是对于环境和人体健康有较大危害的物质；镍、锌等在一定浓度范围内是有益物质，但在环境中超过一定量时将对人体造成危害；废酸、废碱等电解液可能使土地酸化或碱化。废电池可能引起对环境的污染，这种污染既有即时的，又有长期的。因而回收处理废电池对于环境保护有重大意义。

锌锰干电池，负极是作为电池壳体的锌片，正极是被二氧化锰 MnO_2（为增强导电能力，填充有炭粉）包围着的炭棒，电解质是氯化锌及氯化铵的糊状物。电池反应如下：

$$Zn+2NH_4Cl+2MnO_2 \Longrightarrow Zn(NH_3)_2Cl_2+2MnOOH$$

在使用过程中，锌皮消耗最多，二氧化锰只起氧化作用，氯化铵作为电解质没有消耗，炭粉是填料。

二、实验目的与要求

① 查阅文献资料，了解废电池综合利用现状，设计从废锌锰干电池提取氯化铵和二氧化锰的实验方案。

② 由锌壳制备硫酸锌。

③ 写一篇论文。

参 考 文 献

[1] 刘宝殿. 化学合成实验 [M]. 北京：高等教育出版社，2005.

[2] 李金惠等. 废电池管理与回收 [M]. 北京：化学工业出版社，2005.

实验84 化学振荡反应的研究

一、实验背景

化学振荡是一种周期性的化学现象。早在17世纪，波义耳就观察到磷放置在一瓶口松塞住的烧瓶中时，会发生周期性的闪亮现象。这是由于磷与氧的反应是一个支链反应，自由基累积到一定程度就发生自燃，瓶中氧气迅速耗尽，反应停止，随后氧气由瓶塞缝隙扩散进入，一定时间后又发生自燃。以后一直到1921年勃雷（Bray W C）在一次偶然的机会发现 H_2O_2 与 KIO_3 在硫酸稀溶液中反应时，释放出 O_2 的速率以及 I_2 的浓度会随时间呈周期性的变化。从此，这类化学振荡现象开始为人们所注意。特别是1959年，贝洛索夫（Belousov B P）首先观察到并随后为恰鲍廷斯基（Zhabotinsky A M）深入研究的，丙二酸在溶有硫酸铈的酸性溶液中被溴酸钾氧化的反应：

$$3H^+ + 3BrO_3^- + 5CH_2(COOH)_2 \xrightarrow{Ce^{3+}} 3BrCH(COOH)_2 + 2HCOOH + 4CO_2 + 5H_2O$$

使人们对化学振荡发生了广泛的兴趣，这个反应被称为贝洛索夫-恰鲍廷斯基反应，简称 BZ 反应。

化学振荡反应是指在化学反应过程中某些组分或中间产物的浓度能够随时间或空间发生有序的周期性变化。这种周期性的变化直观地展现了自然界普遍存在的非平衡非线性问题，广泛存在于化学、物理学、生物学等领域中。化学振荡反应的实验和理论研究已成为现代化学的前沿课题之一。

二、实验目的与要求

① 查阅文献资料，了解化学振荡反应发展和研究现状。

② 了解发生化学振荡的基本条件，掌握化学振荡反应的一般方法，初步认识系统远离平衡态的复杂行为，为进一步研究自然界中普遍存在的非平衡非线性问题奠定基础。

③ 任意选定一个化学振荡反应，设计实验方案，进行实验。

④ 写一篇论文。

参 考 文 献

[1] 胡英主编. 物理化学（第四版）[M]. 北京：高等教育出版社，1999.

[2] 张勇主编. 现代化学基础实验（第二版）[M]. 北京：科学出版社，2005.

实验 85 氧弹法测定煤炭的高位发热量

一、实验背景

发热量测定是煤质分析的一个重要项目，同时也是一个较难掌握的测定项目。煤炭工艺过程的热平衡、热效率、耗煤量的计算，必须知道所用煤的发热量。通过发热量的测定，可以推知煤的变质程度。在煤炭分类中，有时也采用发热量作为划分煤炭类型的标准。

煤的发热量，就是单位质量的煤在完全燃烧时所产生的热量，单位用 kJ/kg 表示。

煤炭的发热量在氧弹热量计中进行测定。把一定量的分析试样放在充有过量氧气的氧弹内燃烧。氧弹热量计的热容量通过在相近条件下燃烧一定量的基准量热物苯甲酸来确定，根据试样燃烧前后量热系统产生的温升，并对点火丝等附加物进行校正后即可求得试样的弹筒发热量。从弹筒发热量中扣除硝酸生成热和硫酸校正值即得高位发热量。

二、实验目的与要求

① 查阅文献资料，了解测定煤炭发热量有哪些方法。

② 了解氧弹热量计的构造，掌握其使用方法。

③ 设计实验，用氧弹法测定煤炭的高位发热量，指出影响发热量测定值稳定的因素。

④ 写出实验报告。

参 考 文 献

[1] GB/T 213—2003. 煤的发热量测定方法.

实验 86 燃料酒精的制备

一、实验背景

能源是经济和社会发展最重要的战略资源之一。化石能源（天然气、石油、煤炭）是当今能源结构的主体。随着经济的快速发展，化石能源的消费迅速增加。然而，化石能源是一类非常宝贵的不可再生资源，其储量有限。为了实现社会和经济的可持续发展，开发和利用生物能源已成为一种战略选择。

目前生物能源产品中，在产业规模方面发展最快的是燃料酒精，它是一种液体燃料，是汽油的理想替代品。早在 1975 年巴西就成功地开发了汽车用燃料酒精。燃料酒精具有巨大竞争力，具体表现在以下三方面：首先，酒精完全燃烧只产生二氧化碳和水，其产物二氧化碳本质上是由植物通过光合作用固定，所以并不会加重温室气体浓度而升高全球温度；其次，酒精生产历史悠久，人们对工艺的深刻掌握和了解；最后，酒精生产可带动相关农业产业升级换代。

酒精生产方法主要有化学合成法和生物发酵法两种。化学合成法是以石油裂解产生乙烯为原料加水合成，其产品含杂质较多，且原料不可再生。而工业发酵生产酒精是以淀粉质、糖蜜和纤维素等物质（如玉米、高粱、甘蔗、甜菜、甘薯、秸秆）为原料，经转化转变成微生物可利用糖类物质，通过发酵从发酵醪液中提取酒精，其产品纯度较高，原料可再生，世界上 95% 酒精工业采用发酵法。

酒精用途主要有三种：工业用酒精、食用酒精和燃料酒精。目前世界上普遍应用的燃料酒精有两种：变性酒精和含水酒精。变性酒精是无水酒精（＞99.3％）与汽油以一定比例混合作为车用酒精；而含水酒精是纯度为93.2％±0.6％酒精。

二、实验目的与要求

① 查阅文献资料，熟悉酒精发酵机理及制备工艺，了解燃料酒精制备和应用现状。

② 确定燃料酒精生产原料，设计实验方案，进行实验。

③ 制备20mL燃料酒精，并测定其纯度。

④ 写一篇论文。

参 考 文 献

[1] 张绪霞，董海洲，侯汉学等.燃料酒精制备及其开发前景[J].粮食与油脂，2006，(2)：7～9.

实验87 通用塑料的改性

一、实验背景

塑料是以聚合物为主要成分，在一定条件（温度、压力等）下可塑成一定形状并且在常温下保持其形状不变的材料。按塑料的使用范围可分为通用塑料和工程塑料两大类。通用塑料是指产量大、价格较低，力学性能一般，主要作非结构材料使用的塑料，如聚氯乙烯（PVC）、聚乙烯（PE）、聚丙烯（PP）、聚苯乙烯（PS）等。工程塑料一般是指可作为结构材料使用，能经受较宽的温度变化范围和较苛刻的环境条件，具有优异的力学性能，耐热、耐磨性能和良好的尺寸稳定性，如聚酰胺（PA）、聚碳酸酯（PC）、聚甲醛（POM）等。

塑料改性是指通过物理的、化学的或者物理、化学结合的方法使塑料材料的性能发生人们预期的变化，或使生产成本降低，或使某些性能得以改善，或是被赋予全新的功能。常用的塑料改性方法有：接枝与交联改性、共混与增韧改性、填充改型、增强改性及纳米改性等。

二、实验目的与要求

① 查阅文献资料，了解塑料改性研究与发展现状。

② 确定一种通用塑料，选择一种改性方法，设计改性实验方案，进行实验。

③ 对改性后的塑料进行结构分析和性能考察。

④ 写一篇论文。

参 考 文 献

[1] 张玉龙，王喜梅主编.通用塑料改性技术[M].北京：机械工业出版社，2007.

实验88 WO$_3$电致变色薄膜的制备及性能测试

一、实验背景

电致变色是指材料在外加电场的作用下，发生离子与电子的共注入与共抽出，使材料的价态与化学组分发生可逆变化，从而使材料的透射与反射性能发生改变的现象。电致变色的材料按其结构来源和电化学变色性能可分为两类：一类是无机变色材料，如WO$_3$、MoO$_3$、Nb$_2$O$_5$、TiO$_2$、Ta$_2$O$_3$、V$_2$O$_5$及其掺杂氧化物等，其光吸收变化是因为离子和电子的双注入/抽取引起，具有很高的着色率和电容量，且变色的效率高、响应时间快、电化学可逆性好、成本低等特点；另一类是有机变色材料，如普鲁士蓝系列、导电聚合物、金属酞花菁等，其光吸收变化来自氧化还原反应，因色彩丰富，易进行分子设计而受到重视。

　　WO₃ 薄膜作为重要的电致变色材料被广泛的研究，它在电化学电池中具有从透明到蓝色的可逆的光开关性质，可用作制备各种电致变色装置和灵巧调光窗，有着广泛的应用前景。

　　制备薄膜的方法有：真空蒸发、磁控溅射、化学蒸汽沉积、阳极氧化法、电沉积法、溶胶-凝胶法等。其中溶胶-凝胶法制备无机氧化物薄膜，其工艺具有设备简单、成本低、适合制备大面积薄膜的特点。

二、实验目的与要求

　　① 查阅文献资料，了解电致变色材料、WO₃ 薄膜制备发展和研究现状。
　　② 设计实验方案，制备 WO₃ 电致变色薄膜。
　　③ 利用电化学循环伏安装置、分光光度计对 WO₃ 薄膜进行相关的性能测试。
　　④ 写一篇论文。

参 考 文 献

[1]　刘明志，袁坚，陆平等．正交设计实验法研究制备 WO₃ 电致变色的工艺条件 [J]．佛山陶瓷，2001，51（6）：3～6.

实验 89　亚甲基环丙烯吸收光谱的模拟计算

一、实验背景

　　亚甲基环丙烯于 20 世纪 80 年代由 Staley 和 Norden 首次合成，并测定了它的紫外可见光谱，观察到了如下三个吸收峰，见表 5-1 所列。

表 5-1　亚甲基环丙烯紫外可见光谱的三个吸收峰

位置/nm	对称性	吸收能/eV	相对响应面积
309	$^1B_2$	4.01	0.2
242	$^1B_1$	5.12	0.01
206	$^1A_1$	6.02	1.5

　　他们的半经验计算预测了一个实验上没有观测到的吸收峰，此峰位于 $^1A_1$ 峰下面，对称性为 $^1B_1$。他们对此的解释是该峰可能被 $^1A_1$（206nm）峰所掩盖。同时他们也注意到对应于分子最低激发态的最低能量峰即 $^1B_2$ 峰具有强的溶剂效应，这表明分子从基态到第一激发态，偶极矩发生了较大的变化。

　　理论上对电子吸收光谱的模拟计算方法很多，主要有单组态相互作用（CIS）、全活化空间自洽场（CASSCF）、含时密度泛函理论（TDDFT）、多参考二级微扰理论（CASPT2）、单双取代的耦合簇（CCSD）等，还包含很多半经验方法，比如间略微分重叠（ZINDO）、微分重叠（INDO）结合 SCI 等。这些方法都有各自的优缺点，视研究对象的特性、研究目的以及计算量的大小来确定。

　　基组对光谱的模拟计算也有影响。Gaussian 程序提供大量的已定义好的基组，比如最小基组、分裂基组、极化基组、弥散基组等。根据体系的不同，需要选择不同的基组，构成基组的函数越多，基组便越大，对计算的限制就越小，计算的精度也越高，同时计算量也会随基组的增大而剧增。对激发态体系的模拟，一般需加上弥散基组。

二、实验目的与要求

① 查阅相关文献及书籍，选择合适的计算方法及基组，对亚甲基环丙烯进行结构优化及激发态计算。上述计算可在 Gaussian 程序中进行。

② 对激发态性质进行分析，确定激发态的电子组态、跃迁类型、对应吸收峰的位置、强度、对称性及吸收能，并结合实验结果进行讨论。

③ 对基态和激发态进行集居数分析，预测其偶极矩和四个 C 原子上的电荷。

④ 根据计算结果写一篇小论文。

实验 90　离子交换膜的制备与表征

一、实验背景

离子交换膜是膜状的离子交换树脂。它包括三个基本组成部分，即高分子骨架、固定基团及基团上的可移动离子。按照膜上所带电荷的种类不同主要分为阳离子交换膜和阴离子交换膜。离子交换膜在工业上有着广泛而重要的应用，主要用于电渗析、扩散渗析、中和渗析和 Donnan 渗析等。

一般地，离子交换膜的制备包括三个主要过程：基膜制备、引进交联结构、引入功能基团。制膜的途径也主要是下述的三种之一：先成膜后导入活性基团；先导入活性基团再成膜；成膜与导入活性基团同时进行。

作为实用的离子交换膜，应该具有如下性能：

① 膜对离子的选择性高，一般要求迁移数大于 0.9；

② 膜的导电性能好，电阻低，膜的电阻不应大于溶液的电阻；

③ 适宜的交换容量；

④ 较小的盐扩散系数和水的渗透通量；

⑤ 具有良好的物化稳定性；

⑥ 膜的外观平整，厚度均匀，没有针孔。

因此，离子交换膜的性能通常由以下几个参数来表征：交换容量、含水率（或含水量）、溶胀度和固定基团浓度。通过这些参数来反映离子交换膜的综合性能，从而决定它的应用。

二、实验目的与要求

① 查阅国内外关于离子交换膜（包括阴离子交换膜和阳离子交换膜）制备和表征的文献，选择一种合适的制备路线；

② 按照所选择的制备路线，制备离子交换膜；

③ 详细了解离子交换膜的表征方法，对所制备的离子交换膜进行表征；

④ 根据实验过程和结果，写出实验报告或论文。

参　考　文　献

[1] 徐铜文编著. 膜化学与技术教程［M］. 合肥：中国科学技术大学出版社，2003.

[2] 余蕾，徐铜文. 均相阳离子交换膜研究进展 [J]. 水处理技术，2005，31（3）：1～4.
[3] 张绍玲，徐铜文，刘兆明. 阴离子交换膜的制备和改性研究进展 [J]. 离子交换与吸附，2006，22（4）：375～384.

实验91　醋酸纤维薄膜电泳分离血清蛋白

一、实验背景

醋酸纤维薄膜电泳分离血清蛋白是常用的一种生物分离方法，由于各种血清蛋白质的等电点不同，因此在 pH 8.6 的缓冲液中，各种血清蛋白质所带电荷量不同，同时由于它们的相对分子质量也不同，造成电泳迁移率不同，所以在醋酸纤维薄膜上电泳后，可将各种血清蛋白质分离开。

二、实验目的与要求

① 掌握蛋白质的相关理论知识。

② 掌握醋酸纤维薄膜电泳分离血清蛋白的原理和方法。

③ 学会设计电泳分离血清蛋白的实验，学习使用电泳仪和分光光度计。

④ 学会采用分光光度法分析计算血清蛋白中白蛋白、α_1 球蛋白、α_2 球蛋白、β 球蛋白、γ 球蛋白的百分含量，分析所得的电泳谱带。

⑤ 根据上述要求，查阅资料文献，设计试验方案。

⑥ 写一篇小论文。

参 考 文 献

[1] 郭尧君. 蛋白质电泳实验技术 [M]. 北京：科学出版社，2006.
[2] 吴梧桐. 生物化学 [M]. 北京：人民卫生出版社，2003.
[3] 李建武，余瑞元，袁明秀等. 生物化学实验有原理和方法 [M]. 北京：北京大学出版社，2004.

实验92　有机高分子材料样品消化方法研究

一、实验背景

有机高分子材料中有机和无机元素分析，都要求进行样品消化。作为有机高分子材料的结构分析，裂解气相色谱有独特和应用广泛的效果，其原理是将高分子材料样品放在严格控制的环境中加热，使之迅速裂解为可挥发的小分子，并用其他联用装置分离和检测这些裂解碎片，从而推断原样品的组成、结构和性质。而采用原子光谱、电化学和色谱方法进行高分子材料的元素如铅、镉、铜、锌和氯、磷、碳、氮等分析时，如何处理和消解样品，是十分关键的技术问题。

有机高分子材料的样品消化最常用的是高温灰化、氧化性酸溶解残渣的方法，这种方法适合测定金属元素。另一种消化方法是用氧瓶燃烧、高温炉分解有机化合物、高分子材料等样品，用去离子水或 $Na_2CO_3/NaHCO_3$ 溶液吸收分解产物，用离子色谱测定吸收液中 F^-、Cl^-、Br^-、SO_4^{2-}、PO_4^{3-} 的含量，并计算出样品中氟、氯、溴、硫、磷等元素的含量。这种方法适合于非金属元素测定，但实验条件要求较高。

二、实验目的与要求

① 查阅相关文献，设计一种可行的高温灰化，氧化性酸溶解残渣的方法消化高分子材

料样品，要求提出详细实验方案（包括方法流程、操作条件和所需的仪器试剂）。

② 根据实验方案进行实验，分析如何判断样品已消化完全。

③ 选择镉、铅、铬中的一个元素，用原子吸收光谱法进行测定，并设计和进行方法检验（测定回收率和 RSD%）。

④ 根据实验方法及实验结果写一篇小论文。

实验 93　酸性次磷酸盐化学镀镍

一、实验背景

化学镀镍的历史与电镀相比，比较短暂，在国外其真正应用到工业仅仅是 20 世纪 70 年代末 80 年代初的事。目前在国外，特别是美国、日本、德国化学镀镍已经成为十分成熟的高新技术，在各个工业部门得到了广泛的应用。我国的化学镀镍工业化生产起步较晚，但近几年的发展十分迅速，不仅有大量的论文发表，还举行了全国性的化学镀会议。据第五届化学镀年会发表文章的统计就已经有 300 多家厂家，但这一数字在当时应是极为保守的。据推测国内目前每年的化学镀镍市场总规模应在 300 亿元左右，并且以每年 10%～15% 的速度递增。

化学镀镍技术是采用金属盐和还原剂，在材料表面上发生自催化反应获得镀层的方法。到目前为止，化学镀镍是国外发展最快的表面处理工艺之一，且应用范围也最广泛。化学镀镍之所以得到迅速发展，是由于其优越的工艺特点所决定。由于化学镀镍层具有优异的均匀性、硬度、耐磨性和耐蚀性等种种优点，使其在各行业的应用领域越来越广泛。化学镀镍避免了电镀层由于电流分布不均匀而带来的厚度不均匀，电镀层的厚度在整个零件，尤其是形状复杂的零件上差异很大，在零件的边角和离阳极近的部位，镀层较厚，而在内表面或离阳极远的地方镀层很薄，甚至镀不到，采用化学镀可避免电镀的这一不足。化学镀时，只要零件表面和镀液接触，镀液中消耗的成分能及时得到补充，任何部位的镀层厚度都基本相同，即使凹槽、缝隙、盲孔也是如此。

二、实验目的与要求

① 查阅相关文献，选择一种可行的方法并设计详细实验方案（包括所选用的工艺流程）在铜片表面进行酸性次磷酸盐化学镀镍。

② 掌握酸性次磷酸盐化学镀镍工艺及操作规程。

③ 了解酸性次磷酸盐化学镀镍反应机理。

④ 根据实验方法及实验结果写一篇小论文。

实验 94　铝的阳极氧化

一、实验背景

随着近代工业的发展，轻金属材料的应用日益广泛。铝及铝合金具有密度小、导电导热能力强、力学性能优异、可加工性好等一系列优点，在国民经济的各个部门获得了广泛的应用。在建筑领域，如日本的高层建筑 98% 采用铝合金作门窗及墙面装饰。铝合金门窗与普通木门窗、钢门窗相比，具有质量轻、用材省、美观、耐腐蚀、维修方便等特点，虽然造价比普通木门窗高 3～4 倍，但由于长期维修费用低，所以有着广阔的发展前景。

在大气中铝及铝合金表面与氧作用能形成一层氧化膜，但膜薄 $[(3\sim5)\times10^{-3}\mu m]$ 而疏松多孔，为非晶态的、不均匀也不连续的膜层，不能作为可靠的防护-装饰性膜层。目前，在工业上广泛地采用阳极氧化或化学氧化的方法，在铝及铝合金制件表面生成一层氧化膜，以达到防护-装饰的目的。

经化学氧化处理获得的氧化膜，厚度一般为 $0.3\sim4\mu m$，质软、耐磨和抗蚀性能均低于阳极氧化膜。而经阳极氧化处理获得的氧化膜，厚度一般在 $5\sim20\mu m$，硬质阳极氧化膜厚度可达 $60\sim250\mu m$，其膜层与基体金属结合牢固，具有较高的耐蚀性、耐磨性和硬度。多孔的氧化膜具有很强的吸附能力，易于用有机染料着色，同时还具有绝缘性能好、绝热抗热性能强等特点。

综上所述，铝和铝合金经阳极氧化处理后，在其表面形成的氧化膜具有良好的防护-装饰等特性。因此，被广泛用于航空、电器、电子、机械制造和轻工工业等方面。

二、实验目的与要求

① 查阅相关文献，选择一种可行的方法并设计详细实验方案（包括所选用的工艺流程）对铝表面进行阳极氧化。

② 掌握铝阳极氧化过程的操作技能及工艺规范。

③ 了解铝阳极氧化的用途。

④ 根据实验方法及实验结果写一篇小论文。

实验 95　ABS 塑料电镀铜

一、实验背景

以塑料化学镀及塑料电镀为基础的塑料表面加工工艺已得到广泛的应用。由于产品是由塑料和金属组成的复合材料，它具有美丽的金属外观、质量轻、强度高、硬度大、耐候性好、耐热性佳、耐腐蚀强、加工造型方便、成本低廉等优点，已成为新产品设计和产品加工必不可少的技术手段。非金属电镀与金属电镀相似，不同的是非金属材料如陶瓷、玻璃、塑料等是非导体，须先将非金属材料的镀件进行化学镀，使之具有导电能力，然后再进行电镀。

化学镀是指使用合适的还原剂，使镀液中的金属离子还原成金属而沉积在非金属镀件表面的一种镀覆工艺。为使金属的沉积过程只发生在非金属镀件上而不发生在溶液中，首先要将非金属镀件表面进行除油、粗化、敏化、活化等处理。

除油处理（常用碱性溶液）可除去非金属镀件表面上的油污，使表面清洁。粗化处理（常用酸性强氧化剂）可使金属镀件表面呈微观的粗糙状态，增加表面积及表面的亲水性。敏化处理（常用酸性氧化亚锡溶液）可使粗化的非金属镀件表面吸附一定具有较强还原性的金属离子（如 Sn^{2+}），用于还原活化溶液中的金属离子（如 Ag^+）。活化处理是使镀件表面沉积一层具有催化活性的金属微粒，形成催化中心，促使 Cu^{2+} 在这些催化中心上发生还原作用。常用的活化剂有氧化金、氯化钯和硝酸银等，因前两者价格较贵，所以一般选用硝酸银作活化剂，当经过氯化亚锡敏化处理的镀件再浸入硝酸银溶液后，将在镀件表面产生如下反应：

$$Sn^{2+}+2Ag^+ \Longrightarrow Sn^{4+}+2Ag$$

产生的这些金属银微粒具有催化活性，是化学镀铜的结晶中心。经活性处理后，在镀件表面已具有催化活性的金属银粒子，能加速氧化还原反应的进行，使镀件表面很快沉积上铜的导电层而实现非金属材料的化学镀铜。

非金属镀件经预处理和化学镀后，即可进行电镀。根据不同的要求，可镀锌、镀铜、镀镍等。影响非金属电镀的因素是多方面的，除电镀的浓度、电流密度、温度等因素外，还与非金属材料的本性及造型设计、模具设计等工艺条件有关。

ABS 塑料（A 代表丙烯腈；B 代表丁二烯；S 代表苯乙烯）本身为非导体，须使其表面获得一层导电层才能进行电镀。现在广泛地采用化学沉积法来使其表面形成导电层。

二、实验目的与要求

① 查阅相关文献，选择一种可行的方法并设计详细实验方案（包括所选用的工艺流程）对 ABS 塑料进行铜的电镀。

② 掌握塑料电镀过程的操作技能及工艺规范。

③ 掌握 ABS 塑料电镀铜的工艺。

④ 根据实验方法及实验结果写一篇小论文。